JN298473

ナノ構造エレクトロニクス入門

博士(工学) 土屋 英昭 著

コロナ社

まえがき

　本書は，工学系の学部学生用および大学院生用の教科書として利用できるようにまとめたものである．特に前半は，電気電子系の学部学生が，半導体および半導体デバイスの物理を理解するために必要な基礎的事項を中心にまとめた．量子力学の復習から，古典および量子統計力学，固体電子論，格子振動，そして電子伝導について詳しく説明した．後半は，主に大学院での講義を念頭に置き，バンド理論とナノ構造の電子物理を説明した後，微細化集積デバイスの最近の研究動向についてまとめた．以下では，本書を執筆するにあたっての背景を述べる．

　半導体集積回路（VLSI）は，高度情報化社会を支えるうえで最も基盤となるハードウェア技術であり，情報・通信（IT）技術のみならず，省エネルギー・環境技術やバイオ・医療計測システムの実現に至るまで，きわめて重要な役割を果たしている．過去数十年間にわたるVLSIの性能向上は，基本的に，回路の最小構成ユニットであるSi-MOSFETの微細化，高集積化に支えられてきた．今日，Si-MOSFETの微細化は急速に進んでおり，すでにナノスケールの領域に突入している．微細化に伴い顕在化するさまざまな問題を克服しSi-MOSFETの微細化限界を乗り越えるために，新チャネル材料の開発や立体チャネル構造の導入が検討され始めている．一方，量子力学の基本原理である電子の波動性，粒子性およびスピンを積極的に利用するナノデバイスの開発も活発であり，共鳴トンネル素子，単電子素子，スピン素子さらにカーボンナノチューブなどでは，Si-MOSFETと融合させることでVLSIに新しい機能を追加する試みが進められている．

　これらナノ構造を活用した集積デバイスでは，従来の半古典的な電子論に加えて，量子力学に立脚した電子論が不可欠になる．したがってこの分野を目指す学生や若手研究者は，古典力学から最新の量子輸送理論まで，実にさまざまな書物を勉強しながら理解に努めている．さらに集積デバイス技術は，単なる

まえがき

微細化技術から新材料・新構造・新原理の導入へと技術開発の質的な変化が進んできている。そのような最先端技術は国際会議や論文で発表されることが多いため，そのような場所に積極的に参加をしないかぎり，最先端の技術動向をとらえることは難しい。大学院生や若手の研究者が集積デバイスの勉強を始めようとしたときの障壁はますます高くなってきており，このことがこの分野を目指す若者の減少の一因になっているようにも思える。

本書はこのような状況の改善にわずかながらでも役立てられるように，浅学非才を省みず，ナノ構造エレクトロニクスの基礎に焦点を当て，理論的な側面を中心に解説したものである。量子力学の基礎からナノMOSトランジスタの最近の研究動向まで系統的にわかりやすく記述することを目指した。そのため数学的な厳密性よりも，直観的な理解と応用に役立つように思い切った簡単化を行った部分もあるが，そのほうがこの分野を初めて勉強する読者には背景にある物理をイメージしやすいのではないかと考えている。

本書がナノ構造エレクトロニクスの入門書として，この分野を目指す学生と若手研究者の方々に少しでもお役に立てば，著者としては望外の喜びである。

最後に，本書を出版する機会を与えていただいたコロナ社および神戸大学ナノ構造エレクトロニクス研究室の皆様に心から感謝を申し上げたい。また，図面の転載を快くお認めいただいた東京大学の高木信一先生，慶應義塾大学の内田建先生，英国 グラスゴー大学のAsen Asenov先生，アイルランド コーク大学チンダル国立研究所のJean-Pierre Colinge先生，そして図面の作成にご協力いただいた立命館大学の宇野重康先生に感謝を申し上げたい。

2013年7月

著者　土屋　英昭

本書で使用する重要な物理定数を以下に掲載するので，参考にしてほしい。

表　重要な物理定数

自由電子の質量	$m_0 = 9.11 \times 10^{-31}$ kg	ボルツマン定数	$k_B = 1.38 \times 10^{-23}$ J/K
電子の素電荷	$e = 1.602 \times 10^{-19}$ C	$\hbar$（プランク定数 $h/2\pi$）	$\hbar = 1.055 \times 10^{-34}$ J·s

目　　　次

1.　量子力学の基礎

1.1　相補性原理とド・ブロイ波長 ································· *1*
1.2　対　応　原　理 ·· *2*
1.3　シュレディンガー方程式 ······································ *3*
1.4　時間に依存しないシュレディンガー方程式 ······················ *4*
1.5　波動関数の物理的意味（ボルン解釈） ·························· *5*
1.6　固有値の物理的意味 ·· *6*
1.7　エルミート演算子 ·· *6*
1.8　交　換　関　係 ·· *7*
1.9　不　確　定　性　原　理 ······································ *7*
1.10　エーレンフェストの定理 ····································· *9*
1.11　確　率　流　密　度 ·· *11*
1.12　パウリの排他律 ·· *11*
　　　1.12.1　粒子の統計性 ······································· *12*
　　　1.12.2　フェルミ粒子とボーズ粒子 ··························· *12*
　　　1.12.3　パウリの排他律 ····································· *15*
付録A　絶　対　温　度 ·· *17*
付録B　1粒子波動関数の規格化直交条件 ····························· *18*
演　習　問　題 ··· *19*

2. 古典統計力学

- 2.1 物理量（長さ，速さ）の大きさが変化すると物理法則も変わる ……… *20*
- 2.2 粒子数が変わるとなにが起こるか …………………………………… *21*
- 2.3 マクスウェル・ボルツマン分布 ……………………………………… *23*
  - 2.3.1 数を減らして実際に粒子の分配を行ってみる ……………… *24*
  - 2.3.2 マクスウェル・ボルツマン分布の導出 ……………………… *27*
  - 2.3.3 マクスウェル・ボルツマン分布の対象 ……………………… *32*
- 2.4 マクスウェルの速度分布 ……………………………………………… *34*
- 付録 A Γ 関数の性質 ……………………………………………………… *37*
- 演 習 問 題 ………………………………………………………………… *37*

3. 量子統計力学

- 3.1 フェルミ・ディラック分布とボーズ・アインシュタイン分布 ……… *38*
  - 3.1.1 フェルミ・ディラック分布 …………………………………… *39*
  - 3.1.2 ボーズ・アインシュタイン分布 ……………………………… *42*
  - 3.1.3 プランク分布 …………………………………………………… *43*
- 3.2 フェルミ・ディラック分布関数の性質 ……………………………… *45*
  - 3.2.1 有限温度（$T \neq 0\,\mathrm{K}$）のフェルミ・ディラック分布関数 …… *46*
  - 3.2.2 μ の 意 味 ………………………………………………………… *47*
- 3.3 ボルツマン近似 ………………………………………………………… *47*
- 付録 A eV単位（エレクトロンボルト単位） ………………………… *49*
- 演 習 問 題 ………………………………………………………………… *49*

4. 固体の自由電子モデル

- 4.1 固体中の電子と自由電子モデル ……………………………………… *50*

4.2　熱平衡状態の電子密度··55
4.3　波数空間（k空間）のフェルミ・ディラック分布関数··············56
4.4　エネルギー状態密度··57
4.5　非縮退半導体の電子密度··58
4.6　金属の電子密度（$T=0$ K近似）···59
4.7　電　子　比　熱··61
付録A　自由電子の分散関係···63
付録B　波数空間の状態密度···64
付録C　平面波＝自由電子の表現···65
演　習　問　題··67

5. 格　子　振　動

5.1　1次元の格子振動と振動モード··69
5.2　音響モードと光学モード··73
5.3　実際の結晶における3次元格子振動·······································74
5.4　電子と格子振動の相互作用···76
5.5　格子振動の量子化とフォノン···78
付録A　第1ブリルアンゾーン··79
付録B　調和振動子の量子化··79
演　習　問　題··80

6. 固体中の電子の伝導機構

6.1　ボルツマン方程式··81
　　6.1.1　ボルツマン方程式の導出··81
　　6.1.2　散　乱　項··84
　　6.1.3　緩和時間近似···85

6.2 ドリフト電流と拡散電流··87
　6.2.1 ドリフト電流密度··87
　6.2.2 平均自由行程 λ··90
　6.2.3 拡散電流密度··91
　6.2.4 ドリフト電流と拡散電流の役割·······································93
6.3 移動度の温度依存性···94
6.4 高電界輸送効果··96
付録A 電流の定義···99
演習問題···99

7. 量子力学的サイズ効果

7.1 エネルギーの量子化···102
7.2 トンネル効果···104
7.3 トランスファーマトリックス（転送行列）法·························109
演習問題··113

8. バンド理論

8.1 周期構造とブロッホの定理···114
　8.1.1 結晶中の周期ポテンシャル··114
　8.1.2 ブロッホの定理··115
8.2 クローニッヒ・ペニーモデル··116
　8.2.1 簡単化したクローニッヒ・ペニーモデル························119
　8.2.2 $P \to 0$ および $P \to \infty$ の場合····························121
8.3 平面波展開法···122
　8.3.1 並進対称性··123
　8.3.2 逆格子ベクトル··125
　8.3.3 面心立方格子の逆格子ベクトルと第1ブリルアンゾーン······126

8.3.4　シュレディンガー方程式の平面波展開表示·································· *127*
　　　8.3.5　空格子バンド法··· *128*
　　　8.3.6　二波近似法·· *130*
　8.4　経験的擬ポテンシャル法··· *132*
　8.5　伝導帯最下端のバンド構造と有効質量近似·························· *138*
　付録A　ブロッホ振動·· *140*
　演習問題·· *142*

9．ナノ構造の電子物理

　9.1　ナノ構造の電子密度·· *143*
　　　9.1.1　量子井戸·· *144*
　　　9.1.2　量子細線·· *145*
　　　9.1.3　フェルミ・ディラック積分··· *147*
　　　9.1.4　閉込め次元とエネルギー状態密度······························ *148*
　　　9.1.5　有効質量とエネルギー状態密度·································· *150*
　9.2　ナノ構造の電流密度·· *150*
　　　9.2.1　ツ・エサキの電流式·· *152*
　　　9.2.2　ランダウアー・ビュティカーの式···································· *155*
　　　9.2.3　バリスティックMOSFETの名取モデル························ *158*
　付録A　式(9.51)の導出··· *165*
　付録B　式(9.52)の導出··· *167*
　演習問題·· *168*

10．ナノMOSトランジスタ

　10.1　ムーアの法則··· *170*
　10.2　MOSFETの基本動作·· *172*
　　　10.2.1　金属-半導体接触·· *172*

viii　目　次

- 10.2.2　金属-酸化膜-半導体接合 …… 174
- 10.2.3　MOSFET の動作原理 …… 176
- 10.3　Dennard スケーリング（比例縮小則） …… 178
- 10.4　微細化に伴い出現するさまざまな物理現象 …… 181
  - 10.4.1　短チャネル効果 …… 182
  - 10.4.2　離散不純物ゆらぎ …… 187
  - 10.4.3　量子力学的効果 …… 191
  - 10.4.4　準バリスティック輸送 …… 194
- 10.5　テクノロジーブースター …… 196
  - 10.5.1　ひずみ Si/超薄膜 SOI 構造 …… 197
  - 10.5.2　高移動度チャネル MOSFET …… 204
  - 10.5.3　マルチゲート構造 …… 206
  - 10.5.4　ショットキー MOSFET …… 209
- 10.6　新原理・新概念トランジスタ …… 210
  - 10.6.1　トンネル FET …… 211
  - 10.6.2　インパクトイオン化 MOS（I-MOS） …… 212
  - 10.6.3　ジャンクションレストランジスタ …… 213

付録 A　移動度ユニバーサル曲線 …… 215

付録 B　反転層キャリアの量子化 …… 217

付録 C　反転層容量 …… 221

付録 D　kT レイヤ理論 …… 224

付録 E　フラックス法による後方散乱係数の導出 …… 225

演習問題 …… 233

引用・参考文献 …… 234

演習問題解答 …… 242

索引 …… 254

1 量子力学の基礎

　本章では，2章以降での議論に必要となる量子力学の基本的事項をまとめている。量子力学の成り立ちや各項の数学的背景については，先人達の良書を参考にされたい。本章では，非相対論的量子論（スピンも除く）の中で必要最低限の基本的事項を述べるにとどめているので，量子力学的粒子である電子のイメージをつかみ取ってもらいたい。ナノ構造で重要となる量子サイズ効果については7章にまとめて説明している。

1.1　相補性原理とド・ブロイ波長

　相補性原理（complementarity principle）とは，「電子，光，原子などのミクロな物質は粒子であるとともに波でもある」という粒子・波動二重性を表す原理である。粒子とは運動量 p と運動エネルギー E をもって運動する物質を意味し，これに対して，波とは波数 k と角周波数 ω で伝搬する波動を意味する。つまり相補性原理は，ミクロな物質がこれら相反する性質をもつ物質であることを表しており，粒子と波の運動変数を対応させるつぎの2式が成り立つと仮定する。

$$E = \hbar\omega, \qquad p = \hbar k = \frac{h}{\lambda} \tag{1.1}$$

上式の λ を**ド・ブロイ波長**（de Broglie wavelength），式(1.1)をド・ブロイの関係式と呼ぶ。このように $\hbar = h/2\pi$（h：プランク定数）は粒子と波の性質をつなぐ重要な役割を果たすことがわかる。相補性原理では，巨視的あるいは時間平均的な性質に関しては波動的振舞いを示し，微視的な，例えば光あるいはフォノンの吸収や放出に関しては粒子的に振る舞うと解釈している。

ド・ブロイ波長の大きさは，およそつぎのような形で見積もることができる。

(1) $p = mv$ と組み合わせて
$$\lambda = \frac{h}{mv} = \frac{h}{\sqrt{2mE}} \qquad (1.2)$$
ただし，m は粒子の質量，E は粒子のエネルギーを表す。

(2) 特に，$E = 3k_B T/2$（熱平衡状態（電圧ゼロなど））のド・ブロイ波長を**熱的ド・ブロイ波長**（thermal de Broglie wavelength）と呼び
$$\lambda = \frac{h}{\sqrt{3mk_B T}} \qquad (1.3)$$
と表される。T は絶対温度（付録 A[†1]）で，k_B はボルツマン定数を表す。

どちらの場合も，粒子の質量 m が軽いほどド・ブロイ波長が長くなることがわかる。ここで粒子の質量は，本来はある値（例えば電子は自由電子質量 m_0）で決まっているため，上記の記述はおかしいと思われるかもしれないが，エレクトロニクスを構成する半導体材料では，電子は m_0 とは異なる質量（有効質量）で運動すると考えられている（8 章付録 A 参照）。有効質量の値は，半導体の種類によって大きく変化し，およそ 100 倍程度（$m \approx m_0 \sim 0.01 m_0$）の違いがある。上式(1.2), (1.3)は半導体材料にも適用され，ド・ブロイ波長，すなわち電子の波長を見積もる際に利用されている（演習問題【1】[†2]）。

1.2 対 応 原 理

式(1.1)からわかるように，$\hbar \equiv h/2\pi$（h：プランク定数）は，粒子的性質と波動的性質をつなげる重要な役割をしている。この $\hbar$ は，後述する位置と運動量の間や，時間とエネルギーの間の不確定性の度合いを決めている。さらに，本書では取り扱わないが，量子力学的ボルツマン方程式の $\hbar \to 0$ の極限が古典的ボルツマン方程式に一致することが示される[1]。このように $\hbar$ は，量

[†1] 特に明記がない場合は，本章末の付録記号を意味する。
[†2] 特に明記がない場合は，本章末の演習問題番号を意味する。

子力学の基本原理において中心的役割をしており，$\hbar \to 0$ とする極限を**古典的極限**（classical limit）と呼ぶ．この極限の下では，量子力学の結果が古典力学に一致する．これを**対応原理**（correspondence principle）と呼んでいる．

1.3 シュレディンガー方程式

波としての電子の振舞いを支配する**シュレディンガー方程式**（Shrödinger equation）を導出する．まず，ド・ブロイ波を表す関数 φ を $e^{-i(\omega t - kx)}$ と表す（4章付録C参照）．この関数 φ の満たすべき微分方程式は

$$\frac{\partial \varphi}{\partial x} = ik\varphi \tag{1.4}$$

$$\frac{\partial \varphi}{\partial t} = -i\omega\varphi \tag{1.5}$$

である．まず式(1.4)に式(1.1)の関係を用いると

$$\frac{\partial \varphi}{\partial x} = ik\varphi = \frac{i}{\hbar}p\varphi \tag{1.6}$$

より

$$p = \frac{\hbar}{i}\frac{\partial}{\partial x} \tag{1.7}$$

と置き換えられることがわかる．したがって，φ に p^2 を作用させた場合は

$$p^2\varphi = -\hbar^2 \frac{\partial^2 \varphi}{\partial x^2} \tag{1.8}$$

となる．一方，式(1.5)に式(1.1)の関係を用いると

$$\frac{\partial \varphi}{\partial t} = -i\omega\varphi = -\frac{i}{\hbar}E\varphi \tag{1.9}$$

より

$$E = i\hbar \frac{\partial}{\partial t} \tag{1.10}$$

と置き換えられることがわかる．

したがって，ポテンシャルエネルギー $V(x)$ による外力が加わっている場合は，粒子の全エネルギー E が

$$E = \frac{p^2}{2m} + V(x)$$

となるため

$$E\varphi = \left(\frac{p^2}{2m} + V(x)\right)\varphi$$

において，運動量演算子(1.7)とエネルギー演算子(1.10)を用いると，つぎの波動方程式が導かれる．

$$i\hbar\frac{\partial \varphi}{\partial t} = -\frac{\hbar^2}{2m}\frac{\partial^2 \varphi}{\partial x^2} + V(x)\varphi \tag{1.11}$$

これを3次元に拡張すると

$$i\hbar\frac{\partial \varphi}{\partial t} = -\frac{\hbar^2}{2m}\nabla^2\varphi + V(\boldsymbol{r})\varphi \tag{1.12}$$

となり，これを時間に依存するシュレディンガー方程式と呼ぶ．上式の右辺をハミルトニアン H を導入して

$$H = -\frac{\hbar^2}{2m}\nabla^2 + V(\boldsymbol{r}) \tag{1.13}$$

と表すと，シュレディンガー方程式(1.12)は簡単に

$$i\hbar\frac{\partial \varphi}{\partial t} = H\varphi \tag{1.14}$$

と書くことができる．シュレディンガー方程式に従う φ を波動関数と呼んでいる．

このようにシュレディンガー方程式は虚数 i を含むために，波動関数 φ は「複素数の波」になる．音波や電磁波などを表す古典物理学の波動方程式は実数だけでできていて複素数は現れない．したがって音波や電磁波は実数の波になり，われわれがその姿を描きやすい波になる．これに対して複素数の波である波動関数，すなわち物質波は，物理的になにを表しているかは依然としてはっきりとした説明は得られていないが，波動関数の絶対値の2乗 $|\varphi|^2$ に「粒子がその場所で発見される確率」であるとする解釈が現在広く受け容れられている（1.5節 参照）．

1.4 時間に依存しないシュレディンガー方程式

固体電子論では，通常，時間に依存しないシュレディンガー方程式を解くことになる．すなわち，式(1.12)の波動関数 φ を変数分離して $\varphi(\boldsymbol{r}, t) = R(\boldsymbol{r})T(t)$ と表し，この $R(\boldsymbol{r})$ に対する微分方程式が重要な役割を果たす．

実際に $\varphi(\boldsymbol{r}, t) = R(\boldsymbol{r})T(t)$ を式(1.12)に代入し，その両辺を $R(\boldsymbol{r})T(t)$ で割ると

$$i\hbar \frac{1}{T(t)} \frac{\partial T(t)}{\partial t} = \frac{1}{R(\boldsymbol{r})}\left(-\frac{\hbar^2}{2m}\nabla^2 + V(\boldsymbol{r})\right)R(\boldsymbol{r}) = \varepsilon \text{（定数）} \quad (1.15)$$

となる。ここで上式の第1式は時間 t のみの関数で，一方，第2式は位置 $\boldsymbol{r}$ のみの関数となっていて，それらが等しくなるためには両者とも定数である必要がある。式(1.15)ではこの定数を ε とおいている。したがって式(1.15)より，つぎの二つの式が導かれることになる。

$$i\hbar \frac{\partial T(t)}{\partial t} = \varepsilon T(t) \quad (1.16)$$

$$\left(-\frac{\hbar^2}{2m}\nabla^2 + V(\boldsymbol{r})\right)R(\boldsymbol{r}) = HR(\boldsymbol{r}) = \varepsilon R(\boldsymbol{r}) \quad (1.17)$$

式(1.16)からは $T(t) = T_0 e^{-i(\varepsilon/\hbar)t}$ と求まり，波動関数は $\varepsilon/\hbar$ の角周波数で振動する成分をもつことがわかる。一方，式(1.17)はハミルトニアン $H = -(\hbar^2/2m)\nabla^2 + V(\boldsymbol{r})$ を与え，固有値 ε と固有関数 $R(\boldsymbol{r})$ を求める固有値方程式となっている。この式(1.17)を時間に依存しないシュレディンガー方程式と呼んでいる。以下の節において，固有値 ε と固有関数 $R(\boldsymbol{r})$ の物理的な意味について説明する。

1.5 波動関数の物理的意味（ボルン解釈）

波動関数 $\varphi(\boldsymbol{r}, t)$ の物理的意味は，**ボルン解釈**（Born interpretation）ではつぎのように解釈されている。

「位置 $\boldsymbol{r}$ を含む体積要素 $d\boldsymbol{r}$ の中に粒子を見出す確率は $\varphi^*\varphi d\boldsymbol{r}$ で与えられる。それを全空間で積分すると1となる。」

$$\Rightarrow \int_{-\infty}^{\infty} \varphi^*\varphi \, d\boldsymbol{r} = 1 \quad \text{（波動関数の規格化（normalization）という）} \quad (1.18)$$

ここで，φ^* は φ の複素共役であり（波動関数は一般に，複素数値をとる），$\varphi^*\varphi = |\varphi|^2$ を**確率密度**（probability density）と呼ぶ。なお，式(1.18)は，波動

関数の絶対値の2乗が積分可能でなければならないことを意味しており，したがって，「波動関数は無限遠でゼロにならなければならない」ことを課している。

1.6　固有値の物理的意味

一般に，状態 φ において観測した演算子 A の**期待値**（expectation value）は次式で計算される。

$$\langle A \rangle = (\varphi, A\varphi) = \int \varphi^* A\varphi \, d\mathbf{r} \tag{1.19}$$

上式に従って，時間に依存しないシュレディンガー方程式のエネルギー期待値を計算すると

$$\langle H \rangle = \int R^* HR \, d\mathbf{r} = \varepsilon \int R^* R \, d\mathbf{r} = \varepsilon \tag{1.20}$$

となり，シュレディンガー方程式の固有値は系のエネルギー期待値を表すことがわかる。ここで，R は規格化されていると仮定した。

1.7　エルミート演算子

粒子の運動量やエネルギーなどの実測可能な物理量は，数学的には実数で表現される。1.6節で示したように，シュレディンガー方程式の固有値はエネルギー期待値を表すことから，その固有値は実数にならなければいけない。このように，シュレディンガー方程式の固有値が実数となるためには，ハミルトニアン H は**エルミート演算子**（Hermite operator）である必要がある。

エルミート演算子の定義は次式で与えられる。

$$\int \varphi^* A\psi \, d\mathbf{r} = \int (A\varphi)^* \psi \, d\mathbf{r} \tag{1.21}$$

いま，式(1.20)の関係を使ってその複素共役をとると

$$\varepsilon^* = \left(\int R^* HR \, d\mathbf{r} \right)^* = \int RH^* R^* \, d\mathbf{r} = \int (HR)^* R \, d\mathbf{r} = \int R^* HR \, d\mathbf{r} = \varepsilon \tag{1.22}$$

となる。ここでエルミート演算子の定義式(1.21)を用いた。したがってハミル

トニアン H がエルミート演算子であれば，その固有値 ε は実数となることが保証される。

1.8 交 換 関 係

1.3節で述べたように量子力学では，物理量をそれに対応した演算子で置き換えるため，演算子同士の関係が重要である。いま，物理量 $A\,(=\langle A \rangle)$ および $B\,(=\langle B \rangle)$ に対応する演算子 A と B の間の**交換関係**（commutation relation）を

$$[A, B] = AB - BA \tag{1.23}$$

で定義する。$[A, B] = 0$ が成り立つとき，演算子 A と B は可換であるという。この場合には，二つの物理量 A と B が同時に確定値を有する状態が存在する。

一方，$[A, B] \neq 0$ のときには，A が確定値をとったとき B は確定値をとることは許されない。位置と運動量，および時間とエネルギーの間には，このような非可換な関係が存在し，次項で述べる不確定性原理が生じる原因となる。

交換関係の例

① $[x, p_x] = [y, p_y] = [z, p_z] = i\hbar$ (1.24)

② $[x, p_y] = [x, p_z] = [y, p_x] = \cdots = 0$ (1.25)

③ $[t, E] = -i\hbar$ (1.26)

1.9 不確定性原理

前項で述べたとおり，ある方向の位置 x とそれに対応する運動量 p_x は非可換であるため，これら二つの物理量は同時に確定値をもつことはできない。これを**不確定性原理**（uncertainty principle）と呼び，数学的表現はつぎのようになる。

$$\Delta x \cdot \Delta p_x \geq \frac{\hbar}{2} \tag{1.27}$$

上式の導出はつぎのようにして行う。式(1.19)の期待値の式を用いると，位置

と運動量の測定値の不確定度はつぎにように与えられる。

$$(\Delta x)^2 (\Delta p_x)^2 = \int \varphi^* (x - \langle x \rangle)^2 \varphi \, d\boldsymbol{r} \cdot \int \varphi^* (p_x - \langle p_x \rangle)^2 \varphi \, d\boldsymbol{r}$$

$$= \int \left[(x - \langle x \rangle) \varphi \right]^* (x - \langle x \rangle) \varphi \, d\boldsymbol{r}$$

$$\times \int \left[(p_x - \langle p_x \rangle) \varphi \right]^* (p_x - \langle p_x \rangle) \varphi \, d\boldsymbol{r} \tag{1.28}$$

ここで，任意の実数 λ についてのつぎの2次恒不等式を考える。

$$\int \left\{ \left[\lambda (x - \langle x \rangle) + i (p_x - \langle p_x \rangle) \right] \varphi \right\}^* \left[\lambda (x - \langle x \rangle) + i (p_x - \langle p_x \rangle) \right] \varphi \, d\boldsymbol{r} \geq 0 \tag{1.29}$$

上式の左辺を展開し λ についてのべき数でまとめると

$$\lambda^2 \int \left[(x - \langle x \rangle) \varphi \right]^* (x - \langle x \rangle) \varphi \, d\boldsymbol{r}$$

$$+ \lambda i \left\{ \int \left[(x - \langle x \rangle) \varphi \right]^* (p_x - \langle p_x \rangle) \varphi \, d\boldsymbol{r} - \int \left[(p_x - \langle p_x \rangle) \varphi \right]^* (x - \langle x \rangle) \varphi \, d\boldsymbol{r} \right\}$$

$$+ \int \left[(p_x - \langle p_x \rangle) \varphi \right]^* (p_x - \langle p_x \rangle) \varphi \, d\boldsymbol{r} \geq 0 \tag{1.30}$$

となり，上式が任意の λ の値に対して成立するためには，その判別式 ≤ 0 の条件を使って

$$- \left\{ \int \left[(x - \langle x \rangle) \varphi \right]^* (p_x - \langle p_x \rangle) \varphi \, d\boldsymbol{r} - \int \left[(p_x - \langle p_x \rangle) \varphi \right]^* (x - \langle x \rangle) \varphi \, d\boldsymbol{r} \right\}^2$$

$$- 4 \int \left[(x - \langle x \rangle) \varphi \right]^* (x - \langle x \rangle) \varphi \, d\boldsymbol{r} \times \int \left[(p_x - \langle p_x \rangle) \varphi \right]^* (p_x - \langle p_x \rangle) \varphi \, d\boldsymbol{r} \leq 0 \tag{1.31}$$

上式の左辺第2項は式(1.28)に対応しており $-4(\Delta x)^2 (\Delta p_x)^2$ となる。一方，左辺第1項は展開し，p_x がエルミート演算子であることを使うと（演習問題【2】および【4】），式(1.31)はつぎのようになる。

$$4(\Delta x)^2 (\Delta p_x)^2 \geq - \left[\int \varphi^* (x p_x - p_x x) \varphi \, d\boldsymbol{r} \right]^2 \tag{1.32}$$

上式の右辺に x と p_x の間の交換関係式(1.24)を代入すると，式(1.27)の不確定性の関係が導かれる。

同様にして，演算子が x と p_y のように可換であるときには，$\Delta x \cdot \Delta p_y \geq 0$ となり不確定性が存在しないことがわかる。また，時間とエネルギーの間にも式

(1.26)の交換関係を使うと
$$\Delta t \cdot \Delta E \geqq \frac{\hbar}{2} \tag{1.33}$$
の不確定性があることが示される。

1.10　エーレンフェストの定理

　粒子の位置決定に相当程度の誤差を許せば，粒子の運動はその誤差程度の広がりをもった確率波の波束で表され，その波束の重心の運動は粒子が古典力学に従うとした場合の運動に一致する。これを**エーレンフェストの定理**（Ehrenfest's theorem）と呼び，以下のように導き出される。

　粒子の位置 x の期待値 $\langle x \rangle$ の時間変化を考える。式(1.14)および(1.13)を使って

$$\begin{aligned}
\frac{d}{dt}\langle x \rangle &= \frac{d}{dt}\int \varphi^* x \varphi \, d\mathbf{r} = \int \left(\frac{d\varphi^*}{dt} x \varphi + \varphi^* x \frac{d\varphi}{dt} \right) d\mathbf{r} \\
&= \frac{1}{i\hbar}\int \left[\varphi^* x H \varphi - (H^* \varphi^*) x \varphi \right] d\mathbf{r} \\
&= \frac{i\hbar}{2m}\int \left[\varphi^* \nabla^2 (x\varphi) - (\nabla^2 \varphi^*) x\varphi \right] d\mathbf{r} + \frac{1}{m}\int \varphi^* \left(-i\hbar \frac{\partial \varphi}{\partial x} \right) d\mathbf{r}
\end{aligned} \tag{1.34}$$

となる。ここで，t と x, y, z は独立であるから，t についての微分を積分の中に入れて先に行ってよい。またつぎの関係を使った。

$$\nabla^2 (x\varphi) = x \nabla^2 \varphi + 2 \frac{\partial \varphi}{\partial x} \tag{1.35}$$

式(1.34)の右辺第1項にグリーンの定理を適用すると

$$\frac{i\hbar}{2m}\int_V \left[\varphi^* \nabla^2 (x\varphi) - (\nabla^2 \varphi^*) x\varphi \right] d\mathbf{r} = \frac{i\hbar}{2m}\int_S \left[\varphi^* \nabla (x\varphi) - x\varphi \nabla \varphi^* \right] d\mathbf{S} \tag{1.36}$$

となる。ここで，右辺の閉曲面を十分遠方にとると，波動関数は無限遠でゼロにならないといけないため（1.5節 ボルン解釈），式(1.36)の右辺はゼロになる。したがって式(1.34)より

$$m\frac{d}{dt}\langle x \rangle = \int \varphi^* \left(\frac{\hbar}{i} \frac{\partial \varphi}{\partial x} \right) d\mathbf{r} = \langle p_x \rangle \tag{1.37}$$

が得られる.さらにもう一度,式(1.37)を時間微分すると

$$m\frac{d^2}{dt^2}\langle x\rangle = \frac{d}{dt}\int \varphi^*\left(\frac{\hbar}{i}\frac{\partial\varphi}{\partial x}\right)d\boldsymbol{r} = \frac{\hbar}{i}\int\left(\frac{\partial\varphi^*}{\partial t}\frac{\partial\varphi}{\partial x} + \varphi^*\frac{\partial^2\varphi}{\partial t\partial x}\right)d\boldsymbol{r}$$

$$= \int\left[H^*\varphi^*\frac{\partial\varphi}{\partial x} - \varphi^*\frac{\partial}{\partial x}(H\varphi)\right]d\boldsymbol{r}$$

$$= -\frac{\hbar^2}{2m}\int\left[(\nabla^2\varphi^*)\frac{\partial\varphi}{\partial x} - \varphi^*\nabla^2\left(\frac{\partial\varphi}{\partial x}\right)\right]d\boldsymbol{r} + \int \varphi^*\left(-\frac{\partial V}{\partial x}\right)\varphi\, d\boldsymbol{r}$$

(1.38)

となる.前と同様に,式(1.38)の右辺第1項にグリーンの定理を適用し,表面積分の閉曲面を十分遠方にとるとゼロになるので,結局,式(1.38)から

$$m\frac{d^2}{dt^2}\langle x\rangle = \int \varphi^*\left(-\frac{\partial V}{\partial x}\right)\varphi\, d\boldsymbol{r} = \left\langle -\frac{\partial V}{\partial x}\right\rangle = \langle F_x(\boldsymbol{r})\rangle \qquad (1.39)$$

が得られる.上式の右辺は粒子に働く力のx成分の期待値である.

以上をまとめると以下の2式が得られたことになる.

$$m\frac{d\langle x\rangle}{dt} = \langle p_x\rangle, \qquad m\frac{d^2\langle x\rangle}{dt^2} = \langle F_x(\boldsymbol{r})\rangle$$

これらは期待値で表した各量が古典的な**ニュートンの運動方程式**(Newton's equations of motion)を満たしていることを示している(図1.1).もし,ポテンシャル$V(\boldsymbol{r})$の変化が波動関数φの変化に比べて十分にゆるやかであるならば

$$\langle F_x(\boldsymbol{r})\rangle = \int \varphi^* F_x(\boldsymbol{r})\varphi\, d\boldsymbol{r} \approx F_x(\langle \boldsymbol{r}\rangle)\int \varphi^*\varphi\, d\boldsymbol{r} = F_x(\langle \boldsymbol{r}\rangle) \qquad (1.40)$$

のように,波束の重心$\langle \boldsymbol{r}\rangle$における力で置き換えて表現することができる.

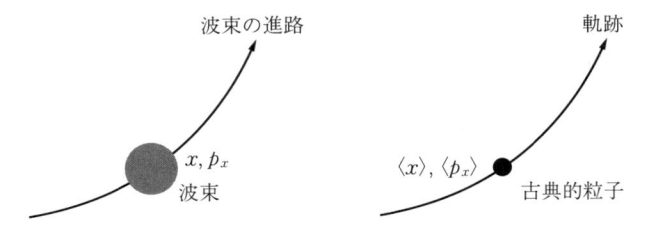

図1.1 エーレンフェストの定理(ポテンシャルの変化がゆるやかならば,波束の重心の運動経路は古典的粒子として求めた軌道に一致する)

1.11 確率流密度

1.5節 ボルン解釈 で定義した確率密度 $\rho \equiv \varphi^*\varphi = |\varphi|^2$ の時間変化を考える。式(1.14)および式(1.13)を使うと，確率密度の時間変化は次式で与えられる。

$$\frac{\partial \rho}{\partial t} = \frac{\partial \varphi^*}{\partial t}\varphi + \varphi^*\frac{\partial \varphi}{\partial t} = \frac{i\hbar}{2m}(\varphi^*\nabla^2\varphi - \varphi\nabla^2\varphi^*) \tag{1.41}$$

粒子の生成・消滅過程や散乱による軌道変化がない場合には，確率密度はつねに保存されていなければならない。これを保証するために，式(1.41)がつぎの連続の式を満たすように**確率流密度**（probability current density）S を定義する。

$$\frac{\partial \rho}{\partial t} + \nabla \cdot S = 0 \tag{1.42}$$

このとき，確率流密度 S は次式で与えられる。

$$S = -\frac{i\hbar}{2m}(\varphi^*\nabla\varphi - \varphi\nabla\varphi^*) = \frac{\hbar}{m}\mathrm{Im}(\varphi^*\nabla\varphi) \tag{1.43}$$

式(1.43)は波動関数およびその位置微分の積で表されており，そのままでは物理的なイメージはもちにくいが，自由電子の場合には式(1.43)は確率密度と速度の積となり，1個の電子によって流れる電流密度を表すことが確認できる（演習問題【6】）。確率流密度はヘテロ界面での波動関数の境界条件を決める際にも用いられており，ナノ構造の物理を理解する上で重要な役割を担っている（7.2節 トンネル効果 参照）。また9章で詳しく述べるように，バリスティック輸送下でのナノ構造の電流式（ツ・エサキの電流式，ランダウア・ビュティカーの式，バリスティック MOSFET 名取モデル）を，式(1.43)の確率流密度から定式化することができる。

1.12 パウリの排他律

上節までの議論は電子が1個の場合を前提としている。それでは電子が2個以上になるとどうなるであろうか。量子力学の問題は，電子の数が2個以上になると途端に複雑になる。その理由は，**パウリの排他律**（Pauli's exclusion principle）と電子間の**クーロン相互作用**（Coulomb interaction）が働くことによる。パウリの排他律とは，電子などのフェルミ粒子は，一つの状態にはただ一つの粒子しか存在できないことを表す。本項では，このパウリの排他律がフェルミ粒子のみに作用することを説明するため，まず粒子の統計性から話を始める。

1.12.1 粒子の統計性

2章で詳しく述べるように，古典統計では，各粒子を識別可能と考えて各エネルギー状態への分配を行っていく。これは，古典論では粒子の大きさが目に見えるほどの大きさをもつため識別が可能であるという考え方による。一方，固体を構成する電子や陽子の大きさはきわめて小さく，われわれ人間が識別することは不可能と考えるのが自然である。フェルミ分布やボーズ分布といった量子統計分布では，このように同じ種類の粒子は区別できないと考えて粒子の分配を行っていく。これが量子統計と古典統計との本質的な違いである。それではまず，二つの粒子からなる簡単な系（2粒子系）を取り上げ，量子力学的な粒子はボーズ粒子とフェルミ粒子という2種類の粒子に分類されることから議論を始める。

1.12.2 フェルミ粒子とボーズ粒子

二つの同じ種類の粒子の位置を r_1, r_2 とする。このとき，全波動関数 $\psi(r_1, r_2)$ は，つぎの時間に依存しないシュレディンガー方程式を満たすとする。

$$H\psi(r_1, r_2) = E\psi(r_1, r_2) \tag{1.44}$$

2粒子系の全波動関数 $\psi(r_1, r_2)$ のイメージを**図1.2**に示している。ここで粒子の位置 r_1, r_2 は，たがいの影響が感じられる程度の距離だけ離れているとする。$\varphi_a(r_1)$ と $\varphi_b(r_2)$ は，各粒子の1粒子状態の波動関数を表している。量子力学的には同じ種類の粒子は区別できないので，二つの粒子の位置 r_1, r_2 を交換させても系の状態は変わらないはずである（波動関数の符号が変わらないといっているわけではない）。つまり，式(1.44)と同じく

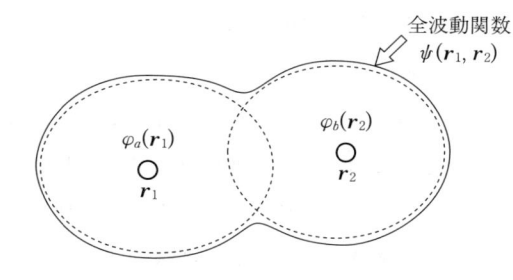

図1.2 2粒子系の全波動関数のイメージ（粒子の位置 r_1, r_2 は，たがいの影響が感じられる程度の距離だけ離れているとする）

$$H\psi(r_2, r_1) = E\psi(r_2, r_1) \tag{1.45}$$

が成り立つことになる。

式(1.44)と式(1.45)は，同じ固有値 E をもつことから，波動関数は定数倍 a だけ異なってもよい。すなわち

$$\psi(r_2, r_1) = a\psi(r_1, r_2) \tag{1.46}$$

と書くことができる。この式(1.46)が成り立つことは，これを式(1.45)に代入すれば式(1.44)が得られることから明らかである。式(1.46)の関係は，<u>二つの粒子の位置を交換すると波動関数の係数が a だけ変化する</u>ことを意味している。ここでもう一度，式(1.46)において二つの粒子の位置を交換すると

$$\psi(r_1, r_2) = a\psi(r_2, r_1) = a^2 \psi(r_1, r_2) \tag{1.47}$$

となる。したがって係数 a の条件として $a^2 = 1$ となることから，結局

$$a = \pm 1 \tag{1.48}$$

の2通りの係数をとることができる。つまり，識別が不可能という前提の下で，量子力学的粒子の波動関数はつぎの2種類に分類されることがわかる。

$$\psi(r_2, r_1) = \psi(r_1, r_2) \quad :対称系（ボーズ粒子） \quad \Rightarrow \quad 光子，格子振動など \tag{1.49}$$

$$\psi(r_2, r_1) = -\psi(r_1, r_2) \quad :反対称系（フェルミ粒子） \quad \Rightarrow \quad 電子など \tag{1.50}$$

ここで試しに，二つの粒子が同じ位置にあるとしてみる。つまり，式(1.49)と式(1.50)において $r_1 = r_2$ とする。まずボーズ粒子の場合は

$$\psi(r_1, r_1) = \psi(r_1, r_1)$$

14　　1. 量子力学の基礎

と当り前の式が出てくるが，一方のフェルミ粒子の場合は

$$\psi(\boldsymbol{r}_1, \boldsymbol{r}_1) = -\psi(\boldsymbol{r}_1, \boldsymbol{r}_1) \quad \text{より} \quad \psi(\boldsymbol{r}_1, \boldsymbol{r}_1) = 0$$

となる。すなわち，二つのフェルミ粒子がまったく同じ位置に存在することは許されない，という結論が出てくる。これはパウリの排他律として知られているフェルミ粒子の重要な性質の一つであるが，パウリの排他律を正しく理解するには位置だけでなく粒子のエネルギーを考慮した議論が必要である（9.2節 ナノ構造の電流密度 参照）。そこでつぎに，**図1.3**に示すように二つのエネルギー準位 $E_a, E_b\,(\neq E_a)$ を用意して，それらに二つの粒子を分配することを考えていく。

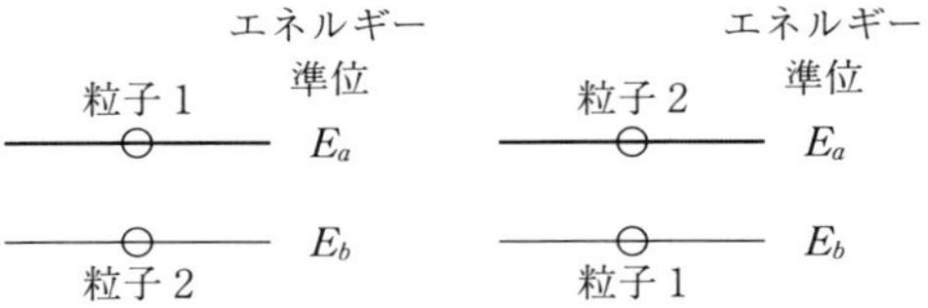

図1.3 2粒子系でエネルギーの和が $E_a + E_b$ となる分配の仕方

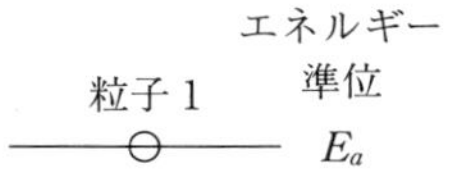

図1.4 1粒子状態　$H_a\varphi_a(\boldsymbol{r}_1) = E_a\varphi_a(\boldsymbol{r}_1)$

　全エネルギーが $E_a + E_b$ となる分配の仕方は，図1.3(a)，(b)の2通りある。$\varphi_a(\boldsymbol{r}), \varphi_b(\boldsymbol{r})$ を，それぞれエネルギー準位 E_a, E_b の1粒子状態（**図1.4**）の波動関数とすると

　　図1.3(a)の状態を表す波動関数　⇒　$\varphi_a(\boldsymbol{r}_1) \cdot \varphi_b(\boldsymbol{r}_2)$

　　　　　　　　　a に粒子1が，b に粒子2がある状態　　(1.51)

　　図1.3(b)の状態を表す波動関数　⇒　$\varphi_a(\boldsymbol{r}_2) \cdot \varphi_b(\boldsymbol{r}_1)$

　　　　　　　　　a に粒子2が，b に粒子1がある状態　　(1.52)

となる。では，このときの全波動関数はどのように表せばよいだろうか。注意しないといけないのは，全波動関数 $\psi(\boldsymbol{r}_1, \boldsymbol{r}_2)$ は，式(1.49)の対称性および式(1.50)の反対称性を満たす必要があるという点である。結論をいうと，式(1.51)と式(1.52)の線形結合をとれば，上記の対称性・反対称性を満たすことがわかる。すなわち

$$\psi(r_1, r_2) = \frac{1}{\sqrt{2}}\left(\varphi_a(r_1)\varphi_b(r_2) \pm \varphi_a(r_2)\varphi_b(r_1)\right) \tag{1.53}$$

とすればよい（これは「量子もつれ」を表す波動関数と本質的に同じ）．ここで，係数 $1/\sqrt{2}$ は全波動関数の規格化定数として現れる（演習問題【7】）．

ここで，式(1.49)の対称性を満たすのは

$$\psi^B(r_1, r_2) = \frac{1}{\sqrt{2}}\left(\varphi_a(r_1)\varphi_b(r_2) + \varphi_a(r_2)\varphi_b(r_1)\right)$$

（ボーズ粒子の全波動関数） (1.54)

であり，一方，式(1.50)の反対称性を満たすのは

$$\psi^F(r_1, r_2) = \frac{1}{\sqrt{2}}\left(\varphi_a(r_1)\varphi_b(r_2) - \varphi_a(r_2)\varphi_b(r_1)\right)$$

（フェルミ粒子の全波動関数） (1.55)

であることは簡単にわかる．

また $\psi^F(r_1, r_2)$ は，つぎのように行列式を用いて表すこともできる．

$$\psi^F(r_1, r_2) = \frac{1}{\sqrt{2}}\begin{vmatrix} \varphi_a(r_1) & \varphi_b(r_1) \\ \varphi_a(r_2) & \varphi_b(r_2) \end{vmatrix} \tag{1.56}$$

これより N 個のフェルミ粒子の場合には，全波動関数をつぎのように行列式を用いて表すことができる．

$$\psi^F(r_1, r_2, \cdots, r_N) = \frac{1}{\sqrt{N!}}\begin{vmatrix} \varphi_1(r_1) & \varphi_2(r_1) & \cdots & \varphi_N(r_1) \\ \varphi_1(r_2) & \varphi_2(r_2) & \cdots & \varphi_N(r_2) \\ \vdots & \vdots & \ddots & \vdots \\ \varphi_1(r_N) & \varphi_2(r_N) & \cdots & \varphi_N(r_N) \end{vmatrix} \tag{1.57}$$

この式(1.57)を**スレーターの行列式**（Slater determinant）と呼んでいる．

1.12.3 パウリの排他律

それでは，2粒子系の全波動関数(1.54), (1.55)を使って，パウリの排他律がフェルミ粒子のみに適用されることを示す．図1.3で粒子1と粒子2の両方が，同じエネルギー準位 b に入れるとする．このとき

$$\varphi_a(r_1) \to \varphi_b(r_1) \quad \text{および} \quad \varphi_a(r_2) \to \varphi_b(r_2) \tag{1.58}$$

となるので，これらを式(1.54)と式(1.55)に代入すると

$$\psi^B(r_1, r_2) = \frac{1}{\sqrt{2}}\big(\varphi_b(r_1)\varphi_b(r_2) + \varphi_b(r_2)\varphi_b(r_1)\big) = \frac{2}{\sqrt{2}}\varphi_b(r_1)\varphi_b(r_2) \neq 0 \tag{1.59}$$

$$\psi^F(r_1, r_2) = \frac{1}{\sqrt{2}}\big(\varphi_b(r_1)\varphi_b(r_2) - \varphi_b(r_2)\varphi_b(r_1)\big) = 0 \tag{1.60}$$

となる。式(1.60)は，二つのフェルミ粒子を同じエネルギー準位に同時に入れると全波動関数がゼロとなり，そのような状態はあり得ないことを表している。すなわち，「一つのエネルギー準位に入れるフェルミ粒子の数は一つに限られる」というパウリの排他律を表している。

一方，式(1.59)のボーズ粒子は波動関数がゼロとならないことから，同じエネルギー準位に入るボーズ粒子の数は制限がないことがわかる。つまり，ボーズ粒子にはパウリの排他律は適用されない。アインシュタインは，分子間に相互作用のない理想気体を冷却すると，ある温度以下では，最もエネルギーの低い状態に多数の粒子が集まる（凝縮する）ことを理論的に導き出した。この粒子がエネルギー最低の状態に集まった状態を，**ボーズ・アインシュタイン凝縮**と呼んでいる。ボーズ・アインシュタイン凝縮の例として，液体ヘリウムの**超流動現象**が有名である。ヘリウム原子には，質量数4の^{4}Heと，自然界にはご

トピック

物に大きさがあるのはなぜか

実はパウリの排他律こそが，物の大きさを決めている大本になっている[2]。すなわちパウリの排他律によると，「一つの状態（位置とエネルギー）にはただ一つの粒子しか存在し得ない」ということになる。確かに一つの粒子が，ある一つの場所を占めていたとして，その他の粒子は他の場所にしか置けないとなると，たくさんの粒子が集まれば，それらの粒子からできる物には空間的な広がり――つまり，大きさ――が発生することになる。

では，「ボーズ粒子にはパウリの排他律が適用されないのに，"物に大きさがある"ことには支障はないのだろうか？」

答えは，支障はない。なぜならば，物質を構成する粒子は，電子，陽子，中性子など，すべてフェルミ粒子のみであり，光子，中間子，フォノンなどのボーズ粒子は物質を構成しないからである。

くわずかしか存在しない質量数3の ^{3}He がある。^{4}He がボーズ粒子で, ^{3}He がフェルミ粒子である。^{4}He を冷却すると 4.2 K で液体になるが, さらに冷却すると 2.17 K で特殊な振舞いを示す（1978 年ノーベル物理学賞, カピッツァ（ソ連））。液体には水で代表されるように粘性があるが, ^{4}He は 2.17 K 以下でこの粘性がなくなってしまう。超流動状態になると, 分子1個しか通れないほどの隙間を抜けたり, 容器の壁をよじ登ったりなどの面白い現象が現れる。

付録A 絶対温度

絶対温度 T〔K〕と摂氏温度 t〔℃〕の関係 ⇒ $T = t + 273$

熱気球をイメージしてみる。気球内の空気を暖めると気球が浮き上がるのは「空気は, 暖めると体積が膨張してまわりの空気よりも密度が小さくなり, 軽くなる」ことを利用している。この空気の体積 V と温度 t〔℃〕の関係を精密な実験で測定すると

$$V = a(t + 273) \tag{A.1}$$

の関係があることがわかる。a は比例係数である。すなわち空気を冷やしていくと**図 A.1** に示すように, −273℃ で空気の体積はゼロになってしまう。そこで −273℃ は, それ以下に温度を下げられない絶対零度となり, 式(A.1)の関係を**シャルルの法則**（Charles' law）, あるいは**ゲイ・リュサックの法則**（Gay-Lussac's law）と呼ぶ。

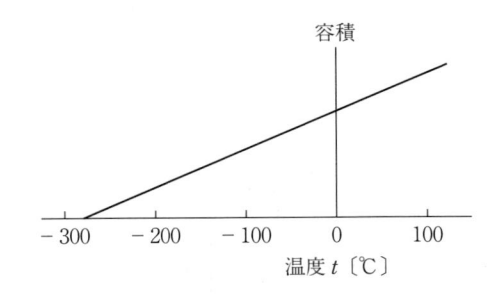

図 A.1 絶対零度の発見

ここで温度を摂氏ではなく絶対温度に書き換える, つまり

$$T = t + 273 \tag{A.2}$$

と表すと, シャルルの法則は

$$V = aT \tag{A.3}$$

と簡単な式にできる。熱力学や統計力学は式(A.3)の関係に基づいて構築されている

ため，そこで使われる温度は摂氏ではなく絶対温度となる。

付録 B　1 粒子波動関数の規格化直交条件

1 粒子波動関数 $\varphi_a(\boldsymbol{r})$ に対する規格化直交条件は以下の式(B.1)で与えられる。

$$\int \varphi_a^*(\boldsymbol{r})\varphi_b(\boldsymbol{r})d\boldsymbol{r} = \delta_{ab} \tag{B.1}$$

ここで δ_{ab} は a と b が等しいときのみ 1 で，それ以外は 0 となる記号で，クロネッカーのデルタと呼ばれる。

簡単のため，図 B.1 に示す 1 次元の無限大ポテンシャル井戸の 2 準位系を考える。このとき，各準位の波動関数はつぎのように与えられる（7.1 節 参照）。

$$\varphi_1(x) = \sqrt{\frac{2}{L}}\sin\left(\frac{\pi}{L}x\right), \qquad \varphi_2(x) = \sqrt{\frac{2}{L}}\sin\left(\frac{2\pi}{L}x\right) \tag{B.2}$$

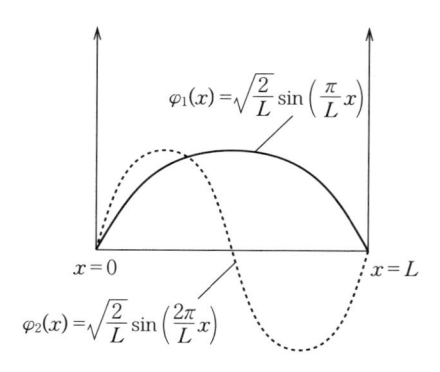

図 B.1　1 次元無限大ポテンシャル井戸内の波動関数

式(B.1)の積分を計算すると

$$\begin{aligned}
\int_0^L \varphi_1^*(x)\varphi_2(x)dx &= \frac{2}{L}\int_0^L \sin\left(\frac{\pi}{L}x\right)\sin\left(\frac{2\pi}{L}x\right)dx \\
&= \frac{2}{L}\frac{1}{2}\int_0^L \left[\cos\left(\frac{\pi}{L}x\right) - \cos\left(\frac{3\pi}{L}x\right)\right]dx \\
&= \frac{1}{L}\left\{\left[\frac{L}{\pi}\sin\left(\frac{\pi}{L}x\right)\right]_0^L - \left[\frac{L}{3\pi}\sin\left(\frac{3\pi}{L}x\right)\right]_0^L\right\} = 0
\end{aligned} \tag{B.3}$$

となる。一方

$$\int_0^L \varphi_1^*(x)\varphi_1(x)dx = \frac{2}{L}\int_0^L \sin^2\left(\frac{\pi}{L}x\right)dx = \frac{2}{L}\frac{1}{2}\int_0^L \left[1-\cos\left(\frac{2\pi}{L}x\right)\right]dx$$

$$= \frac{1}{L}\left\{[x]_0^L - \left[\frac{L}{2\pi}\sin\left(\frac{2\pi}{L}x\right)\right]_0^L\right\} = \frac{1}{L}\times L = 1 \qquad (\text{B}.4)$$

となる．したがって，式(B.3)と式(B.4)の結果から規格化直交条件(B.1)が成り立つことがわかる．一般的には

$$\varphi_a(x) = \sqrt{\frac{2}{L}}\sin\left(\frac{a\pi}{L}x\right), \qquad \varphi_b(x) = \sqrt{\frac{2}{L}}\sin\left(\frac{b\pi}{L}x\right) \qquad (\text{B}.5)$$

とすれば

$$\int_0^L \varphi_a^*(x)\varphi_b(x)dx = \delta_{ab} \qquad (\text{B}.6)$$

が成り立つことが証明できる．

演 習 問 題

【1】 代表的な半導体である GaAs（ガリウムヒ素）と Si（シリコン）のド・ブロイ波長を計算せよ．電子の有効質量は，$m = 0.067m_0$（GaAs）および $0.26m_0$（Si）とする．

【2】 つぎの演算子がエルミート演算子であることを示しなさい．

　　(1) $p_x = \dfrac{\hbar}{i}\dfrac{\partial}{\partial x}$ 　　(2) $H = -\dfrac{\hbar^2}{2m}\dfrac{\partial^2}{\partial x^2} + V(x)$

【3】 交換関係式(1.24)～(1.26)を証明せよ．

【4】 式(1.31)から式(1.32)を導出せよ．

【5】 式(1.43)の確率流密度が連続の式(1.42)を満足することを確認せよ．必要ならば，つぎのベクトル公式を用いること．

$$\nabla\cdot(\phi\boldsymbol{A}) = \phi\nabla\cdot\boldsymbol{A} + \boldsymbol{A}\cdot\nabla\phi$$

【6】 自由電子を表す平面波 $\varphi = Ae^{ikx}$ に対する確率流密度 S_x の表現を計算せよ．

【7】 式(1.53)の規格化定数が $1/\sqrt{2}$ となることを示しなさい．ただし，1粒子波動関数 $\varphi_a(\boldsymbol{r})$ と $\varphi_b(\boldsymbol{r})$ は直交規格化条件（付録B）を満たしているとする．

2 古典統計力学

 量子力学やニュートン力学（古典力学）で問題を解くと，原子（分子）・電子・光・固体などの性質を理解することはできても，トランジスタやレーザに代表されるエレクトロニクス素子の動作原理を理解したり，それらを設計するには不十分である。それを可能にするのが"統計力学"である。この章の始まりとして統計力学がどういう学問なのかをざっと解説し，その後，古典力学の重要な統計分布であるマクスウェル・ボルツマン分布を導出する。

2.1 物理量（長さ，速さ）の大きさが変化すると物理法則も変わる

 図2.1は1個の粒子の運動の法則が，長さや速度によってどのように変わるかを概念的に描いたものである[3]。このように，長さや速度の大きさが10^8倍

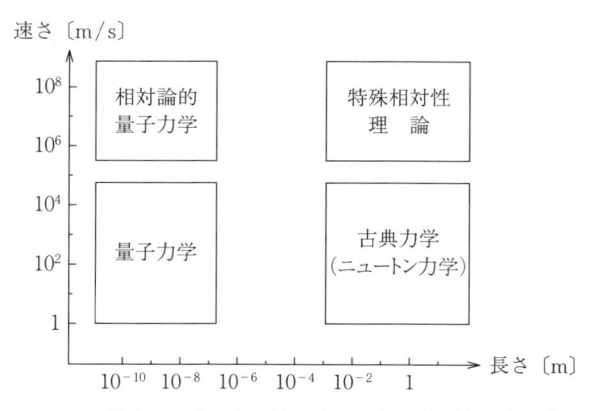

図2.1 物理量の大きさが変化すると物理法則も変わる[3]

くらい変化すると，その運動を記述する物理法則は変わってしまうのである。もちろん，適当な長さの運動を取り扱う場合には，"特殊相対性理論のほうが正しいのであって，ニュートン力学は速度が光の速度よりも十分に遅い場合に近似的に成り立つだけだ"ということはできる。しかし，投げられた小石の運動を調べるのに特殊相対性理論を用いる必要があるだろうか。ニュートン力学で近似したことの誤差よりも，例えば空気抵抗を無視したことによる誤差や，小石の形を正確に考慮しなかったことによる誤差のほうがはるかに大きいであろう。あるいは，ビルを建てるときに強度や耐震性などが計算されているが，このときに相対論を考慮する必要があるだろうか。その分野の専門家ではないので詳しくはわからないが，そこで相対論を使っているとは到底思えない。

このように，ニュートン力学は，ある長さの範囲，ある速さの範囲でしか成立しない近似的なものであることは確かであるが，しかしその範囲内では測定装置の精度を越える十分な精度で成立している。つまり，ある範囲内ではニュートン力学も十分正しい理論といってよいのである。余談であるが，いまのところこれらすべての理論を導けるような究極の法則は見つかっていない。そして大事なことは，もし将来にそのような究極の法則が見つかったとしても，ニュートン力学や特殊相対性理論の有用性は少しも変わらないということである。図2.1が示すように，物の長さや速度の大きさにより，その物の運動を記述する物理法則は変わってしまうのである。

2.2 粒子数が変わるとなにが起こるか

2.1節で述べたように，"数値が変化すると物理法則も変わる"ということであれば，粒子数が変化した場合はどうなるであろうか。1粒子か，2粒子の場合は，古典力学であれば厳密に解くことが可能であるが，3粒子以上になると古典力学でさえももう解くことはできない（例えば，太陽と地球と月の運動（**図2.2**））。ここでの解けないというのは，解析的には解けない，すなわち比較的簡単な数式では表されないという意味であり，コンピュータを用いて数値

22　　2. 古典統計力学

図 2.2　3 体問題の例

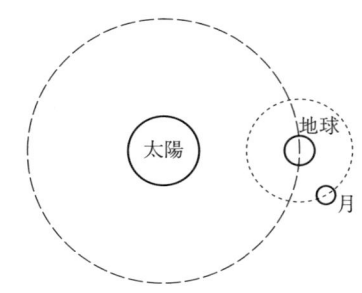

3 体問題 = 解析的に解けない！

的に解くことは，最近のコンピュータの性能向上により可能になってきている。しかしコンピュータシミュレーションも，粒子数が数十〜数百個くらいならともかく，数万個，数十万個となってくると，もう限界である。今後，コンピュータの性能が進歩したとしても，粒子数が 10^8 とか 10^{10} とかになったならば，やはりどうにも手に負えないだろうと想像できる。

しかし，私たちの身の回りにある物質はもっとずっと多くの粒子から構成されている。一体どれくらいの粒子数で構成されているか計算してみよう。

例題 2.1　$1\,\mathrm{cm}^3$ の気体の中にどのくらいの数の分子が含まれているか，アボガドロの法則[†]を用いて計算してみよ。

【解答例】　$6.0 \times 10^{23} \times \dfrac{1\,\mathrm{cm}^3}{22.4 \times 10^3\,\mathrm{cm}^3} = 2.68 \times 10^{19}$ 個

例題 2.2　$1\,\mathrm{cm}^3$ の銅（金属）の中にどのくらいの数の電子が含まれているか計算してみよ。

【解答例】　4 章で述べるように金属では大雑把にいって，原子 1 個当りに電子 1 個〜数個が自由電子になると考えられる。したがって，銅の原子間隔が約 4 Å（Å = 10^{-10} m）であることを用いると電子密度は

$$\frac{1}{(4 \times 10^{-10}\,\mathrm{m})^3} = 1.56 \times 10^{28}\,\mathrm{m}^{-3} \approx 10^{22}\,\mathrm{cm}^{-3}$$ 程度になる。

[†]　〈**アボガドロの法則**（1811 年，イタリアの化学者アボガドロ（Avogadro））〉
「すべての気体は，同温，同圧において，同体積中に同数の分子を含む」
⇒　標準状態（0℃，1 気圧）では，22.4 l の体積中に $N_A = 6.0 \times 10^{23}$ 個（1 mol）の気体分子が含まれる。

このようにきわめて多くの粒子からできているさまざまな物質の性質を調べるには，どうしたらよいであろうか．物質の性質といってもいろいろあるが，電気電子工学の分野でいうと，物質の抵抗値，誘電率，比熱などがあるし，磁性体であれば磁化率や帯磁率なども対象となるであろう．これらの巨視的（マクロ）な物理量は，物質内に含まれる一つ一つの粒子からの寄与をすべて足し合わせたようなものになっている．つまり図 2.3 に示すように，一つ一つの粒子の運動を古典力学や量子力学というミクロな理論で考察し（補足：われわれが使う「古典力学」や「量子力学」は，基本的に粒子 1 個を取り扱っている），その知識を使って，最終的にわれわれが知りたいマクロな物理量（平均的な量）を導き出してくれる学問が**統計力学**（statistical mechanics）なのである．そしてその橋渡しをするのが**分布関数**（distribution function）である．ちなみに，古典力学をベースにするのを古典統計力学，量子力学をベースにするのを量子統計力学と呼ぶ．次節では，古典統計力学の基礎であるマクスウェル・ボルツマン分布の説明から始める．

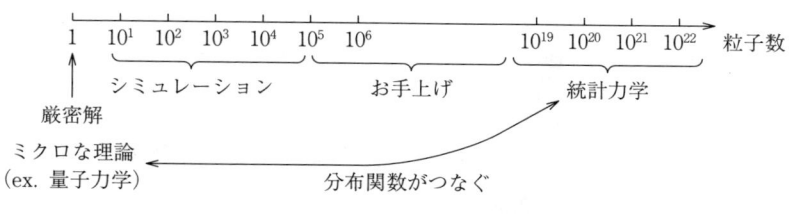

図 2.3 統計力学の位置づけ [3]

2.3 マクスウェル・ボルツマン分布

気体の分子は全部が同じエネルギーをもっているのではなく，それぞれの分子のエネルギーには大小がある．ある気体分子の集団を見たときに，エネルギーの高いところに多数分子がいるとか，低いところに多数いるとかという概念を「エネルギー分布」と呼ぶ（空間的な分布ではない）．このエネルギー分布はエネルギー E の関数になっており，統計力学の力を借りて求められる [4]．

気体分子のエネルギー分布がどうなるかは，マクスウェルとボルツマンが明らかにした。この二人の名前を冠した**マクスウェル・ボルツマン分布**（Maxwell-Boltzmann distribution）を導出するのが本節の目的である。マクスウェル・ボルツマン分布とは，「膨大な数の粒子をさまざまなエネルギー状態にどのように分配するかを決める法則」である。

2.3.1 数を減らして実際に粒子の分配を行ってみる

気体分子の集団を考える場合は，実際には前述の例題 2.1 のように 1 mol（$N_A = 6.0 \times 10^{23}$ 個）程度の分子数を考える必要があるが，ここでは分配の概念をわかりやすくするために，**図 2.4** に示すエネルギー状態が四つしかない簡単化したモデルを考える。また気体分子も 4 個しかなく，それぞれのエネルギーでの状態の数も 4 個とする。

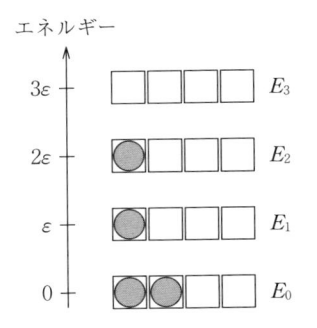

図 2.4 簡単化モデルで状態の数を考える

ここで，「同じエネルギーに状態が複数あるとはどういうことか」という問題であるが，これは，速さが同じでも，「動いている方向が違う分子は別の状態にある」と考えることを意味している。例えば，x 方向に動いている分子とそれに垂直な y 方向に動いている分子の速さが同じであれば運動エネルギーは同じであるが，動いている方向が違うので，この二つの分子は別の状態にあるとみなすことができる（古典論ではパウリの排他律は考えなくてよい）。ここでは簡単化して，どのエネルギーでも状態は 4 個しかないと考えることにする。

この簡単化したモデルでのエネルギー分布を求めてみよう。それぞれのエネルギー E_j の分子の個数を N_j 個とする。ただし，分子の総数 N は一定（いまの場合は $N=4$）である。この分子の総数 N が一定という条件を式で書くと

$$N = N_0 + N_1 + N_2 + \cdots = \sum_j N_j \tag{2.1}$$

となる。また，気体の全エネルギー E が一定に保たれている場合の分配の仕方を考えることにする。それぞれのエネルギーには N_j 個の分子があるので，気体の全エネルギー E が一定であるという条件は

$$E = N_0 E_0 + N_1 E_1 + N_2 E_2 + \cdots = \sum_j N_j E_j \tag{2.2}$$

と書くことができる。式(2.1)と式(2.2)の二つの式が条件となる。

これらの条件下で，$N_0, N_1, N_2, \cdots$ の分子の配り方が何通りあるか考えてみよう。図2.4を一つの例とする。ここでは，E_0 に2個，E_1 に1個，E_2 に1個である。この組合せを「Aパターン」と呼ぶことにする。

各状態のエネルギーは E_0 をエネルギーの原点にとって $E_0=0$ とし，$E_1=\varepsilon$，$E_2=2\varepsilon$，$E_3=3\varepsilon$ と，エネルギー ε ごとに等間隔であるとする。したがってAパターンの全エネルギーは，$E=E_1+E_2=3\varepsilon$ である。4個の分子がすべて区別できるとすると，この入り方には**図2.5**のように全部で12通りあることがわかる。図では，各気体分子を区別するために番号をふっている。

この「場合の数」W が何通りあるかを計算する方法は，順列の理論により

$$W(N_0, N_1, N_2, N_3) = W(2, 1, 1, 0)$$

$$= \frac{N!}{N_0! N_1! N_2! N_3!} = \frac{4!}{2!1!1!0!} = \frac{4 \times 3 \times 2 \times 1}{2 \times 1 \times 1 \times 1} = 12 \tag{2.3}$$

となる。ちなみに気体分子が存在しないエネルギー E_3 では，$N_3=0$ で $0!=1$ である。

分子の個数が4個で全エネルギーが 3ε になる組合せは，この他にも2種類ある。それぞれを「Bパターン」と「Cパターン」と呼ぶことにすると，**図2.6**のように，それぞれの「場合の数」は4通りとなる。

このように，分子数が4個で全エネルギーが 3ε になる組合せは，全部で12

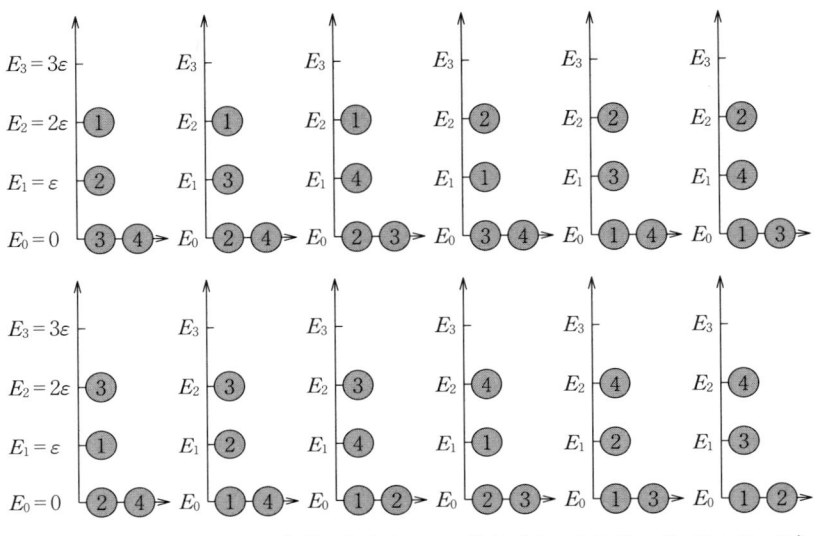

図 2.5 A パターンで四つの状態に入るすべての場合（全エネルギー $E = E_1 + E_2 = 3\varepsilon$）

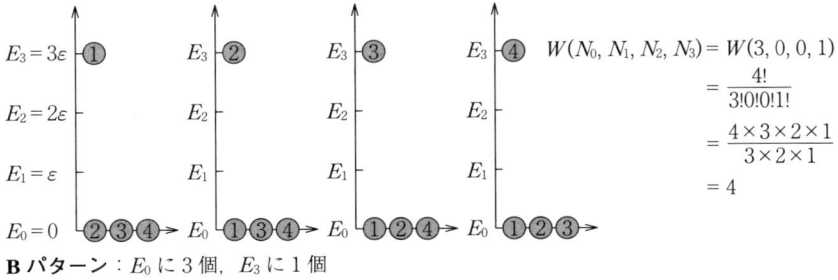

$$W(N_0, N_1, N_2, N_3) = W(3, 0, 0, 1)$$
$$= \frac{4!}{3!0!0!1!}$$
$$= \frac{4 \times 3 \times 2 \times 1}{3 \times 2 \times 1}$$
$$= 4$$

B パターン：E_0 に 3 個，E_3 に 1 個

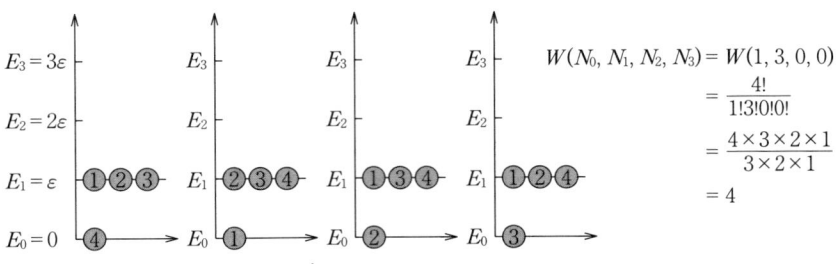

$$W(N_0, N_1, N_2, N_3) = W(1, 3, 0, 0)$$
$$= \frac{4!}{1!3!0!0!}$$
$$= \frac{4 \times 3 \times 2 \times 1}{3 \times 2 \times 1}$$
$$= 4$$

C パターン：E_0 に 1 個，E_1 に 3 個

図 2.6 4 個の全エネルギーが 3ε の場合の数

$+4+4=20$ 通りある．分子はこの 20 通りのどれにも同じ確率で分布すると考えられる（これを等確率の原理と呼ぶ）．このとき，A パターンとなる確率は $12/20$ で 6 割，B パターンの確率は 2 割，C パターンの確率が 2 割となる．したがって，A パターンが最も高い確率で起こる分布であるということになる．

いまの例では分子数はわずか 4 個であったが，分子数が 1 mol ある場合も同じように考えればよい．その場合にも最も起こりやすい分布は，「場合の数」W が最も大きくなる分布である．

2.3.2 マクスウェル・ボルツマン分布の導出

分子数がアボガドロ数個ある場合（$N_0, N_1, \cdots, N_j, \cdots, N_k$）の「場合の数」は，上と同じように次式で表される．

$$W(N_0, N_1, \cdots, N_j, \cdots, N_k) = \frac{N!}{N_0! N_1! \cdots N_j! \cdots N_k!} \tag{2.4}$$

（$N_0, N_1, \cdots, N_j, \cdots, N_k$）の組合せには，分子の総数が一定であるという式(2.1)の条件と，全エネルギーが一定であるという式(2.2)の条件が付くが，その組合せは多数ある．その中で「最も「場合の数」が多い組合せが最も高い確率で現れる組合せである」ということになる．その組合せがどのようなものであるかを求めるのが本節の主題である．そしてそのようにして求められた状態を**熱平衡状態**（thermal equilibrium state）と呼んでいる．

では，「最も場合の数が多い，すなわち W が最大となる」ということをどうやって判定するかというと，N_1 や N_2 が少し変化しても W がほとんど変化しないところ，すなわち偏微分 $\partial W/\partial N_1$ や $\partial W/\partial N_2$ の傾きがゼロであることが最大（極大）の条件であるということになる．もちろんこの条件は最小（極小）の条件でもあるので，求めた後に，最大であるか最小であるかを検証する必要がある（実際には，求められた分布関数が実験結果に合うことから検証されたと考える）．

先ほどの 4 個の場合に戻って考えてみよう．N_0（エネルギー E_0 に入っている個数）を横軸にとって，縦軸に場合の数 W をとったグラフを描いてみると，

図 2.7(a)のように,先端のとがった山の形になる。$N_0=1$ が C パターンで,$N_0=2$ が A パターン,$N_0=3$ が B パターンになる。分子数が多い場合には,図(b)のように,最大値では N_j のどの変数に対しても傾きがゼロになる。したがってこれが最大値を見つける判定の条件となる。

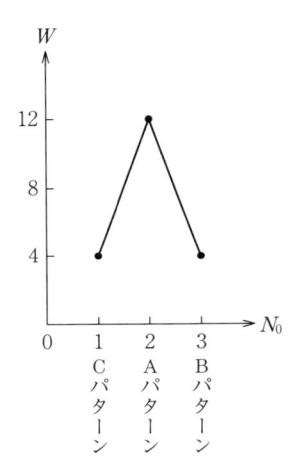

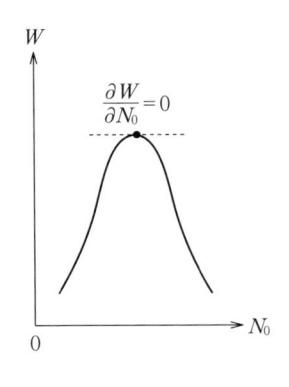

(a) 分子数が 4 個の場合

(b) 分子数が多い場合,W が最大値をとる点で傾き(偏微分)がゼロになる

図 2.7　W の最大値を探す

「場合の数」が大きい場合は対数のほうが扱いやすいので,$\ln W$ の傾きがゼロになるところを探すことにする。N_j で $\ln W$ を偏微分してみると

$$\frac{\partial \ln W}{\partial N_j} = \frac{\partial W}{\partial N_j}\frac{\partial \ln W}{\partial W} = \frac{\partial W}{\partial N_j}\frac{1}{W} \tag{2.5}$$

となるので,場合の数が極値をとる(最大か最小になる)$\partial W/\partial N_j = 0$ では,$\ln W$ の傾き $\partial \ln W/\partial N_j$ もゼロになることがわかる。したがって,W の最大値の必要条件は

$$\frac{\partial \ln W}{\partial N_j} = 0 \tag{2.6}$$

となる。

〔1〕**最も起こりやすい分布を探す**　分子数 N_j が1に比べて桁違いに大きい場合，つぎのスターリングの公式が使える．

$$\ln N_j! \approx N_j(\ln N_j - 1) \qquad (N_j \gg 1) \tag{2.7}$$

このとき $\ln W$ は

$$\ln W(N_0, N_1, \cdots, N_j, \cdots, N_k)$$

$$= \ln \frac{N!}{N_0! N_1! \cdots N_j! \cdots N_k!} = \ln N! - \ln N_0! N_1! \cdots N_j! \cdots N_k!$$

$$= \ln N! - \sum_{j=0}^{k} \ln N_j! \approx N(\ln N - 1) - \sum_{j=0}^{k} N_j(\ln N_j - 1)$$

$$= N \ln N - \sum_{j=0}^{k} N_j \ln N_j \tag{2.8}$$

となる．上式の最後の等号では $N = \sum_{j=0}^{k} N_j$ を用いた．式(2.8)を最大値の必要条件(2.6)に用いると

$$0 = \frac{\partial \ln W}{\partial N_j}$$

$$= \frac{\partial}{\partial N_j}\left(N \ln N - \sum_{i=0}^{k} N_i \ln N_i \right) = -\sum_{i=0}^{k} \left(\frac{\partial N_i}{\partial N_j} \ln N_i + N_i \frac{\partial N_i}{\partial N_j} \frac{\partial \ln N_i}{\partial N_i} \right)$$

$$= -\sum_{i=0}^{k} \frac{\partial N_i}{\partial N_j}(\ln N_i + 1) = -\sum_{i=0}^{k} \frac{\partial N_i}{\partial N_j} \ln N_i - \frac{\partial N}{\partial N_j}$$

$$= -\sum_{i=0}^{k} \frac{\partial N_i}{\partial N_j} \ln N_i \tag{2.9}$$

となる．上式の変形では，全分子数 N は一定なのでその微分は消えることを使っている．

　N_i と N_j が独立な変数であれば $\partial N_i/\partial N_j = 0 \ (i \neq j)$ となるが，いまの場合は，N が一定であるという条件が付いているために独立な変数ではなくなる．なぜなら，N が一定という制約の下で N_i が増えれば一方の N_j が減少するし，逆に N_i が減れば N_j が増えることになる．したがって N_i と N_j は独立ではなくなる．結局，最大値の必要条件は式(2.9)となり，まとめると

$$\sum_{i=0}^{k} \frac{\partial N_i}{\partial N_j} \ln N_i = 0 \tag{2.10}$$

となる。

最大値を求めるにはこの式の他に，$N=$ 一定と $E=$ 一定の条件が加わる。これらは一定の値なので N_j で微分するとゼロになる。その条件を書くと

$$0 = \frac{\partial N}{\partial N_j} = \frac{\partial}{\partial N_j}\left(\sum_{i=0}^{k} N_i\right) = \sum_{i=0}^{k} \frac{\partial N_i}{\partial N_j} \tag{2.11}$$

および

$$0 = \frac{\partial E}{\partial N_j} = \frac{\partial}{\partial N_j}\left(\sum_{i=0}^{k} N_i E_i\right) = \sum_{i=0}^{k} \frac{\partial N_i}{\partial N_j} E_i \tag{2.12}$$

となる。つまり，最も場合の数の大きい組合せを見つけるためには，これら式(2.10)，(2.11)，(2.12)の三つの式を連立して解かなければならないことになる。

〔2〕 **ラグランジュの未定係数法**　上記の三つの連立方程式を解くのに，ラグランジュの未定係数法という方法を用いる。三つの式はすべてゼロであるので，三つの式を足し合わせてもやはりゼロである。そこでこの三つの式を足してみるのであるが，その際に，式(2.11)にある未知の定数 α を掛け，さらに式(2.12)に別のある未知の定数 β を掛けて，式(2.10)に加えると

$$0 = \sum_{i=0}^{k} \frac{\partial N_i}{\partial N_j} \ln N_i + \alpha \sum_{i=0}^{k} \frac{\partial N_i}{\partial N_j} + \beta \sum_{i=0}^{k} \frac{\partial N_i}{\partial N_j} E_i$$

$$= \sum_{i=0}^{k} \frac{\partial N_i}{\partial N_j} (\ln N_i + \alpha + \beta E_i) \tag{2.13}$$

となる。この定数 α と β がどういう値であるかはまだ決まっていないので未定係数と呼んでいる。

式(2.13)では，$\partial N_i/\partial N_j$ は i や j が異なるとさまざまな値をとるので，式(2.13)がつねにゼロであるためには，かっこの中がゼロであるような α や β が存在すればよいということになる。したがって，この式が成立する条件は

$$\ln N_i + \alpha + \beta E_i = 0 \tag{2.14}$$

となり，これより

$$N_i = e^{-\alpha - \beta E_i} \tag{2.15}$$

2.3 マクスウェル・ボルツマン分布

が得られる。これが「ラグランジュの未定係数法」である。

ここで $C \equiv e^{-\alpha}$ と定義するとと $N_i = Ce^{-\beta E_i}$ 書くことができる。これがボルツマン分布の本質的な形である。β はこの後の節で求めるが、先に結果をいうと $\beta = 1/k_B T$ になる。ここで T は絶対温度、k_B はボルツマン定数と呼ばれる。したがって

$$N_i = Ce^{-E_i/k_B T} \tag{2.16}$$

と書くことができる。これがマクスウェル・ボルツマン分布である。

マクスウェル・ボルツマン分布は**図2.8**のように、エネルギーが高くなるにつれて存在確率は指数関数的に小さくなる。このマクスウェル・ボルツマン分布は気体分子のようなニュートン力学で扱える粒子全般に適用できる重要な分布なので、必ず頭の中に入れておこう。

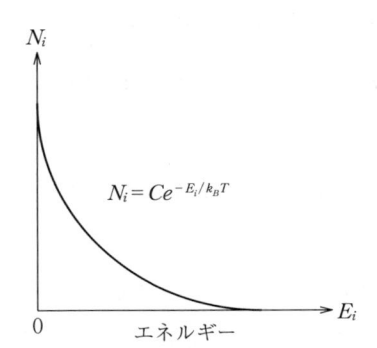

図2.8 マルクスウェル・ボルツマン分布の概形図

〔3〕**分配関数**　マクスウェル・ボルツマン分布の式で、全分子数が N であるという条件を使うと C を消去することができる。

$$N = \sum_{i=0}^{k} N_i = C \sum_{i=0}^{k} e^{-E_i/k_B T} \tag{2.17}$$

この式を変形して先ほどの式(2.16)に C を代入すると

$$N_i = Ce^{-E_i/k_B T} = \frac{Ne^{-E_i/k_B T}}{\sum_{i=0}^{k} e^{-E_i/k_B T}} \tag{2.18}$$

と書くことができる。この N_i に E_i を掛けて i についての和をとると全エネルギー E が求められ

$$E = \sum_{i=0}^{k} N_i E_i = C \sum_{i=0}^{k} E_i e^{-E_i/k_B T} = N \frac{\sum_{i=0}^{k} E_i e^{-E_i/k_B T}}{\sum_{i=0}^{k} e^{-E_i/k_B T}} \tag{2.19}$$

となる。式(2.18)と式(2.19)の分母はあるエネルギー E_i の粒子の存在確率の和を表すので分配関数と呼ばれ，Z と記す。

$$Z \equiv \sum_{i=0}^{k} e^{-E_i/k_B T} \tag{2.20}$$

〔4〕 **$\beta = 1/k_B T$ の証明**　熱力学によると，系の絶対温度 T はエントロピー S を用いて

$$\frac{\partial S}{\partial E} \equiv \frac{1}{T} \tag{2.21}$$

で定義される。エントロピーはボルツマンの関係式（ボルツマンの原理）より

$$S = k_B \ln W \tag{2.22}$$

と与えられるので，この式に式(2.8)と式(2.15)を代入すると

$$S = k_B \left[N \ln N - \sum_{i=0}^{k} N_i \ln N_i \right] = k_B \left[N \ln N - \sum_{i=0}^{k} N_i (-\alpha - \beta E_i) \right]$$

$$= k_B (N \ln N + \alpha N + \beta E) \tag{2.23}$$

となる。これを式(2.21)に代入すると $\partial S/\partial E = k_B \beta = 1/T$ となることから

$$\beta = \frac{1}{k_B T} \tag{2.24}$$

の関係が得られる。すなわち，β は温度の逆数に比例することがわかる。これが β の物理的意味である。比例係数 k_B はボルツマン定数と呼ばれ，$k_B = 1.38 \times 10^{-23}$ J/K という値をもつ。

2.3.3　マクスウェル・ボルツマン分布の対象

　マクスウェル・ボルツマン分布の対象は，ニュートン力学に従う古典的粒子で，気体分子はその代表例である。つぎの3章で述べるように，電子はマクスウェル・ボルツマン分布ではなく，フェルミ・ディラック分布に従う。しかし，近似的に（マクスウェル・）ボルツマン分布が適用可能な場合も多いので，電子を対象としてボルツマン分布が使われる場合もある（3.3節 ボルツマン近似）。

2.3 マクスウェル・ボルツマン分布

ボルツマン分布を電子に使う例の一つを示しておく。電子のエネルギー準位が二つある2準位系を考える（**図2.9**）。2準位系は，レーザの発光などを考える際に重要な役割を担っている。2準位系の上の準位にいる電子が下の準位に落ちるとき，このエネルギー差 ΔE と同じエネルギーをもった光を放出する。これが発光となる。2準位系をもつ「ある発光材料」があったとすると，上の準位に多くの電子がいるほうが，たくさんの光を出すことができる。逆に，上の準位にはあまり電子がいなく，下の準位にたくさん電子がいるなら，あまり発光は期待できない。したがって，上の準位にどれくらい電子がいるのかを知ることが重要になる。この問題をボルツマン分布で考えてみる。

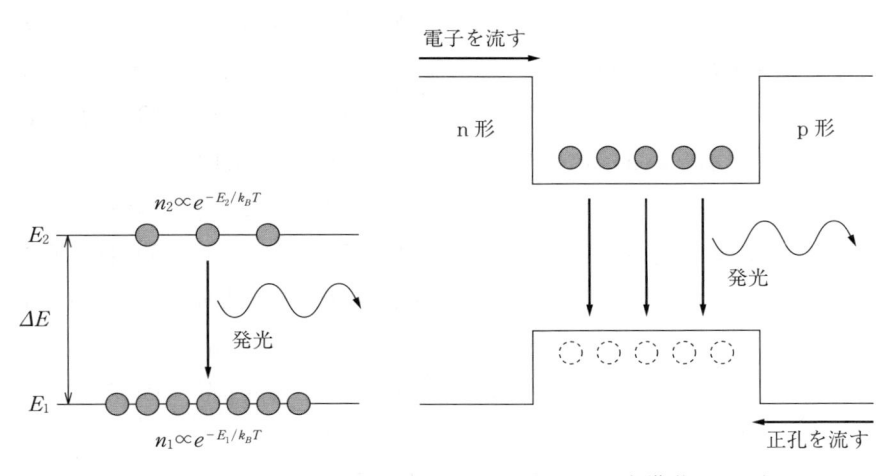

図2.9 2準位系のモデル　　　　**図2.10** 半導体レーザ

2準位系で上のエネルギー準位を E_2 とし，下のそれを E_1 とすると，上の準位の電子数 n_2 と下の準位の電子数 n_1 は，式(2.16)より

$$n_1 = Ce^{-E_1/k_B T} \tag{2.25}$$

$$n_2 = Ce^{-E_2/k_B T} \tag{2.26}$$

で表せる。したがって，n_2 と n_1 の比 n_2/n_1 は2準位系のエネルギー差を ΔE とすると

$$\frac{n_2}{n_1} = \frac{e^{-E_2/k_B T}}{e^{-E_1/k_B T}} = e^{-(E_2-E_1)/k_B T} = e^{-\Delta E/k_B T} \tag{2.27}$$

となる。温度 T は絶対温度なので負の値はとらない。また ΔE は図 2.9 にあるように正であるので，結局，$\Delta E/k_B T > 0$ となることから，$n_2/n_1 < 1$ となる。つまり，n_2 は n_1 より小さくなる。このように熱平衡状態では上の準位のほうが電子の数は少なくなる。

さてレーザの発光材料では，上の準位の電子の数が下の準位よりも多くなっている必要がある。それは，外から入ってきた光の影響によって，電子が上の準位から下の準位に落ちて光を出すという誘導放出現象を利用するためである。このときには，$n_2 > n_1$ でなければならないが，これは上の準位のほうが下よりも電子の数が多いので，**反転分布**(population inversion)と呼ばれている。

われわれの身の回りにあるエレクトロニクス製品で使われているレーザのほとんどは**半導体レーザ**（semiconductor laser）である。半導体レーザでは，この反転分布を実現するのに電流注入という方法が使われている（**図 2.10**）。半導体レーザの構造は pn 接合ダイオードと同じであり，n 形側から電子を流し，p 形側から正孔（電子の抜けた空孔）を流している。したがって電流を両側から流すことによって，伝導帯（上の準位）の電子の数を多くし，逆に価電子帯の電子を少なくすることができるので，容易に反転分布を実現することができる。反転分布が実現された状態では形式上，式(2.27)中の温度 T をマイナスにする必要がある。そこでこれを負温度とかマイナス温度と呼んでいる。

2.4　マクスウェルの速度分布

式(2.16)で求められたマクスウェル・ボルツマン分布はエネルギー分布関数，すなわち分子のエネルギー E の関数になっている。このマクスウェル・ボルツマン分布を，分子の速度 v の関数として表すことを考える（平均速度を求めるため）。そこで，分布関数(2.16)を $f(v)$ と表し，さらに分子のエネルギー E は運動エネルギーで決まっているとして

$$f(\boldsymbol{v}) = Ce^{-E_i/k_B T} = C\exp\left[-\frac{m}{2k_B T}\left(v_x^2 + v_y^2 + v_z^2\right)\right] \tag{2.28}$$

2.4 マクスウェルの速度分布

と書くことにする。いま，全部で N 個の分子がいるとして，式(2.28)の係数 C を次式から求めることにする。

$$
\begin{aligned}
N &= \int f(\boldsymbol{v}) d\boldsymbol{v} \\
&= C \int \exp\left[-\frac{m}{2k_B T}\left(v_x^2 + v_y^2 + v_z^2\right)\right] dv_x dv_y dv_z \\
&= C \underbrace{\int \exp\left(-\frac{m}{2k_B T}v_x^2\right) dv_x}_{=\left(\frac{2\pi k_B T}{m}\right)^{1/2}} \cdot \underbrace{\int \exp\left(-\frac{m}{2k_B T}v_y^2\right) dv_y}_{=\left(\frac{2\pi k_B T}{m}\right)^{1/2}} \cdot \underbrace{\int \exp\left(-\frac{m}{2k_B T}v_z^2\right) dv_z}_{=\left(\frac{2\pi k_B T}{m}\right)^{1/2}} \\
&= C\left(\frac{2\pi k_B T}{m}\right)^{3/2} \qquad\qquad\qquad\qquad\qquad (2.29)
\end{aligned}
$$

ここでつぎのガウス積分を使った。

$$
\int_{-\infty}^{\infty} e^{-\alpha x^2} dx = \sqrt{\frac{\pi}{a}} \qquad (a > 0) \tag{2.30}
$$

したがって，速度の関数として表したマクスウェル・ボルツマン分布が次式のように求められる。

$$
\begin{aligned}
f(\boldsymbol{v}) &= N\left(\frac{m}{2\pi k_B T}\right)^{3/2} \exp\left[-\frac{m}{2k_B T}\left(v_x^2 + v_y^2 + v_z^2\right)\right] \\
&= N\left(\frac{m}{2\pi k_B T}\right)^{3/2} \exp\left(-\frac{mv^2}{2k_B T}\right) \tag{2.31}
\end{aligned}
$$

ここで，$v = |\boldsymbol{v}| = \sqrt{v_x^2 + v_y^2 + v_z^2}$ である。式(2.31)を**マクスウェルの速度分布**（Maxwell's velocity distribution）という。式の形からわかるが，マクスウェルの速度分布はガウス分布（正規分布）に他ならない。ガウス分布というのは，各事象が統計的に独立である場合に成り立つ分布則である。したがって，気体の速度分布がマクスウェルの速度分布に従うということは（このことは実験的に確認されている），気体中の各分子が独立して運動していることを表す。

つぎに，式(2.31)のマクスウェルの速度分布を用いて，気体分子の速度の大きさの平均値 $\langle|\boldsymbol{v}|\rangle$ を求める。$\langle|\boldsymbol{v}|\rangle$ は式(2.31)を用いると

$$\langle |\boldsymbol{v}| \rangle = \frac{1}{N}\int_{-\infty}^{\infty} |\boldsymbol{v}| f(\boldsymbol{v}) d\boldsymbol{v} = \frac{1}{N} N \left(\frac{m}{2\pi k_B T}\right)^{3/2}$$
$$\times \int_0^{\infty} v \exp\left[-\frac{mv^2}{2k_B T}\right] 4\pi v^2 dv \tag{2.32}$$

と表すことができる。ここで速度の積分を球座標積分で行った。上式において $x = mv^2/2k_B T$ と表すと

$$v dv = \frac{k_B T}{m} dx, \qquad v = \left(\frac{2k_B T}{m} x\right)^{1/2} \tag{2.33}$$

の関係が使えるので

$$\langle |\boldsymbol{v}| \rangle = 4\pi \left(\frac{m}{2\pi k_B T}\right)^{3/2} \int_0^{\infty} v^2 \exp\left(-\frac{mv^2}{2k_B T}\right) v dv$$
$$= 4\pi \left(\frac{m}{2\pi k_B T}\right)^{3/2} \int_0^{\infty} \frac{2k_B T}{m} x e^{-x} \frac{k_B T}{m} dx$$
$$= 4\pi \left(\frac{m}{2\pi k_B T}\right)^{3/2} \frac{1}{2} \left(\frac{2k_B T}{m}\right)^2 \int_0^{\infty} x e^{-x} dx$$
$$= 2\pi \left(\frac{m}{2\pi k_B T}\right)^{3/2} \left(\frac{2k_B T}{m}\right)^2 = \frac{2}{\sqrt{\pi}}\sqrt{\frac{2k_B T}{m}} \tag{2.34}$$

となる。上式の計算に現れる積分は Γ 関数となっており，付録Aの式(A.3)の関係から $\Gamma(2) = 1! = 1$ の結果を用いた。このように平均値 $\langle |\boldsymbol{v}| \rangle$ は温度の上昇とともに増大することがわかる（演習問題【1】）。

熱 速 度　気体分子の平均エネルギー（演習問題【2】）から，平均速度（式(2.34)）とは異なるもう一つの速度 v_{th} を定義することができる。すなわち

$$\langle E \rangle \equiv \frac{1}{2} m v_{th}^2 = \frac{3}{2} k_B T \tag{2.35}$$

より

$$v_{th} = \sqrt{\frac{3k_B T}{m}} \tag{2.36}$$

の速度を定義することができる。式(2.36)の v_{th} は，熱エネルギー $k_B T$ で表されることから**熱速度**（thermal velocity）と呼ばれる。式(2.36)の根号の中は式(2.34)のそれとよく似ていることから，式(2.34)に合わせるように変形すると

$$v_{th} = \sqrt{\frac{3k_BT}{m}} = \frac{2}{\sqrt{\pi}}\left(\frac{2k_BT}{m}\right)^{1/2} \times \frac{\sqrt{\pi}}{2}\sqrt{\frac{3}{2}} = 1.085 \times \langle|v|\rangle \qquad (2.37)$$

となる。このように熱速度は平均速度とほぼ等しい値をとることから，平均速度の代わりに用いられることが多い。

付録A Γ関数の性質

Γ関数の定義 $\Gamma(s) = \int_0^\infty x^{s-1} e^{-x} dx$ \qquad (A.1)

Γ関数にはつぎのような性質があることが知られている。本書ではこれらを公式として用いることにする。

$\Gamma(s+1) = s\Gamma(s)$ \qquad (A.2)

$\Gamma(n) = (n-1)!$ （n：正の整数） \qquad (A.3)

$\Gamma\left(\frac{1}{2}\right) = \sqrt{\pi}$ \qquad (A.4)

式(A.2)と式(A.4)より

$$\Gamma\left(\frac{5}{2}\right) = \frac{3}{2}\Gamma\left(\frac{3}{2}\right) = \frac{3}{2}\frac{1}{2}\Gamma\left(\frac{1}{2}\right) = \frac{3\sqrt{\pi}}{4} \qquad (A.5)$$

となる。式(A.5)は演習問題【2】の計算で用いられる。

演 習 問 題

【1】 式(2.34)では速度の大きさの平均値が温度とともに増大する結果を示している。その物理的な理由を，マクスウェルの速度分布(2.31)の形状が温度によってどのように変化するかを基にして説明せよ。

【2】 マクスウェルの速度分布(2.31)を用いて気体分子の平均エネルギーが次式で与えられることを示しなさい。

$$\langle E \rangle = \frac{1}{N}\int_{-\infty}^{\infty} \frac{1}{2}m|v|^2 f(v) dv = \frac{3}{2}k_BT \qquad (2.38)$$

2.4節で速度の大きさの平均値を求めた積分法を参考にすること。

【3】 式(2.34)と式(2.36)を使って，室温（27℃＝300 K）での酸素分子の平均速度と熱速度を計算してみよ。酸素の分子量は32（$N_A = 6.0 \times 10^{23}$個（1 mol）の重さ）である。

【4】 電子もマクスウェル・ボルツマン分布に従うと仮定して，室温（27℃＝300 K）での自由電子（$m = m_0$）の平均速度と熱速度を計算してみよ。

3 量子統計力学

2章では，古典統計分布であるマクスウェル・ボルツマン分布について講述した。この分布は実は，そのまま固体中の電子に適用することはできない。例えば，金属や高電子密度の半導体では，マクスウェル・ボルツマン分布が成り立たず，フェルミ・ディラック分布と呼ばれる新しい分布則を用いる必要がある。同様に，光や格子振動（5章）を議論する場合は，ボーズ・アインシュタイン分布を適用しなければならない。この章では，フェルミ・ディラック分布とボーズ・アインシュタイン分布という，量子力学特有の統計分布について解説する。

3.1 フェルミ・ディラック分布とボーズ・アインシュタイン分布

1.12 節では，量子力学的な粒子はボーズ粒子とフェルミ粒子に分類されることを示した。つぎに，これらの粒子が従う分布関数を導出する。これらの分布関数の導出にも 2 章の古典統計力学で行ったのと同じ数学的手法を用いる。ここで古典的粒子との違いは，同じ種類の量子力学的粒子は区別することができないとする点である[5]。**表 3.1** の例で見てみよう。この表では三つのエネルギー状態 a, b, c に，2 個の粒子を分配する場合を考えている。ここで識別可能な 2 個の粒子を白丸と黒丸で表している。量子統計では同じ種類の粒子は区別できないと考えるため，ボーズ粒子では 6 通り，フェルミ粒子では 3 通りの分配の仕方になることがわかる（フェルミ粒子ではパウリの排他律が働いて同じ状態に 2 個の粒子が入れない）。

3.1 フェルミ・ディラック分布とボーズ・アインシュタイン分布

表 3.1 古典統計と量子統計での粒子の分配の仕方（三つのエネルギー状態 a, b, c に 2 個の粒子を分配する場合）

	古典統計			量子統計					
				ボーズ粒子（対称系）			フェルミ粒子（反対称系）		
状 態	a	b	c	a	b	c	a	b	c
	○	●		○	○		○	○	
	●	○							
		○	●		○	○		○	○
		●	○						
	○		●	○		○	○		○
	●		○						
	○○			○○					
		○●			○○				
			○●			○○			
状態の総数	9			6			3		

3.1.1 フェルミ・ディラック分布

エネルギー状態をいくつかのグループに分けて，そのグループに番号を付け，j 番目のグループに含まれる状態数を G_j，粒子数を N_j，またそのグループに対応する粒子のエネルギーを E_j とする（図 3.1）。ここで仮定として，G や

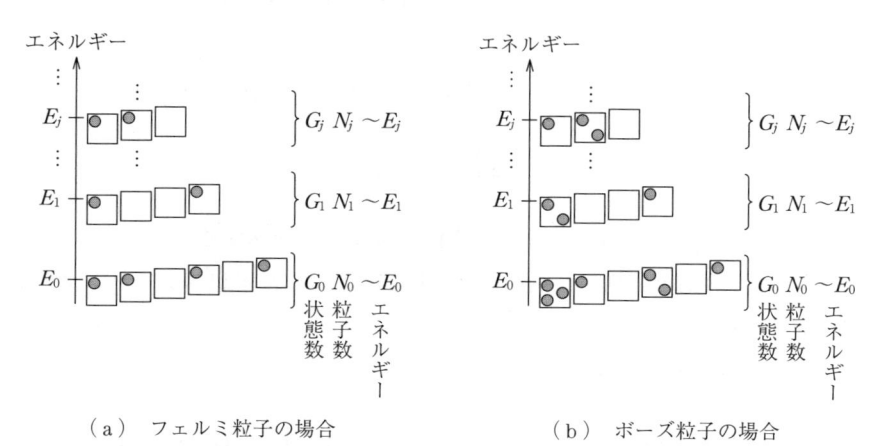

(a) フェルミ粒子の場合　　　　　(b) ボーズ粒子の場合

図 3.1 フェルミ粒子，ボーズ粒子の集まりをいくつかのグループに分けて考える（$G_j, N_j \gg 1$）

Nは1に比べて十分に大きいとする $(G, N \gg 1)$。またE_jは，そのグループ内の状態が違うと少しずつ違ってくるが，系が十分大きいとそのエネルギーの差も小さくなってくる（系の大きさをLとすると粒子のエネルギーは$E_j = \hbar^2(j\pi/L)^2/2m$ で与えられるが (7.1節)，Lが十分に大きいと状態jが違ってもE_jの差は小さくなる）。そのため，グループの分け方を適当に選べば，グループ内の状態はたくさんあるけれども，エネルギーはあまり変わらないと仮定することができる。以下では，このようなグループを考えることにする。このモデルでのエネルギー分布を求めてみよう。

粒子数N_iを一応固定しておき，その場合に粒子の配り方が何通りあるかを考える。図3.1(a)のフェルミ粒子の場合，各エネルギー状態（図の□）に入れる粒子は1個に限られるので，G個の異なったものからN個のものを取り出す場合の数は

$$_G C_N = \frac{G!}{(G-N)!N!} \qquad (\text{粒子の区別なし}) \tag{3.1}$$

で与えられる。一つのグループについて式(3.1)だけのばらまき方があるため，全体の場合の数はこれらの積をつくり

$$W(N_0, N_1, \cdots, N_j, \cdots, N_k) = \frac{G_0!}{(G_0-N_0)!N_0!} \frac{G_1!}{(G_1-N_1)!N_1!} \cdots$$

$$\times \frac{G_j!}{(G_j-N_j)!N_j!} \cdots \frac{G_k!}{(G_k-N_k)!N_k!}$$

$$= \prod_{j=0}^{k} \frac{G_j!}{(G_j-N_j)!N_j!} \tag{3.2}$$

と表される。$\prod$ は積を表す記号で，$\prod_i a_i = a_1 a_2 \cdots$を意味する。

つぎに，2.3節と同様に，式(3.2)の対数をとった $\ln W$ にスターリングの公式を適用すると

$$\ln W(N_0, N_1, \cdots, N_j, \cdots, N_k)$$

$$\approx \sum_{j=0}^{k} \left\{ G_j(\ln G_j - 1) - (G_j - N_j)[\ln(G_j - N_j) - 1] - N_j(\ln N_j - 1) \right\}$$

3.1 フェルミ・ディラック分布とボーズ・アインシュタイン分布

$$= \sum_{j=0}^{k} \left[G_j \ln G_j - (G_j - N_j) \ln (G_j - N_j) - N_j \ln N_j \right] \tag{3.3}$$

となる。上式を W の最大値の必要条件(2.6)

$$\frac{\partial \ln W}{\partial N_j} = 0 \tag{2.6 再掲}$$

に用いると

$$0 = \frac{\partial \ln W}{\partial N_j}$$

$$= \sum_{i=0}^{k} \frac{\partial}{\partial N_j} (G_i \ln G_i) - \sum_{i=0}^{k} \frac{\partial}{\partial N_j} \left[(G_i - N_i) \ln (G_i - N_i) \right] - \sum_{i=0}^{k} \frac{\partial}{\partial N_j} (N_i \ln N_i)$$

$$= -\sum_{i=0}^{k} \frac{\partial N_i}{\partial N_j} \frac{\partial}{\partial N_i} \left[(G_i - N_i) \ln (G_i - N_i) \right] - \sum_{i=0}^{k} \frac{\partial N_i}{\partial N_j} \frac{\partial}{\partial N_i} (N_i \ln N_i)$$

$$= -\sum_{i=0}^{k} \frac{\partial N_i}{\partial N_j} \left[-\ln (G_i - N_i) - 1 \right] - \sum_{i=0}^{k} \frac{\partial N_i}{\partial N_j} (\ln N_i + 1)$$

$$= \sum_{i=0}^{k} \frac{\partial N_i}{\partial N_j} \left[\ln (G_i - N_i) - \ln N_i \right] \tag{3.4}$$

となる。上式の変形では状態数 G_i と粒子数 N_j は独立なため，その微分はゼロとしている。したがって，最大値の必要条件は

$$\sum_{i=0}^{k} \frac{\partial N_i}{\partial N_j} \left[\ln N_i - \ln (G_i - N_i) \right] = 0 \tag{3.5}$$

となる。ゼロにマイナスを掛けてもやはりゼロなので，上式ではマイナスを掛けた式としている。最大値を求めるにはこの式の他に，$N=$ 一定と $E=$ 一定の条件が加わるため

$$0 = \sum_{i=0}^{k} \frac{\partial N_i}{\partial N_j}, \quad 0 = \sum_{i=0}^{k} \frac{\partial N_i}{\partial N_j} E_i \tag{3.6}$$

を連立して解くことになる。2.3節と同じくラグランジュの未定係数法を適用すると

$$0 = \sum_{i=0}^{k} \frac{\partial N_i}{\partial N_j} \left[\ln N_i - \ln (G_i - N_i) \right] + \alpha \sum_{i=0}^{k} \frac{\partial N_i}{\partial N_j} + \beta \sum_{i=0}^{k} \frac{\partial N_i}{\partial N_j} E_i$$

$$= \sum_{i=0}^{k} \frac{\partial N_i}{\partial N_j} \left[\ln N_i - \ln (G_i - N_i) + \alpha + \beta E_i \right] \tag{3.7}$$

この式が成立する条件は

$$\ln N_i - \ln(G_i - N_i) + \alpha + \beta E_i = 0 \tag{3.8}$$

であることから，これを N_i/G_i について解くと

$$\frac{N_i}{G_i} = \frac{1}{e^{\alpha + \beta E_i} + 1} \tag{3.9}$$

が得られる。式(3.9)は，粒子がエネルギー E_i の状態を占める確率を表しており**フェルミ・ディラック分布**（Fermi-Dirac distribution）と呼ばれる。

3.1.2 ボーズ・アインシュタイン分布

つぎにボーズ粒子の場合を考える。ボーズ粒子の場合，一つのエネルギー状態に入る粒子の個数に制限はないので，図3.1(b)のような配り方となり，その場合の数はつぎの式となる。

$$\frac{(G+N-1)!}{N!(G-1)!} \quad \text{（粒子の区別なし）} \tag{3.10}$$

一つのグループについて式(3.10)だけの配り方があるから，全体の配り方はこれらの積となり

$$W(N_0, N_1, \cdots, N_j, \cdots, N_k) = \frac{(G_0+N_0-1)!}{N_0!(G_0-1)!} \frac{(G_1+N_1-1)!}{N_1!(G_1-1)!} \cdots\cdots$$

$$\times \frac{(G_j+N_j-1)!}{N_j!(G_j-1)!} \cdots\cdots \frac{(G_k+N_k-1)!}{N_k!(G_k-1)!}$$

$$= \prod_{j=0}^{k} \frac{(G_j+N_j-1)!}{N_j!(G_j-1)!} \tag{3.11}$$

となる。ここで G_j, N_j は1に比べて十分大きいので，式(3.11)の分母と分子にある -1 は省略してもよい。すなわち

$$W(N_0, N_1, \cdots, N_j, \cdots, N_k) = \prod_{j=0}^{k} \frac{(G_j+N_j)!}{N_j!G_j!} \tag{3.12}$$

と書くことができる。

式(3.12)に対してフェルミ粒子のときと同じように計算を行う。スターリングの公式より

$$\ln W(N_0, N_1, \cdots, N_j, \cdots, N_k)$$

3.1 フェルミ・ディラック分布とボーズ・アインシュタイン分布

$$\approx \sum_{j=0}^{k} \left\{ (G_j + N_j) \left[\ln (G_j + N_j) - 1 \right] - N_j (\ln N_j - 1) - G_j (\ln G_j - 1) \right\}$$

$$= \sum_{j=0}^{k} \left\{ (G_j + N_j) \ln (G_j + N_j) - N_j \ln N_j - G_j \ln G_j \right\} \tag{3.13}$$

となるので,上式を W の最大値の必要条件に使うと

$$0 = \frac{\partial \ln W}{\partial N_j}$$

$$= \sum_{i=0}^{k} \frac{\partial}{\partial N_j} \left[(G_i + N_i) \ln (G_i + N_i) \right] - \sum_{i=0}^{k} \frac{\partial}{\partial N_j} (N_i \ln N_i) - \sum_{i=0}^{k} \frac{\partial}{\partial N_j} (G_i \ln G_i)$$

$$= \sum_{i=0}^{k} \frac{\partial N_i}{\partial N_j} \frac{\partial}{\partial N_i} \left[(G_i + N_i) \ln (G_i + N_i) \right] - \sum_{i=0}^{k} \frac{\partial N_i}{\partial N_j} \frac{\partial}{\partial N_i} (N_i \ln N_i)$$

$$= \sum_{i=0}^{k} \frac{\partial N_i}{\partial N_j} \left[\ln (G_i + N_i) + 1 \right] - \sum_{i=0}^{k} \frac{\partial N_i}{\partial N_j} (\ln N_i + 1)$$

$$= \sum_{i=0}^{k} \frac{\partial N_i}{\partial N_j} \left[\ln (G_i + N_i) - \ln N_i \right] \tag{3.14}$$

となる。上式の変形でも状態数 G_i の粒子数 N_j による微分はゼロとしている。これを式(3.4)と比較すると,$G_i - N_i \to G_i + N_i$ となっていることがわかる。したがってフェルミ粒子と同様に最大値を求めると

$$\ln N_i - \ln (G_i + N_i) + \alpha + \beta E_i = 0$$

となり,これを N_i/G_i について解くと

$$\frac{N_i}{G_i} = \frac{1}{e^{\alpha + \beta E_i} - 1} \tag{3.15}$$

と求められる。式(3.15)を**ボーズ・アインシュタイン分布**(Bose-Einstein distribution)と呼ぶ。

3.1.3 プランク分布

よく知られているように,光子は物質に吸収されたり,逆に物質から放出されたりする。つまり,光子の全粒子数は必ずしも一定ではない。光子の全粒子数 N が一定でないときの分布関数は,$N=$ 一定の条件を課しているラグランジュの未定係数 α を外してやればよい。すわなち,式(3.15)において $\alpha = 0$ と

すればよいことになるので

$$\frac{N_i}{G_i} = \frac{1}{e^{\beta E_i} - 1} \tag{3.16}$$

となり，これを**プランク分布**（Planck distribution）という．光子（フォトン）や格子振動（フォノン）は全粒子数が一定ではないので，このプランク分布を適用する必要がある（5章）．

α の意味　　フェルミ・ディラック分布を例にとりαの意味を考える．ラグランジュの未定係数法を適用した式(3.7)は，Wの最大値の必要条件と，$N=$一定と$E=$一定の条件を同時に満たす式となっている．すなわち式(3.7)は

$$0 = -\frac{\partial \ln W}{\partial N_j} + \alpha \sum_{i=0}^{k} \frac{\partial N_i}{\partial N_j} + \beta \sum_{i=0}^{k} \frac{\partial N_i}{\partial N_j} E_i \tag{3.17}$$

を表している．この式を$\partial/\partial N_j$で括り変形すると

$$\frac{\partial}{\partial N_j}\left(\beta \sum_{i=0}^{k} N_i E_i + \alpha \sum_{i=0}^{k} N_i - \ln W\right) = \frac{\partial}{\partial N_j}(\beta E + \alpha N - \ln W) = 0$$

となるが，これが成り立つには

$$\beta E + \alpha N - \ln W = C \text{（定数）}$$

であればよい．変形すると

$$E = \frac{1}{\beta} \ln W - \frac{\alpha}{\beta} N + \text{定数} \tag{3.18}$$

となる．したがって，2章で示した$\beta = 1/k_B T$の関係を用いると，全エネルギーの変化分dEは

$$dE = k_B T d(\ln W) - \alpha k_B T dN \tag{3.19}$$

と表される．

　一方，熱力学の第一法則によると，粒子の全エネルギーの変化分dEは次式で与えられることがわかっている．

$$dE = -p dV + T dS + \mu dN \tag{3.20}$$

ここで，pは圧力，dVは系の体積変化，Tは絶対温度，dSはエントロピー変化，μは粒子1個当りの化学ポテンシャル，dNは粒子数変化を表す．系の体積は一定と考えると$dV=0$より

$$dE = T dS + \mu dN \tag{3.21}$$

となる．

式(3.19)と式(3.21)を比較すると

$$TdS = k_B T d(\ln W), \qquad \mu dN = -\alpha k_B T dN \tag{3.22}$$

となる。これより

$$S = k_B \ln W \tag{3.23}$$

と

$$\alpha = -\frac{\mu}{k_B T} \tag{3.24}$$

の関係が得られる。式(3.23)は2章で天下り的に与えたボルツマンの関係式(2.22)である。式(3.24)より，ラグランジュの未定係数である α は，化学ポテンシャル μ に比例する量であることがわかる。これは，プランク分布の話からわかるように，α は粒子数に関係することに由来する。これらの関係を使うと，結局，フェルミ・ディラック分布は

$$\frac{N_i}{G_i} = \frac{1}{e^{(E_i - \mu)/k_B T} + 1} \tag{3.25}$$

と書くことができる。式(3.25)が通常使われるフェルミ・ディラック分布の式である。ボーズ粒子に対しても同様の関係が成り立つ。

3.2 フェルミ・ディラック分布関数の性質

式(3.25)はフェルミ統計の場合に必ず顔を出すものであり，きわめて重要な分布関数である。いまそれを $f(E_i)$ とし

$$f(E_i) = \frac{1}{e^{(E_i - \mu)/k_B T} + 1} \tag{3.26}$$

と表す。この $f(E_i)$ をフェルミ・ディラック分布関数と呼ぶことにし，以下でその性質を調べていく。まず $E_i = \mu$ での分布関数の値を計算すると

$$f(E_i = \mu) = \frac{1}{e^0 + 1} = \frac{1}{2} \tag{3.27}$$

となる。つぎに，絶対温度ゼロ度（$T = 0$ K）の極限を考える。この極限では

$$E_i > \mu \quad \text{ならば} \quad e^{(E_i - \mu)/k_B T} \to \infty \quad \text{より} \quad f(E_i) \to 0 \tag{3.28}$$

$$E_i < \mu \quad \text{ならば} \quad e^{(E_i - \mu)/k_B T} \to 0 \quad \text{より} \quad f(E_i) \to 1 \tag{3.29}$$

である。したがって，$T=0\,\mathrm{K}$ での $f(E_i)$ は図 3.2 の破線のように階段状の関数で表されることになる。すなわち電子は μ 以下のエネルギーにのみ分布する。

3.2.1 有限温度（$T \neq 0\,\mathrm{K}$）のフェルミ・ディラック分布関数

つぎに，$T \neq 0\,\mathrm{K}$ のときのフェルミ・ディラック分布関数を考える。ここではその概形図を求めるために，つぎの六つのエネルギー値での値を計算してみる。

$$f(E_i = \mu \pm k_B T), \quad f(E_i = \mu \pm 2k_B T), \quad f(E_i = \mu \pm 3k_B T) \quad (3.30)$$

それぞれの値をつないで描くと**図 3.2** の実線のような曲線が得られる（演習問題【3】）。$T=0\,\mathrm{K}$（破線）との違いは，主に，化学ポテンシャル μ 付近の $|E_i - \mu| < 3k_B T$ のエネルギー範囲内で起こることがわかる。このことは逆にいえば，μ から $3k_B T$ 以上離れたエネルギー領域（$|E_i - \mu| > 3k_B T$）では，$T \neq 0\,\mathrm{K}$ のフェルミ・ディラック分布関数は $T=0\,\mathrm{K}$ のそれと一致することを意味している。また，フェルミ・ディラック分布関数の値は 1 を越えることがないが，これはパウリの排他律を表している。プランク分布や後述するボルツマン分布では値が 1 を越えることが確認できる（演習問題【4】,【5】）

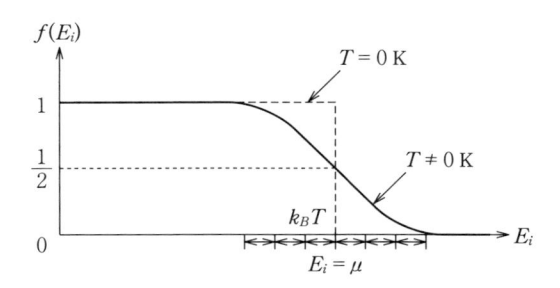

図 3.2 フェルミ・ディラック分布関数の概形図

3.2.2 μ の意味

図3.2からわかるように,$T=0\,\mathrm{K}$ では μ 以下のエネルギー状態に電子が完全に詰まり,逆に μ 以上では電子が空になっている。μ はその境目のエネルギーを表しており,固体電子論ではこれを**フェルミエネルギー**(Fermi energy)と呼び E_F と表す。すなわち,絶対温度ゼロ度における化学ポテンシャルがフェルミエネルギーである。通常,フェルミ・ディラック分布関数は E_F を用いてつぎのように表される。

$$f(E_i) = \frac{1}{e^{(E_i - E_F)/k_B T} + 1} \tag{3.31}$$

3.3 ボルツマン近似

ここではある条件を満たせば,フェルミ・ディラック分布関数がマクスウェル・ボルツマン分布で近似できることを示す。式(3.31)の値とその形状を決めているのは,図3.2で見たように分母にある指数関数の肩の部分 $(E_i - E_F)/k_B T$ である。いま

$$E_i - E_F > 3k_B T \tag{3.32}$$

であるとすると $e^{(E_i - E_F)/k_B T} > e^3 \gg 1$ となるので,式(3.31)のフェルミ・ディラック分布関数は

$$f(E_i) = \frac{1}{e^{(E_i - E_F)/k_B T} + 1} \approx \frac{1}{e^{(E_i - E_F)/k_B T}} = e^{-(E_i - E_F)/k_B T} \tag{3.33}$$

と近似できる。これは2章で導出したマクスウェル・ボルツマン分布と同じ式である。つまり,式(3.32)の条件が成り立つ場合は,電子に対してもマクスウェル・ボルツマン分布は正しい分布関数であるということができる。式(3.33)の近似を**ボルツマン近似**(Boltzmann approximation)と呼ぶ。この近似は,特に熱エネルギーよりも十分に大きなバンドギャップエネルギーをもつ半導体で成り立つことが多く,たいへん重要な近似である。以下にその点を説明する。

図3.3は,不純物を含まない真性半導体のバンド構造とフェルミ・ディラッ

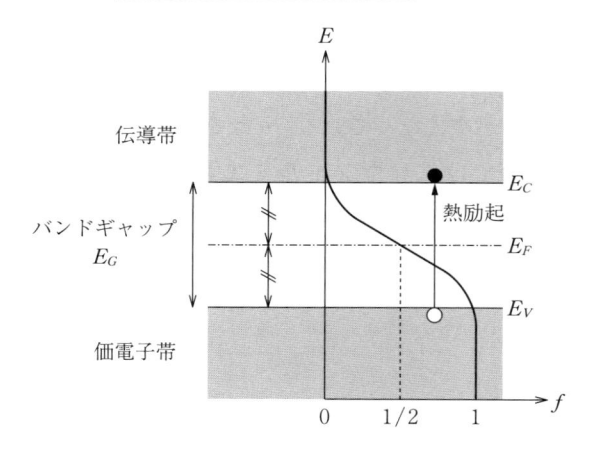

図3.3 真性半導体のバンド構造とフェルミ・ディラック分布関数（真性半導体とは，不純物を含まない純粋な半導体を意味する）

ク分布関数を模式的に描いている。半導体は熱エネルギー $k_B T$ よりも十分に大きなバンドギャップエネルギー（$E_G = E_C - E_V$）をもつため，価電子帯には電子が充満しているが，伝導帯にはほとんど電子が存在しない。ただし，有限温度の場合は熱エネルギーによって伝導帯に励起された電子数は完全にゼロではなく，極少数ではあるが存在する（伝導帯の分布関数の値がゼロではない，ゆえに"半導体"）。一方，価電子帯では，熱励起された電子の分だけ電子数が減るため価電子帯の分布関数の値は1よりも小さくなる。このときのフェルミ・ディラック分布関数を描くと図3.3の曲線のようになり，フェルミエネルギー（真性フェルミエネルギー）の位置はバンドギャップのほぼ中央に位置することになる。以上のことから，つぎの条件に当てはまる真性半導体の伝導帯と価電子帯では，ボルツマン近似が成り立つと考えてよい。

$$E_C - E_F \approx \frac{E_G}{2} > 3k_B T \tag{3.34}$$

ただし，4.1節で述べるようにドナー不純物をドープした半導体では電子数が多くなり，フェルミエネルギーが伝導帯下端 E_C に近づいたり，あるいは伝導帯の中に入り込んだりする（縮退半導体）。不純物半導体では，ボルツマン近似が成り立たない場合があるので注意が必要である。

ここまでの2章と3章では，マクスウェル・ボルツマン分布から始まって，フェルミ・ディラック分布やボーズ・アインシュタイン分布まで重要な知識を

学んだ。この三つの分布関数は，エレクトロニクスにおいてたいへん重要なものであるのでしっかりと身に付けておこう。

付録 A eV 単位（エレクトロンボルト単位）

エネルギーの単位は通常 J（ジュール）である。しかしエレクトロニクスでは，つぎのエレクトロンボルト（eV）単位が標準的に用いられる。

1 eV の物理的な意味は，自由空間内（真空中）で 1 V の電圧差があるときに 1 個の電子が得るエネルギーである。すなわち，$1.602\times10^{-19}\times1$ J が 1 eV に対応する。したがって，j 〔J〕のエネルギーを eV 単位に変換するには，$1.602\times10^{-19}\times1:1=j$〔J〕$:x$〔eV〕より $x=j/1.602\times10^{-19}$ とすれば良い。以下の二つの例で，ジュール単位からエレクトロンボルト単位への変換を行ってみよ。

問 1 (1) 室温 = 27℃（$T=300$ K）の熱エネルギー $k_B T$ を J 単位で計算せよ。
(2) (1) で求めた熱エネルギーを eV 単位と meV 単位に換算せよ。

問 2 量子井戸に閉じ込められた電子のエネルギーは量子化される（7.1 節 参照）。次式で表される量子化エネルギーも単位は J である。

$$E_n = \frac{\hbar^2}{2m}\left(\frac{n\pi}{L}\right)^2 \quad (n=1, 2, 3, \cdots)$$

上式で L は量子井戸幅を表す。

(1) Si の $L=10$ nm $=10^{-8}$ m の量子井戸の基底準位（$n=1$）エネルギーを J 単位で計算せよ。電子の質量は $m=0.26 m_0$ とする。
(2) (1) で求めた量子化エネルギーを eV 単位と meV 単位に換算せよ。

演 習 問 題

【1】 式 (3.1) で $G=3$，$N=2$ の場合の値を計算し，表 3.1 のフェルミ粒子の状態の総数に一致することを確認せよ。

【2】 式 (3.10) で $G=3$，$N=2$ の場合の値を計算し，表 3.1 のボーズ粒子の状態の総数に一致することを確認せよ。

【3】 式 (3.30) の値を計算し，図 3.2 の $T\neq 0$ K のフェルミ・ディラック分布関数を実際に描いてみよ。

【4】 式 (3.33) のボルツマン分布を図 3.2 に書き加えてみよ。フェルミ・ディラック分布関数の高エネルギー側の裾の部分がボルツマン分布に一致することが確認できる。

【5】 式 (3.16) のプランク分布を図 3.2 に書き加えてみよ。

【6】 シリコンのバンドギャップエネルギー E_G は 1.1 eV である。このとき，室温（$T=300$ K）で式 (3.34) が成立すること，すなわち真性シリコンではボルツマン近似が成り立つことを確認せよ。eV 単位については付録 A を参照のこと。

4 固体の自由電子モデル

3章において，エレクトロニクスで重要となる量子統計分布とその性質を学んだ。したがって私たちは，ミクロな理論とマクロな物理量をつなぎ合わせる分布関数を手にしたことになる。本章では，固体中の電子のマクロな物理量を求めることを通じて，電子のフェルミ・ディラック分布の役割と固体中の電子の振舞いについて説明する。本章では自由電子モデルを用いて議論を進め，固体のバンド理論については8章で詳しく解説する。

4.1 固体中の電子と自由電子モデル

まず，金属における電流の運び手は電子であることはよく知られているが，金属ではなぜ多数の電子が存在するか考えてみる。例として，金属ナトリウムを取り上げる。ナトリウム原子 Na は原子番号 11 であり，$(1s)^2(2s)^2(2p)^6(3s)^1$ という電子構造をもつ（図 4.1）。1番外側の軌道 (3s) を回る電子は容易に原子核からはがれ，そのためナトリウム原子は1価のイオン (Na)$^+$ になりやす

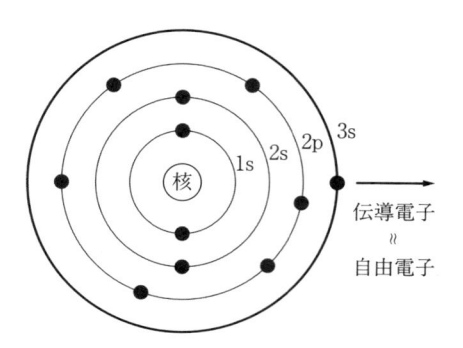

図 4.1 ナトリウム原子の電子構造

い。ナトリウム原子がたくさん集まって固体を構成するときもこれに似た状況になる。つまり**図4.2**(b)に示すようにナトリウム原子は規則正しく並び，いわゆる結晶構造をつくり上げるが，隣接した原子同士の引力ポテンシャルが重なり合い，孤立原子のとき（図4.2(a)）には原子核に束縛されていた3s電子が，結晶では容易に束縛から放たれ結晶全体にわたって運動できるようになる。この電子を伝導電子と呼び，これが電気の運び手，つまり電流となる。この様子を式で表すと

$$_{11}\text{Na}: (1s)^2(2s)^2(2p)^6(3s)^1 \rightarrow \underbrace{(1s)^2(2s)^2(2p)^6}_{\text{Na}^+(1\text{価のイオン})} + 伝導電子(3s) \tag{4.1}$$

となる。このように金属では，伝導に寄与する電子密度は原子密度と同程度の非常に大きな値（$\approx 10^{22}\,\text{cm}^{-3}$）をとることになる（2.2節 例題2.2参照）。上で述べたことは，そのまま一般の金属にも当てはまる。すなわち，金属では金属イオンがある結晶構造をつくり，その中を伝導電子が運動すると考えてよい。

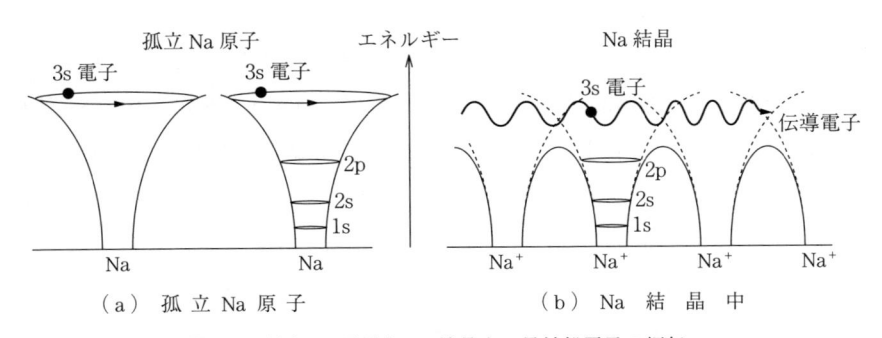

図4.2 孤立Na原子とNa結晶中の最外殻電子の振舞い

半導体ではどうであろうか。実は半導体では金属とは異なるメカニズムで電流が流れる。**図4.3**(a)に代表的な半導体であるシリコン（Si）原子の電子構造と，図(b)にSi結晶の幾何学的構造を模式的に示す。Siの電子構造は

$$_{14}\text{Si}: \underbrace{(1s)^2(2s)^2(2p)^6}_{\text{内殻電子}}\underbrace{(3s)^2(3p)^2}_{\text{価電子}} \tag{4.2}$$

52　　4. 固体の自由電子モデル

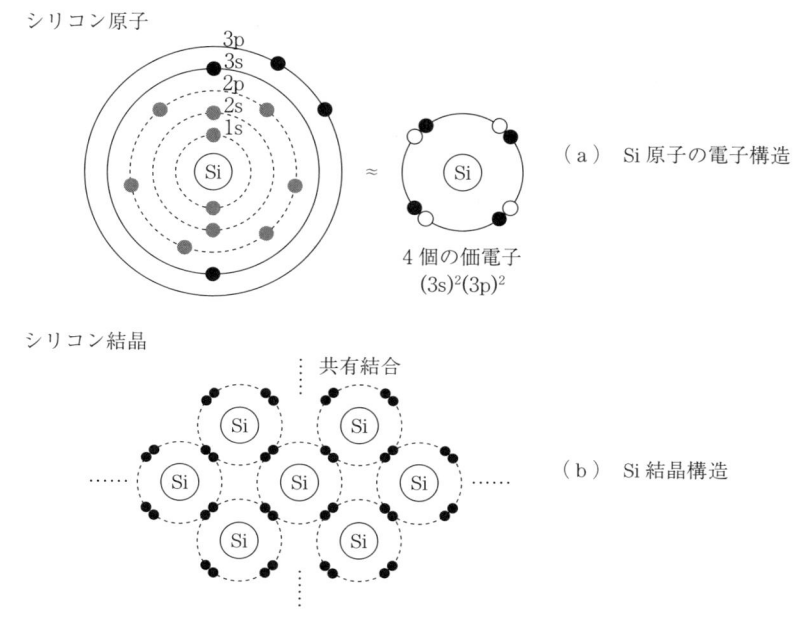

図 4.3 Si 原子の電子構造と Si 結晶構造（ダイヤモンド構造）の模式図（ここでは簡単のため 2 次元で示した）

であるため，結合に関わる価電子は 4 個存在する（図 4.3(a)右図の四つの実丸）。したがって，Si 結晶は図(b)に示すように，隣接する他の 4 個の Si 原子と価電子を一つずつ共有することで最外殻電子が 8 個の閉殻構造となり，安定に存在する（実際は正四面体の 3 次元構造になる（8.4 節 参照））。これを**共有結合**（covalent bonding）と呼ぶ。図 4.3(b)からわかるように価電子はすべて近くの原子に共有されているため，ナトリウム金属のように伝導電子は発生せず，真性 Si，すなわち真性半導体では電流はほとんど流れない。

そこで半導体技術では，不純物原子を添加する（ドーピングと呼ぶ）ことで伝導電子を発生させ，電流が流れる仕組みをつくっている。その様子を**図 4.4**に示す。ここでは不純物原子として P（リン）を用いた説明を行う。P の原子番号は 15 で Si よりも一つ大きく，その電子構造は $^{15}\text{P}: (1s)^2(2s)^2(2p)^6(3s)^2(3p)^3$ となる。P をドープし Si 原子を P 原子に置き換えると，図 4.4 に示すよ

4.1 固体中の電子と自由電子モデル

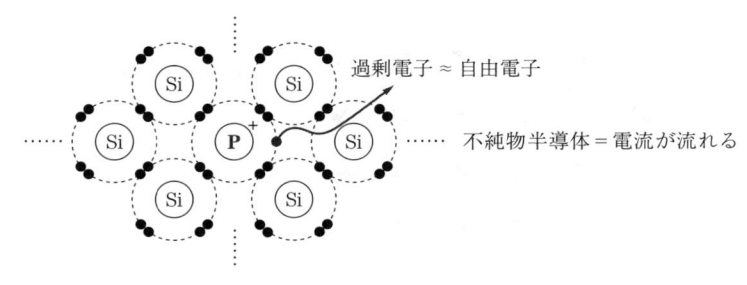

図4.4 不純物（P）をドーピングしたSi結晶構造の模式図（過剰電子が解き放たれた後に残るP原子はP$^+$イオンとなる。これをドナーと呼ぶ）

うにPの3p電子が一つ余ることになり，室温ではこれが元のP原子からの束縛を離れ結晶中を運動するようになる．したがってこの電子は，金属の場合と同様に伝導電子となり電流が流れる．半導体の電子密度は，ドープする不純物の数によって変化させることができ，Siの場合ではおよそ$10^{14} \sim 10^{21}$ cm^{-3}の範囲で変化させることができる．抵抗の値は電子密度にほぼ反比例して変化するため，Siでは抵抗の値を約7桁の範囲で制御することができることになる．すなわち，抵抗が大きい（電流が流れない）状態と，抵抗が小さい（電流が流れる）状態を，ドーピングによって簡単につくり出すことができる．これがSiを含む半導体の優れた特性の一つであり，現在の集積化デバイスを構成する半導体材料の圧倒的な優位性となっている．

一方，Siよりも原子番号あるいは価電子数が一つ少ないAlやB（ボロン）をドープすると，逆に価電子が一つ少ないため共有結合を完成させるには電子が一つ不足する．不純物原子としてBを用いた場合の様子を**図4.5**に示す．不足した結合は，電子が抜けた穴に相当することから**正孔**（hole）と呼ばれる．この場合にも室温では，正孔に他の電子が乗り移り，正孔がつぎつぎに半導体内を移動するために電流が流れる．そこで正孔を，プラス電荷をもつ伝導粒子とみなして伝導電子と同様に考えることができる．

このように金属や不純物半導体では伝導電子が存在し，電流が流れる．その際，伝導電子にはどのような力が働くであろうか．重要な力としては以下の三つが考えられる．

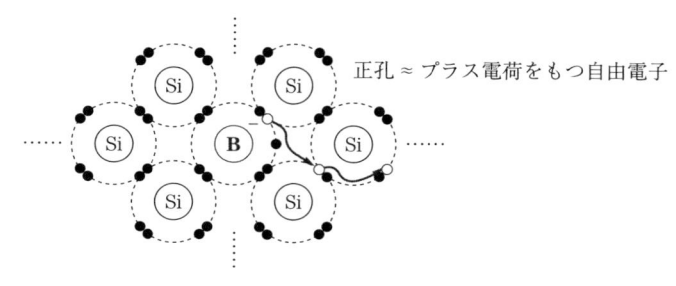

図 4.5 不純物（B）をドーピングした Si 結晶構造の模式図（正孔が解き放たれた後に残る（すなわち不足していた分の電子を隣の原子から補充した後の）B 原子は B^- イオンとなる。これをアクセプタと呼ぶ）

1. イオン原子（金属イオン，不純物原子）からのクーロン力
2. 電子間のクーロン斥力
3. イオン原子の熱振動による力（結晶を構成するイオン原子は 1 点に静止しているのではなく，ある熱振動を行っている。この熱振動を格子振動（5 章）と呼び，伝導電子の運動を妨害する力を及ぼす）

これらの力を受けながら結晶中を伝導する電子の様子を模式的に**図 4.6** の実線で示す。このように結晶中の電子は，実際には複雑な軌道を描きながら結晶中を伝搬している。これらの力をすべて考慮してシュレディンガー方程式を解くのは，通常困難である。そこで一つの思い切った考え方として，これらの力をすべて無視するという近似がある。すなわち，固体内の伝導電子を自由電子とみなすわけであり，これを固体の**自由電子モデル**という。もちろんこのモデ

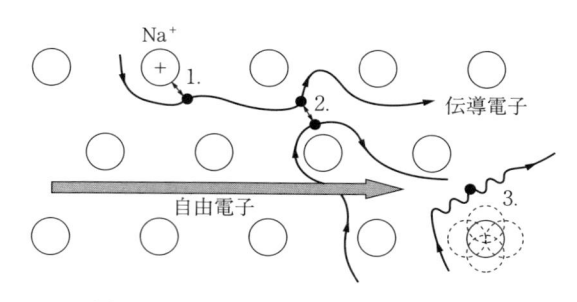

図 4.6 Na 結晶中の伝導電子の運動の様子

ルは，実際の固体内の伝導電子を記述するものとしては不完全である。しかし電子の質量にバンド構造から決まる有効質量（8章付録A）を用いることによって固体の性質を定量的にも理解することができる（ちなみに，有効質量を用いることはバルク結晶において前記の1.と2.の力を考慮することに相当する）。そこで次節では，この自由電子モデルを用いて固体の電子密度の計算理論について説明する。

4.2 熱平衡状態の電子密度

本節では，熱平衡状態の電子密度をフェルミ・ディラック分布関数を用いて計算する。熱平衡状態とは，電圧をかけていない状態や光を照射していない状態を意味する。このときの電子はフェルミ・ディラック分布に従って分布する。ここでは，体積 V の固体中に N 個の伝導電子が存在すると考えて話を進める。全電子数 N は，式(3.31)のフェルミ・ディラック分布関数をすべての状態 i で和をとると求まり

$$N = \sum_i \frac{1}{e^{(E_i - E_F)/k_B T} + 1} \tag{4.3}$$

となる。したがって電子密度 n は，式(4.3)を体積 V で割り

$$n = \frac{N}{V} = \frac{1}{V} \sum_i \frac{1}{e^{(E_i - E_F)/k_B T} + 1} \tag{4.4}$$

で与えられる。ここで状態和 $\sum_i$ を，電子は波であるという性質を用いて，計算が行いやすい波数 $\boldsymbol{k}$ の積分に変換する。まず固体中の伝導電子のエネルギー E_i を波数 $\boldsymbol{k}$ を用いて

$$E_i = \frac{\hbar^2 k^2}{2m} = \frac{\hbar^2 \left(k_x^2 + k_y^2 + k_z^2 \right)}{2m} \equiv E_k \tag{4.5}$$

と表す（付録A 自由電子の分散関係）。つぎに状態和を波数の積分に直す際に，波数空間の状態密度 $\rho = 2V/(2\pi)^3$ を考慮に入れて

$$\sum_i \Rightarrow \frac{2V}{(2\pi)^3} \int_{-\infty}^{\infty} d\boldsymbol{k} \tag{4.6}$$

と変換する（付録B 波数空間の状態密度 参照）。上式の係数 $2V/(2\pi)^3$ は固体中の電子を波として取り扱うことで現れてくるものである。以上より，式

(4.4)の電子密度 n は
$$n = \frac{2}{(2\pi)^3} \int_{-\infty}^{\infty} \frac{d\boldsymbol{k}}{e^{(E_k - E_F)/k_B T} + 1} \tag{4.7}$$
と表される。式(4.7)が熱平衡状態の電子密度を与える。

4.3 波数空間（k 空間）のフェルミ・ディラック分布関数

式(4.7)の被積分関数を波数空間のフェルミ・ディラック分布関数と呼び
$$f(\boldsymbol{k}) = \frac{1}{e^{(E_k - E_F)/k_B T} + 1} \tag{4.8}$$
と表す。ここで，**フェルミ波数**（Fermi wavenumber）を k_F として
$$E_F = \frac{\hbar^2 k_F^2}{2m} \tag{4.9}$$
と定義すれば，$T = 0\,\mathrm{K}$ の極限では 3.2 節で学んだように

$|\boldsymbol{k}| < k_F$ ならば $f(\boldsymbol{k}) \to 1$ (4.10)

$|\boldsymbol{k}| > k_F$ ならば $f(\boldsymbol{k}) \to 0$ (4.11)

となる。したがって，k 空間中で原点を中心として半径 k_F の球面を考えると，$T = 0\,\mathrm{K}$ の極限では，この球面内に電子が詰まり，その外では空になることがわかる（**図 4.7**）。図 4.7 の球面を**フェルミ面**（Fermi surface）と呼ぶ。また，

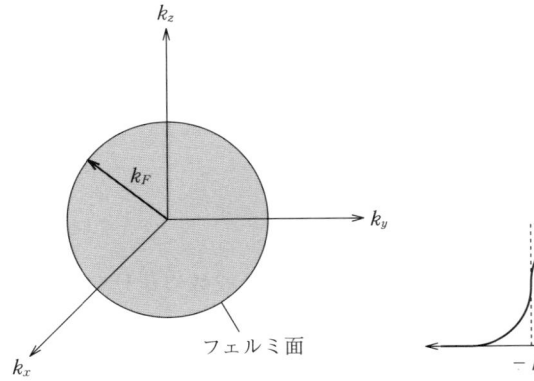

図 4.7 フェルミ面（$T = 0\,\mathrm{K}$ の極限）

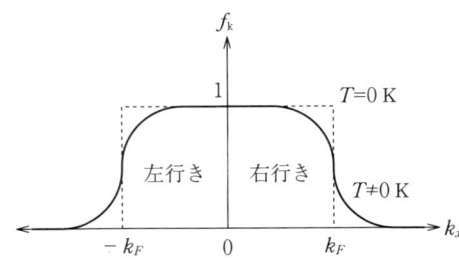

図 4.8 波数空間でのフェルミ・ディラック分布関数

フェルミ波数 k_F から次式で与えられる速度を**フェルミ速度**（Fermi velocity）と呼ぶ。

$$v_F = \frac{p}{m} = \frac{\hbar k_F}{m} \tag{4.12}$$

図4.7の k_x 軸上で見たフェルミ・ディラック分布関数を模式的に描くと**図4.8**のようになる。$k_x > 0$ は右行きの電子を，$k_x < 0$ は左行きの電子を表している。フェルミ・ディラック分布関数はこのように k 空間で対称となるため，右行きと左行きの成分が打ち消し合い電流はゼロになる。これはフェルミ・ディラック分布関数が成り立つ熱平衡状態では，正と負の速度をもつ電子が同じ数だけあるため電流が流れないことを意味している。電流が流れている状態（非平衡状態）の分布関数については6章で詳述する。

4.4 エネルギー状態密度

式(4.7)をエネルギー積分に変換するとエネルギー状態密度が現れる。エネルギー積分に変換するには，式(4.5)の分散関係を用いる。すなわち

$$E_k = \frac{\hbar^2 k^2}{2m} \tag{4.13}$$

より

$$dE_k = \frac{\hbar^2 k}{m} dk, \qquad k = \frac{\sqrt{2m E_k}}{\hbar} \tag{4.14}$$

となることを用いる。実際に式(4.7)を球座標積分で書き直して上記の関係を用いると

$$n = \frac{2}{(2\pi)^3} \int_{-\infty}^{\infty} \frac{d\boldsymbol{k}}{e^{(E_k - E_F)/k_B T} + 1} = \frac{2}{(2\pi)^3} \int_0^{\infty} \frac{4\pi k^2 dk}{e^{(E_k - E_F)/k_B T} + 1}$$

$$= \int_0^{\infty} \frac{1}{e^{(E_k - E_F)/k_B T} + 1} \frac{m\sqrt{2m}}{\pi^2 \hbar^3} \sqrt{E_k}\, dE_k = \int_0^{\infty} \frac{1}{e^{(E_k - E_F)/k_B T} + 1} \rho(E_k)\, dE_k \tag{4.15}$$

と計算できる（演習問題【1】）。上の式で定義した

$$\rho(E_k) = \frac{m\sqrt{2m}}{\pi^2 \hbar^3} \sqrt{E_k} \tag{4.16}$$

を**エネルギー状態密度**（density of states）と呼ぶ。これは単位エネルギー当

りの状態数を表す。エネルギー状態密度の重要な特徴は，エネルギーに関して$\sqrt{E_k}$に比例し，電子質量mの3/2乗に比例することである。このうち電子の質量に関しては，例えば半導体では有効質量が軽い材料では状態密度が小さくなり，逆に有効質量が重い材料では状態密度が大きくなることを意味している（9.1.5項 参照）。結局，電子密度nは，このエネルギー状態密度とフェルミ・ディラック分布関数の積（$f(E_k) \times \rho(E_k)$）をエネルギー積分することで求めることができる。$f(E_k) \times \rho(E_k)$は電子密度のエネルギースペクトルと呼ばれ**図4.9**の網掛け領域に相当する。

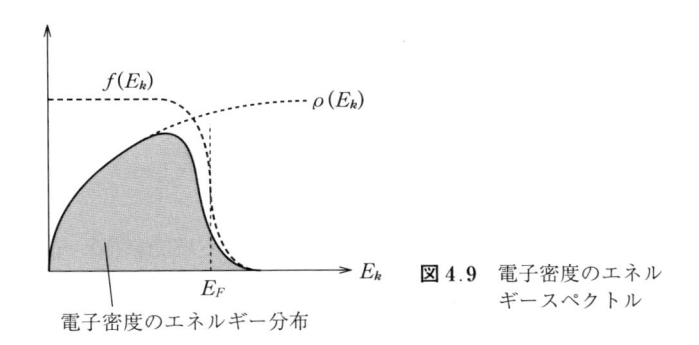

図4.9 電子密度のエネルギースペクトル

次節では，式(4.15)のエネルギー積分を解析的に実行でき，そして電子密度を簡単な式で表すことができる二つの例を取り上げる。これらの例により，電子密度とフェルミエネルギーの関係が理解できるはずである。

4.5　非縮退半導体の電子密度

非縮退半導体（non-degenerate semiconductor）とは，フェルミエネルギーがバンドギャップの中に位置する低電子密度の半導体を表す。3.3節で述べたように，半導体ではボルツマン近似が成り立つ場合が多いが，ボルツマン近似が成り立つ半導体は必ず非縮退半導体である。いま，伝導帯中の電子を考えることにして，エネルギーの基準，すなわちエネルギーゼロの位置を，伝導帯の底にとることにする。このときの電子密度は，式(4.15)にボルツマン近似を適

用するとつぎのように簡単な式で表すことができる。

$$n \approx \int_0^\infty e^{-(E_k - E_F)/k_B T} \frac{m\sqrt{2m}}{\pi^2 \hbar^3} \sqrt{E_k}\, dE_k$$

$$= \frac{m\sqrt{2m}}{\pi^2 \hbar^3} e^{E_F/k_B T} \int_0^\infty e^{-E_k/k_B T} \sqrt{E_k}\, dE_k$$

$$= \frac{m\sqrt{2m}}{\pi^2 \hbar^3} e^{E_F/k_B T} (k_B T)^{3/2} \int_0^\infty x^{1/2} e^{-x}\, dx$$

$$= N_c e^{E_F/k_B T} \tag{4.17}$$

上式の導出では $x = E_k/k_B T$ とおき,2章付録 A の Γ 関数の性質($\Gamma(3/2) = (1/2)\Gamma(1/2) = \sqrt{\pi}/2$)を用いた。ここで N_c は**有効状態密度**(effective density of states)と呼ばれ次式で与えられる[†]。

$$N_c = 2\left(\frac{2\pi m k_B T}{h^2}\right)^{3/2} \tag{4.18}$$

ここで $\hbar = h/2\pi$ の関係を用いたことに注意すること。4.1 節で説明したように,半導体の電子密度はドーピング量によって変化させることが可能である。演習問題【2】で実際の電子密度に対するフェルミエネルギーの値を計算してみよ。

4.6 金属の電子密度($T=0\,\mathrm{K}$ 近似)

4.1 節および 2.2 節で述べたように,金属内の電子密度は $10^{22}\,\mathrm{cm}^{-3}$ と半導体に比べて桁違いに高いため,そのフェルミエネルギーは非常に大きな正の値をとる($E_F \sim$ 数 eV)。したがって**図 4.10** に示すように,金属のフェルミ・ディラック分布関数は $T=0\,\mathrm{K}$ と同じ階段状の分布関数で近似することができる。このときの電子密度を計算してみる。式(4.15)に式(3.28)と式(3.29)の関係を用いると

[†] Si や Ge などの伝導帯最下端では,多バレー(谷)構造をとるため,電子密度の計算では第 1 ブリルアンゾーン内のバレー数を掛ける必要があるが,本書では簡単のためバレーの数は 1 とする(8.5 節 参照)。

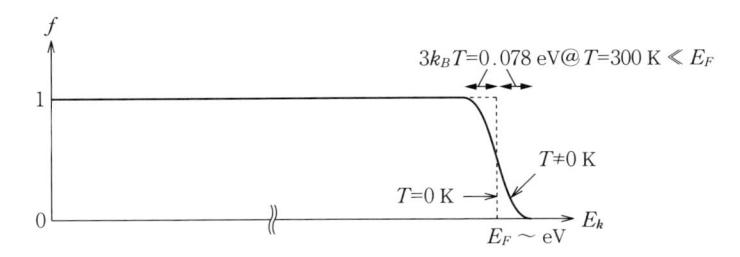

図 4.10 金属のフェルミ・ディラック分布関数（有限温度の場合，フェルミエネルギー近傍の $3k_BT$ のエネルギー範囲で分布関数の広がりが生じる。したがって，フェルミエネルギーが数 eV の金属では室温においても $T=0$ K の階段状の分布関数で近似することができる）

$$n = \int_0^\infty \frac{1}{e^{(E_k - E_F)/k_B T} + 1} \frac{m\sqrt{2m}}{\pi^2 \hbar^3} \sqrt{E_k}\, dE_k \approx \int_0^{E_F} 1 \cdot \frac{m\sqrt{2m}}{\pi^2 \hbar^3} \sqrt{E_k}\, dE_k$$

$$= \frac{m\sqrt{2m}}{\pi^2 \hbar^3} \frac{2}{3} E_F^{3/2} \tag{4.19}$$

となり，電子密度がフェルミエネルギーの 3/2 乗で表されることがわかる。これよりフェルミエネルギー E_F を電子密度 n を用いて表すと次式が得られる。

$$E_F = \frac{\hbar^2 k_F^2}{2m} = \frac{\hbar^2}{2m}\left(3\pi^2 n\right)^{2/3} \tag{4.20}$$

上式はまた，フェルミ波数 k_F が

$$k_F = \left(3\pi^2 n\right)^{1/3} \tag{4.21}$$

であることを意味している。

2章の熱速度（平均速度）とフェルミ速度の関係 2章で求めた平均速度（式(2.34)）と熱速度（式(2.36)）は，マクスウェル・ボルツマン分布を用いて気体分子に対して導出された速度である。一方，フェルミ速度は，フェルミ・ディラック分布を用いて固体中の電子に対して定義された速度である。したがって両者は異なる速度を表している。ただし，ボルツマン近似が成り立つときには（低電子密度の半導体など）両者は一致する。なおフェルミ速度は，厳密には $T=0$ K 時のフェルミ面の速度であるが，有限温度の際にもフェルミエネルギーにおける速度として使用される。

4.7 電子比熱

　電気伝導と直接の関係はないが，フェルミ統計の重要性を認識するために，電子比熱について論ずる。ここでは，古典統計を用いた場合の電子比熱と量子統計であるフェルミ統計を用いた場合の電子比熱を比較する。

　まず古典統計の場合，2章で学んだように，電子1個当りの平均エネルギーは $(3/2)k_B T$ で与えられる。したがって，電子数 N の場合の全エネルギーは

$$\langle E_{tot} \rangle = \frac{3}{2} N k_B T \tag{4.22}$$

となる。1 mol の場合は，$N_A k_B = R$（R：ガス定数）であるので

$$\langle E_{tot} \rangle = \frac{3}{2} RT \tag{4.23}$$

と書ける。一定体積に対する比熱（熱容量）C_V は

$$C_V \equiv \left(\frac{\partial Q}{\partial T}\right) = \left(\frac{\partial E}{\partial T}\right)_{V:\text{一定}} \tag{4.24}$$

で与えられるので，式(4.23)と式(4.24)から

$$C_V = \frac{3}{2} R \tag{4.25}$$

となる。つまり，古典統計で計算した電子比熱は温度によらない一定の値をとることになる。

　では，フェルミ統計を用いた場合はどうなるであろうか。式(4.8)のフェルミ・ディラック分布関数を用いて系の全エネルギーを計算するとつぎのようになる。

$$\langle E_{tot} \rangle = \frac{2}{(2\pi)^3} \int_0^\infty \underbrace{\frac{\hbar^2 k^2}{2m}}_{E_k} \frac{4\pi k^2 dk}{e^{(E_k - E_F)/k_B T} + 1} = \int_0^\infty E_k f(E_k) \rho(E_k) dE_k$$

$$\approx E_0 + \frac{\pi^2}{6}(k_B T)^2 \rho(E_F) \tag{4.26}$$

ここで，E_0 は $T=0$ K における全エネルギー $\langle E_{tot} \rangle$ の値を表す。したがって，これを T で微分すれば

$$C_V \approx \frac{\pi^2 k_B^2 \rho(E_F)}{3} T \tag{4.27}$$

となり，フェルミ統計を用いた電子比熱は絶対温度 T に比例する結果が得られる。

実験結果であるが，電子比熱の実験結果は**図 4.11** に示すように，温度が低くなると減少し，$T\to 0$ の極限でゼロになることがわかっている。このように固体の性質を対象とする場合には，フェルミ統計が正しい分布則を与えており，古典統計は破綻することがわかる。

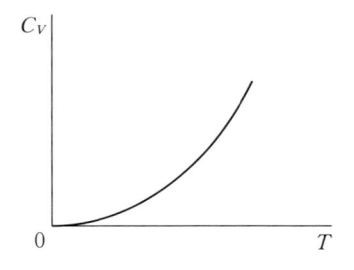

図 4.11 電子比熱の実験結果

式(4.26)の導出 電子密度の式を再掲すると

$$n = \int_0^\infty f(E_k)\rho(E_k)dE_k \tag{4.28}$$

である。式(4.26)や式(4.28)はフェルミ・ディラック分布関数を含んだ積分となっている。この種の積分に対しては，つぎの公式（ゾンマーフェルト展開）が成り立つ。

$$\int_0^\infty f(E)\rho(E)dE = \int_0^\mu \rho(E)dE + \frac{\pi^2}{6}(k_B T)^2 \rho'(\mu) + O(T^4) \tag{4.29}$$

低温の場合，$O(T^4)$ の項は無視できる。これを式(4.28)に適用すると

$$n \approx \int_0^\mu \rho(E)dE + \frac{\pi^2}{6}(k_B T)^2 \rho'(\mu) \tag{4.30}$$

となる。ここで $T=0\,\mathrm{K}$ における μ を μ_0 として式(4.30)の右辺第1項の積分を

$$\int_0^\mu \rho(E)dE = \underbrace{\int_0^{\mu_0} \rho(E)dE}_{n} + \int_{\mu_0}^\mu \rho(E)dE$$

$$\approx n + (\mu - \mu_0)\rho(\mu_0) \quad (T\approx 0\,K で \mu \approx \mu_0 と仮定) \tag{4.31}$$

と近似すれば式(4.30)は

$$n \approx n + (\mu - \mu_0)\rho(\mu_0) + \frac{\pi^2}{6}(k_B T)^2 \rho'(\mu_0) \tag{4.32}$$

より
$$(\mu - \mu_0)\rho(\mu_0) + \frac{\pi^2}{6}(k_B T)^2 \rho'(\mu_0) \approx 0 \tag{4.33}$$
の関係が導かれる。

同様の計算を式(4.26)に適用すると
$$\langle E_{tot}\rangle \approx \int_0^\mu E\rho(E)dE + \frac{\pi^2}{6}(k_B T)^2 \left[\frac{d}{dE}(E\rho(E))\right]_{E=\mu}$$

$$\approx \underbrace{\int_0^{\mu_0} E\rho(E)dE}_{E_0} + \int_{\mu_0}^\mu E\rho(E)dE + \frac{\pi^2}{6}(k_B T)^2 (\rho(\mu) + \mu\rho'(\mu))$$

$$\approx E_0 + (\mu - \mu_0)\mu_0\rho(\mu_0) + \frac{\pi^2}{6}(k_B T)^2 (\rho(\mu_0) + \mu_0\rho'(\mu_0)) \tag{4.34}$$

と表される。ただし E_0 は, $T=0\,\mathrm{K}$ における $\langle E_{tot}\rangle$ の値を意味する。式(4.34)に式(4.33)の関係を使うと

$$\langle E_{tot}\rangle \approx E_0 - \mu_0 \frac{\pi^2}{6}(k_B T)^2 \rho'(\mu_0) + \frac{\pi^2}{6}(k_B T)^2 (\rho(\mu_0) + \mu_0\rho'(\mu_0))$$

$$= E_0 + \frac{\pi^2}{6}(k_B T)^2 \rho(\mu_0) \tag{4.35}$$

となり式(4.26)が導かれる。

付録 A　自由電子の分散関係

1.1 節で述べたように, 量子力学では電子は粒子であるとともに波でもあるとする (粒子・波動二重性)。これら粒子と波の運動を関連づける式は 1 章の式(1.1)で与えられる。式(1.1)の第 2 式より, 粒子のエネルギー E は波数 k を用いて

$$E = \frac{p^2}{2m} = \frac{\hbar^2 k^2}{2m} = \frac{\hbar^2 (k_x^2 + k_y^2 + k_z^2)}{2m} \tag{A.1}$$

と表すことができる。このように, エネルギーと波数の関係を表す式を**分散関係** (dispersion relation) と呼んでいる。半導体では, 式(A.1)の分母の質量を有効質量 m^* で表すのが一般的である (8.5 節 参照)。

付録 B　波数空間の状態密度

　無限に大きな固体を考え，その中を運動する自由電子を考える。自由電子の波動関数はつぎの平面波で表される（付録 C）。

$$\varphi(\boldsymbol{r}) = \varphi(x, y, z) = A e^{i(k_x x + k_y y + k_z z) - i\omega t} \tag{B.1}$$

ここで，式(B.1)の波数 (k_x, k_y, k_z) は正と負の値をとる。上式はまた，ポテンシャルエネルギーを零としたときのシュレディンガー方程式の解となっていることも容易に確認できる。状態密度を求めるのに無限に大きな固体を考えると密度を出すことができないので，代わりに**図 B.1** のような 1 辺の長さが L の立方体を想定し，それを周期的に配置することで無限に大きな固体を表現することにする。立方体を周期的に配置するということは，波動関数につぎの周期的境界条件を与えることに相当する。

$$\varphi(x + L, y, z) = \varphi(x, y + L, z) = \varphi(x, y, z + L) = \varphi(x, y, z) \tag{B.2}$$

これより

$$e^{ik_x L} = e^{ik_y L} = e^{ik_z L} = 1 \tag{B.3}$$

となるので，上式にオイラーの公式を適用すれば，波数 (k_x, k_y, k_z) はつぎの関係を満たす必要がある。

$$k_x = \frac{2\pi}{L} n_x, \quad k_y = \frac{2\pi}{L} n_y, \quad k_z = \frac{2\pi}{L} n_z \quad (n_x, n_y, n_z = 0, \pm 1, \pm 2, \cdots) \tag{B.4}$$

式(B.4)より，波数のとり得る値は**図 B.2** の碁盤目の交点になる（ここでは簡単のため 2 次元で表示している）。1 組の (k_x, k_y, k_z) によって一つの状態が指定されるので，

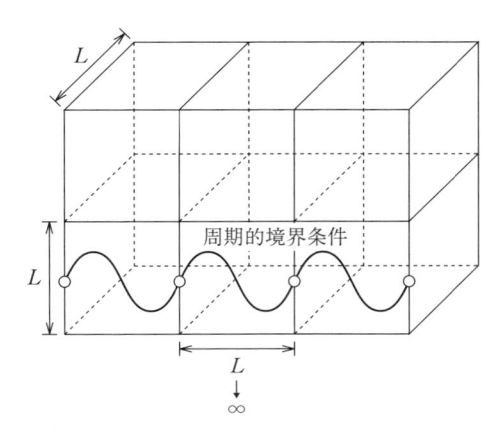

図 B.1　周期的境界条件

付録 C　平面波＝自由電子の表現　　　65

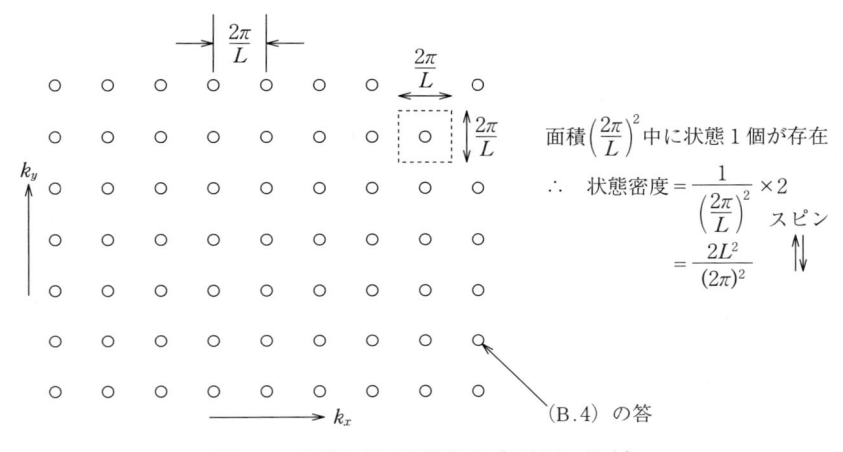

図 B.2　波数空間の状態密度（2 次元の場合）

面積 $\left(\dfrac{2\pi}{L}\right)^2$ 中に状態 1 個が存在

∴　状態密度 $= \dfrac{1}{\left(\dfrac{2\pi}{L}\right)^2} \times 2$ 　スピン

$= \dfrac{2L^2}{(2\pi)^2}$

碁盤目の一つずつが，それぞれ一つの状態に対応している．これより波数空間の状態密度は，電子のスピン状態数 2（↑,↓）を考慮してつぎのように与えられる．

$$\rho = 2 \times \frac{1}{(2\pi/L)^3} = \frac{2V}{(2\pi)^3} \tag{B.5}$$

V は立方体の体積を表す．したがって，立方体が無限に大きく波数が連続と考えられる場合には，状態の和 $\sum_i$ は波数空間の状態密度 ρ を用いてつぎの波数積分で表すことができるようになる．

$$\sum_{i(=n_x, n_y, n_z)} \Rightarrow \int_{-\infty}^{\infty} \rho d\boldsymbol{k} = \frac{2V}{(2\pi)^3} \int_{-\infty}^{\infty} d\boldsymbol{k} \tag{B.6}$$

付録 C　平面波＝自由電子の表現

x の正方向に進む波の数学的表現は，一般的には三角関数（ここでは cosine）を用いてつぎのように表される．

$$A\cos(kx - \omega t) \tag{C.1}$$

ここで A は波の振幅，k は波数，ω は角周波数である．交流電流・交流電圧や電波・光など実在する波は実数で表す必要があるが，電子の波動関数は物理的な意味をもたないため（波動関数の 2 乗が電子の存在確率を意味する（1.3 節 参照）），量子力学では複素数となることを許して指数関数を用いてつぎのように表すことが多い．

$$Ae^{i(kx - \omega t)} \tag{C.2}$$

$e^{-i\omega t}$ を省略して Ae^{ikx} とだけ記す場合もある．このように指数関数の表現にすること

で微分や積分などの計算が容易になることに加えて，つぎのオイラーの公式を用いれば，三角関数と対応づけることも可能であることから，式(C.2)は電子の波動関数として標準的に用いられる。

$$Ae^{i(kx-\omega t)} = A\cos(kx-\omega t) + iA\sin(kx-\omega t) \tag{C.3}$$

また式(C.2)が，ポテンシャルエネルギーを零としたときのシュレディンガー方程式の解となっていることも，式(1.1)のド・ブロイの関係式を用いると容易に確認することができる（各自で確認すること）。

さて，式(C.2)の電子波は x 方向に伝搬する波であり，その速度を以下で求める。図 C.1 に時刻 t のときに波線の状態であった波が，そこから Δt 秒後に実線の波に変化した様子を示す。このとき，点 A の位相と点 B の位相は等しくなければならないので

$$kx_0 - \omega t_0 = k(x_0 + \Delta x) - \omega(t_0 + \Delta t) \quad \text{より} \quad k\Delta x = \omega \Delta t \tag{C.4}$$

となる。すなわち式(C.4)より

$$\frac{\Delta x}{\Delta t} = \frac{\omega}{k} \equiv v_p \tag{C.5}$$

の関係が得られ，式(C.2)の電子波は速度 v_p で伝搬する波であることがわかる。この v_p を**位相速度**（phase velocity）と呼んでいる。$k > 0$ のとき $v_p > 0$ となり右へ進む波を，逆に $k < 0$ のとき $v_p < 0$ となり左へ進む波を表す。したがって，式(C.2)の k は正負の値をとることができる。

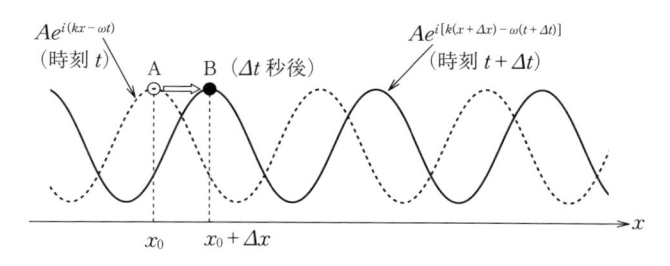

図 C.1 平面波の伝搬の様子

一方，式(C.2)は y 方向と z 方向には振幅，位相ともに一定であることから，式(C.2)のより正確なイメージとしては，等位相面が紙面に垂直に広がって，その等位相面が x 方向に伝搬している波を浮かべるとよい。このような波を**平面波**（plain wave）と呼ぶ。

演 習 問 題

【1】 式(4.15)を導出せよ。

【2】 式(4.17)と式(4.18)を用いて，つぎの電子密度に対する自由電子（$m = m_0$）のフェルミエネルギーを計算せよ。温度は室温（$T = 300$ K）とする。eV 単位で値を出すこと。なお式(4.17)では，伝導帯の底をエネルギーゼロとしている点に注意すること。なお，$h = 2\pi \times \hbar = 6.626 \times 10^{-34}$〔J·s〕である。

(1) $n = 10^{20}$ m^{-3}　　(2) $n = 10^{22}$ m^{-3}　　(3) $n = 10^{24}$ m^{-3}

【3】 (1) 式(4.20)を用いて金属のフェルミエネルギーを計算せよ。eV 単位で値を出すこと。金属の電子密度は $n = 10^{22}$ cm^{-3} とし，自由電子質量（$m = m_0$）を用いよ。

(2) さらに式(4.12)を使ってフェルミ速度を計算せよ。

【4】 式(4.7)に直接 $T = 0$ K を適用し波数積分を行うことにより，式(4.21)および式(4.20)が得られることを示しなさい。

5 格子振動

4章ではフェルミ・ディラック分布が成り立つ熱平衡状態の物理量を議論した。そこでつぎの話題として，電圧を印加した場合（非平衡状態）の電子の伝導機構を議論する。その際，電子が結晶を構成する原子と衝突し運動が乱される現象，すなわち**散乱現象**（scattering phenomenon）を考慮する必要がある。**図 5**.1 に，代表的な半導体の一つである GaAs の結晶格子を示す。図では各格子は静止して描かれているが，実際には熱振動と呼ばれる**格子振動**（lattice vibration）を行っている。この格子振動により結晶中の電子は散乱を受け運動が乱される。これがオームの法則で現れる抵抗の起源である。本章では，この格子振動に「音響モード」と「光学モード」の2種類があることと，それぞれが電子を弾性散乱および非弾性散乱させることを学ぶ。本章で学んだ内容は，次章の電子の伝導機構（ドリフト・拡散電流，移動度，速度飽和など）を理解するための基礎となる。

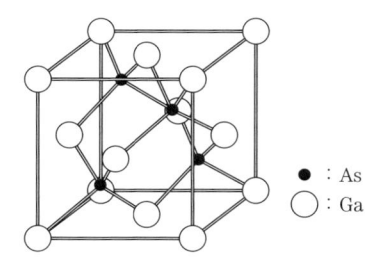

●: As
○: Ga

図 5.1　結晶格子（閃亜鉛鉱（zinc-blende）構造）

5.1　1次元の格子振動と振動モード

電子デバイスや光デバイスとして重要な半導体材料である Si や GaAs では，単位胞内に 2 個の原子が存在する。そこでここでは 2 種類の原子からなる 1 次元格子の振動について考える。図 5.2 に示すように，質量が M_1 と M_2 の原子が交互に並んだ 1 次元格子を考える。その格子間隔は a とする。ここでは $M_1 > M_2$ とし，また，M_1, M_2 に対する平衡位置からの変位をそれぞれ $u_n^{(1)}, u_n^{(2)}$ とおく。ある原子が平衡位置からずれると，まわりの原子からはそれを元に戻そうとする力が働く。この原子間力をフックの法則（$F=ma=-kx$）で表し，各原子に対する運動方程式をつくると

$$M_1 \frac{\partial^2 u_n^{(1)}}{\partial t^2} = -k\left(u_n^{(1)} - u_n^{(2)}\right) - k\left(u_n^{(1)} - u_{n-1}^{(2)}\right) = k\left(u_n^{(2)} + u_{n-1}^{(2)} - 2u_n^{(1)}\right) \quad (5.1)$$

$$M_2 \frac{\partial^2 u_n^{(2)}}{\partial t^2} = k\left(u_{n+1}^{(1)} + u_n^{(1)} - 2u_n^{(2)}\right) \quad (5.2)$$

の 2 式が得られる。ここで，k は原子同士がばねでつながれたと考えたときのばね定数である。

それではここから，式(5.1)と式(5.2)を用いて格子振動の**振動モード**を求める。すなわち，1 次元格子中を伝わる平面波の分散関係を求めていく。4 章の

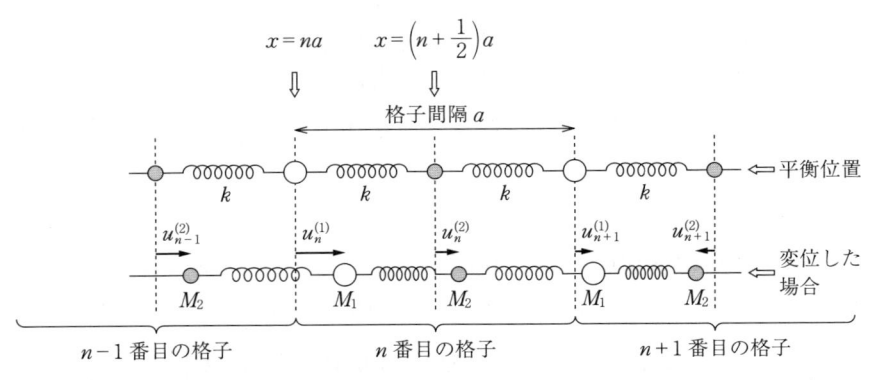

図 5.2　質量 M_1, M_2 の 2 種類の原子からなる 1 次元格子モデル（$M_1 > M_2$ とする）

5. 格子振動

付録 C で説明したように，平面波の表現は以下で与えられる。

$$u(x, t) = A e^{i(qx - \omega t)} \tag{5.3}$$

格子振動の議論では，q および ω がそれぞれ振動の波数と角周波数を表す。ここで図5.2に示すように，格子振動の変位 u は各格子点の位置でのみ意味があるので，各格子点の変位を以下のように表すことにする。

$$u_n^{(1)}(x, t) = A_1 e^{i(qna - \omega t)} \tag{5.4}$$

$$u_n^{(2)}(x, t) = A_2 e^{i[q(n+1/2)a - \omega t]} \tag{5.5}$$

式(5.4)と式(5.5)を運動方程式(5.1)に代入すると

$$-M_1 \omega^2 A_1 e^{i(qna-\omega t)} = k \left\{ A_2 e^{i[q(n+1/2)a-\omega t]} + A_2 e^{i[q(n-1/2)a-\omega t]} - 2A_1 e^{i(qna-\omega t)} \right\}$$

となり，これを整理すると

$$-M_1 \omega^2 A_1 = k \left(A_2 e^{iqa/2} + A_2 e^{-iqa/2} - 2A_1 \right) = -2kA_1 + 2kA_2 \cos(qa/2) \tag{5.6}$$

となる。同様に，もう一方の運動方程式(5.2)に代入すると

$$-M_2 \omega^2 A_2 e^{i[q(n+1/2)a-\omega t]} = k \left\{ A_1 e^{i[q(n+1)a-\omega t]} + A_1 e^{i(qna-\omega t)} - 2A_2 e^{i[q(n+1/2)a-\omega t]} \right\}$$

となり，これを整理すると

$$-M_2 \omega^2 A_2 = k \left(A_1 e^{iqa/2} + A_1 e^{-iqa/2} - 2A_2 \right) = -2kA_2 + 2kA_1 \cos(qa/2) \tag{5.7}$$

となる。式(5.6)と式(5.7)をまとめると，つぎの行列方程式が得られる。

$$\begin{bmatrix} 2k - M_1 \omega^2 & -2k \cos(qa/2) \\ -2k \cos(qa/2) & 2k - M_2 \omega^2 \end{bmatrix} \begin{bmatrix} A_1 \\ A_2 \end{bmatrix} = 0 \tag{5.8}$$

式(5.8)が有意な解をもつ，すなわち $A_1, A_2 \neq 0$ となるためには，左辺の係数行列の行列式が

$$\begin{vmatrix} 2k - M_1 \omega^2 & -2k \cos(qa/2) \\ -2k \cos(qa/2) & 2k - M_2 \omega^2 \end{vmatrix} = 0 \tag{5.9}$$

を満たされなければならない。したがって式(5.9)を ω について解くと

$$\omega_{\pm}^2 = \frac{k}{M_1 M_2} \left[M_1 + M_2 \pm \sqrt{(M_1 + M_2)^2 - 4 M_1 M_2 \sin^2(qa/2)} \right] \tag{5.10}$$

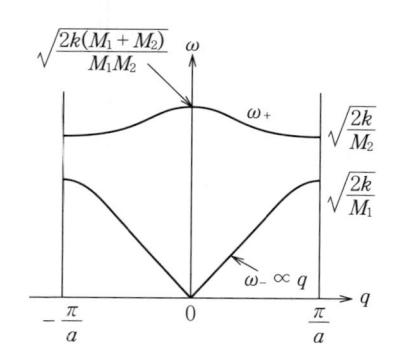

が得られる（演習問題【1】）。$\omega_\pm$ の±は，右辺の±に対応している。すなわち，格子振動には二つの振動の解が存在することがわかる。実際に式(5.10)の ω-q の分散関係を描くと，図 **5.3** のように二つに分離した曲線が得られることになる。この ω_- を**音響モード**（acoustic mode），ω_+ を**光学モード**（optical mode）と呼ぶ。その理由については後述する。また，図 5.3 の $-\pi/a \leq q \leq \pi/a$ の領域を**第 1 ブリルアンゾーン**（first Brillouin zone，付録 A）と呼ぶ。

図 5.3 音響モード（ω_-）と光学モード（ω_+）の分散関係

つぎに，式(5.10)から図 5.3 の二つの曲線が描かれる様子をもう少し詳しく理解するために，つぎの三つの場合について考えてみる。

（ⅰ）　$q=0$ のとき

このとき式(5.10)は

$$\omega_+^2 = \frac{k}{M_1 M_2}(M_1+M_2+M_1+M_2) = \frac{2k(M_1+M_2)}{M_1 M_2}$$

$$\omega_-^2 = 0$$

となることから

$$\omega_+ = \sqrt{\frac{2k(M_1+M_2)}{M_1 M_2}} \tag{5.11}$$

$$\omega_- = 0 \tag{5.12}$$

が得られる。すなわち，光学モードの角周波数 ω_+ は有限の値をとるのに対して，音響モードの ω_- はゼロになることが特徴である。

(ii) $\underline{q \approx 0 \text{ のとき}}$

このとき $\sin(qa/2) \approx qa/2$ と近似できるとすると

$$\omega_\pm^2 \approx \frac{k}{M_1 M_2}\left[M_1 + M_2 \pm \sqrt{(M_1+M_2)^2 - 4M_1M_2\frac{q^2a^2}{4}}\right]$$

$$= \frac{k}{M_1 M_2}\left[M_1 + M_2 \pm \sqrt{(M_1+M_2)^2 - M_1M_2 q^2 a^2}\right]$$

$$= \frac{k}{M_1 M_2}\left\{M_1 + M_2 \pm (M_1+M_2)\left[1 - \frac{1}{2}\frac{M_1M_2 q^2 a^2}{(M_1+M_2)^2} + \cdots\right]\right\}$$

となる。ここで $\sqrt{1-x} \approx 1 - x/2 \, (x \ll 1)$ の近似を用いた。上式にさらに $q \approx 0$ の近似を適用するとつぎの二つの解が得られる（演習問題【2】）。

$$\omega_+ \approx \sqrt{\frac{2k(M_1+M_2)}{M_1 M_2}} \tag{5.13}$$

$$\omega_- \approx \sqrt{\frac{ka^2}{2(M_1+M_2)}}\, q \tag{5.14}$$

すなわち，式(5.13)は式(5.11)と同じ式であることから，光学モードの角周波数 ω_+ は $q=0$ 近傍で一定の値をとることになる。一方，音響モードの ω_- は q に比例して増加することがわかる。

(iii) $\underline{q = \pi/a \text{（第1ブリルアンゾーンの端）のとき}}$

このとき $\sin(qa/2) = \sin(\pi/2) = 1$ より

$$\omega_\pm^2 = \frac{k}{M_1 M_2}\left[M_1 + M_2 \pm \sqrt{(M_1+M_2)^2 - 4M_1M_2}\right]$$

$$= \frac{k}{M_1 M_2}\left[M_1 + M_2 \pm \sqrt{(M_1-M_2)^2}\right]$$

$$= \frac{k}{M_1 M_2}\left[M_1 + M_2 \pm (M_1-M_2)\right]$$

となる。ここで $M_1 > M_2$ を用いた。したがって

$$\omega_+ = \sqrt{\frac{2k}{M_2}} \tag{5.15}$$

$$\omega_- = \sqrt{\frac{2k}{M_1}} \tag{5.16}$$

が得られる．上の2式の大小関係を比較すると，$M_1 > M_2$ より $\omega_+ > \omega_-$ となることがわかる．したがって，第1ブリルアンゾーンの端では光学モードの曲線が音響モードのそれよりも上に位置する．また，光学モードに注目すると

$$\omega_+(q=0) = \sqrt{\frac{2k(M_1+M_2)}{M_1 M_2}} = \sqrt{\frac{2k(1+M_2/M_1)}{M_2}} > \omega_+(q=\pi/a) = \sqrt{\frac{2k}{M_2}}$$

であることから，$q=0$ 付近でほぼ一定であった曲線が，$q=\pi/a$ では減少する傾向が現れることもわかる．

以上の(ⅰ)〜(ⅲ)の結果を基に，格子振動の分散関係を求めると図5.3が得られることが理解できるであろう．

5.2　音響モードと光学モード

音響モードと光学モードの名前の由来を説明しよう．まず音響モードの分散関係は上で述べたとおり，$q=0$ 付近でフォノンの波数に比例する．すなわちフォノンの波長に反比例するという性質がある．これは波長が長くなると角周波数が小さくなる，つまり音が低くなることに対応することから音響モードと呼ばれる．また以下に述べるように，原子の運動の様子からも音波との類似性を見ることができる．

ここでは $q \to 0$ の極限である式(5.11)と式(5.12)を用いて原子の運動を調べてみる．まず音響モードでは，式(5.12)より $\omega_- = 0$ であるから，これを式(5.8)に代入すると

$$0 = \begin{bmatrix} 2k & -2k \\ -2k & 2k \end{bmatrix} \begin{bmatrix} A_1 \\ A_2 \end{bmatrix} = \begin{bmatrix} 2kA_1 & -2kA_2 \\ -2kA_1 & 2kA_2 \end{bmatrix} = 2k \begin{bmatrix} A_1 & -A_2 \\ -A_1 & A_2 \end{bmatrix} = 0$$

となり，つぎの関係が得られる．

$$A_1 = A_2 \tag{5.17}$$

つまり音響モードでは，単位胞内の原子は**図5.4(a)**のように同一方向に変位

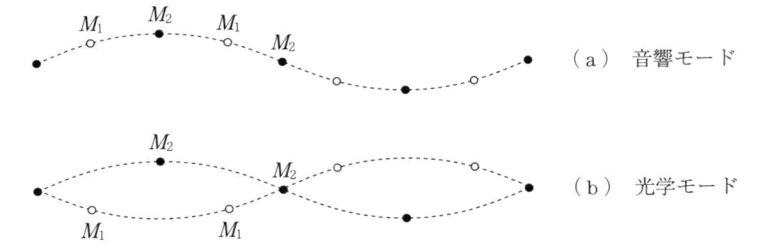

図 5.4 音響モードと光学モードに伴う原子の変位（$q \to 0\,(\lambda \to \infty)$ のとき）

している。これは空気中を伝搬する音波と同じ振舞いを示している。つぎに光学モードでは，式(5.11)の関係を式(5.8)に代入すると

$$\begin{bmatrix} 2k - M_1 \dfrac{2k(M_1+M_2)}{M_1 M_2} & -2k \\ -2k & 2k - M_2 \dfrac{2k(M_1+M_2)}{M_1 M_2} \end{bmatrix} \begin{bmatrix} A_1 \\ A_2 \end{bmatrix} = 0 \qquad (5.18)$$

となる。これを解くと

$$\frac{A_1}{A_2} = -\frac{M_2}{M_1} \qquad (5.19)$$

が得られる（演習問題【3】）。つまり光学モードでは，単位胞内の原子は図5.4(b)のように反対方向に変位する。もし，2種の原子が正と負のイオンであれば分極を誘起して光と強く相互作用することになる。それゆえ光学モードと呼ばれている。ちなみに，式(5.19)より $|A_1/A_2|<1$ となるが，これは A_1 の原子の質量 M_1 のほうが重いため，その変位量は逆に小さいことを表している。

5.3 実際の結晶における3次元格子振動

Siで考える。Siは単位格子内に2個の原子が含まれる。すなわち図5.5の点線で囲まれた正四面体の中にSi原子2個が含まれ，この正四面体を x, y, z 方向に周期的に配置すればSiの結晶構造であるダイアモンド構造が得られる。したがってSiでは，図5.6に示すように合計6個の振動モードが存在する。この場合に，音響モードと光学モードが，それぞれ何通り存在するか考えてみ

5.3 実際の結晶における3次元格子振動

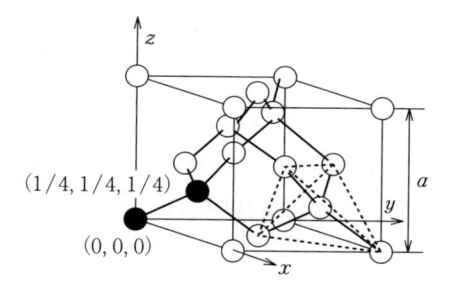

図5.5 Siのダイアモンド構造

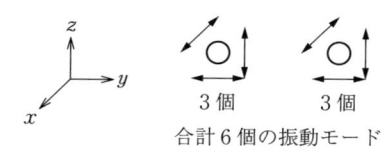

図5.6 3次元の振動モード

単位格子内に原子が2個ある場合
3個　3個
合計6個の振動モード

よう。

音響モードは前節で述べたように，単位胞内の原子が同一方向に変位する振動状態であるので3通りの音響モードが存在する。一方，光学モードは，単位胞内の原子が反対方向に変位する振動状態であるので，この場合も3通りの光学モードが存在する。**図5.7**に各振動モードの様子を模式的に示す。波の伝搬方向（ここではy方向）に垂直な成分をもつ波を**横波**（transverse wave），伝搬方向に並行な成分をもつ波を**縦波**（longitudinal wave）という。したがって，三つの音響モードはそれぞれ，**LAモード**，**TAモード1**，**TAモード2**と呼ば

等方的結晶では二つの横波は縮退する

音響モード　　　　　　　　　　光学モード

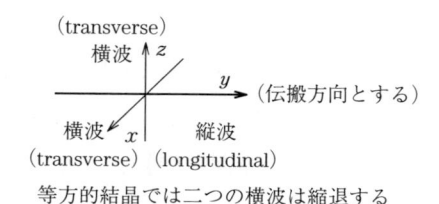

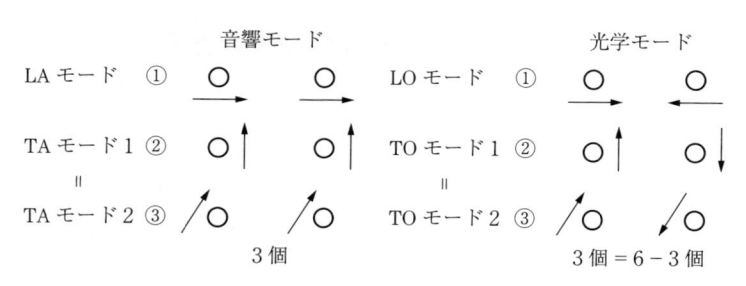

LAモード　①　　　　　　　　LOモード　①
TAモード1　②　　　　　　　TOモード1　②
TAモード2　③　　　　　　　TOモード2　③

3個　　　　　　　　　　　　3個 = 6 − 3個

図5.7 音響モードと光学モードの振動の様子

れる。同じく三つの光学モードはそれぞれ、**LO モード**, **TO モード 1**, **TO モード 2** と呼ばれる。しかし、Si などの等方的な結晶では、波の伝搬方向に垂直な成分をもつ二つの横波が縮退する（図 5.7 の②と③）。このため Si では **図 5.8** に示すように、音響モードで二つ、光学モードで二つの分散曲線が現れることになる。結晶が等方的でなければ二つの横波は縮退が解け、異なる三つのモードに分かれる。

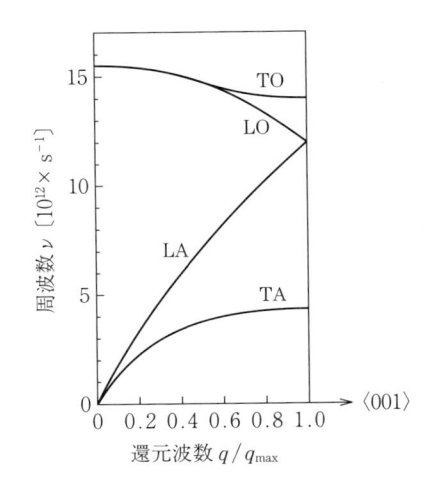

図 5.8 Si の格子振動の分散曲線（q_{max} は第 1 ブリルアン・ゾーンの端の波数である）

上の議論からわかるように、単位格子内に n 個の原子が存在する場合には合計 $3n$ 個のモードが存在する。このうち 3 個は音響モードであり、残りの $3(n-1)$ 個は光学モードになる（演習問題【4】）。

5.4 電子と格子振動の相互作用

前節までに固体の結晶を構成する各原子は、音響モードと光学モードと呼ばれる格子振動を行っていることを学んだ。結晶中を伝搬する電子は、これらの格子振動によって運動が乱される。本節では、格子振動による電子の散乱現象を定性的に解説する。

まず、結晶中を伝搬する電子波と格子の関係を模式的に**図 5.9** に示す。固体

5.4 電子と格子振動の相互作用

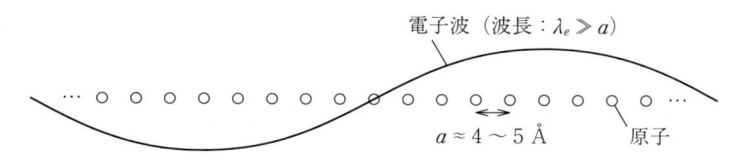

電子波（波長：$\lambda_e \gg a$）

$a \approx 4 \sim 5\,\text{Å}$　原子

図5.9　電子波の波長と格子間隔

の場合，各原子は約 $a \approx 4 \sim 5\,\text{Å}$ 間隔で並んでいる．これに対して電子の波長 λ_e は，1.1節で述べた熱的ド・ブロイ波長から数 $100\,\text{Å}$ と見積もられ（1章の演習問題【1】），原子間隔 a よりも十分に大きい（$\lambda_e \gg a$）．電子は自分と同程度の波長で振動する格子振動と強く相互作用することから，散乱現象を考える際は

$$\lambda_{\text{lattice}} \approx \lambda_e \tag{5.20}$$

の格子振動が重要になる．式(5.20)を波数で表すと（q：格子振動の波数，k_e：電子の波数）

$$q = \frac{2\pi}{\lambda_{\text{lattice}}} \approx k_e = \frac{2\pi}{\lambda_e} \ll \frac{2\pi}{a} \tag{5.21}$$

の関係が得られ，電子を散乱させる格子振動の波数 q は第1ブリルアンゾーンの幅 $2\pi/a$ よりも十分に小さくなる．したがって $q \approx 0$（長波長）の格子振動が重要になってくる（演習問題【5】）．

そこで，Siの分散曲線（図5.8）の $q \approx 0$ 領域に注目する．まず音響モードは $q \approx 0$ でエネルギーがほぼゼロである．これに対して，光学モードのエネルギーは $\hbar\omega \approx 64\,\text{meV}$（演習問題【6】）であり，熱平衡状態の電子の平均エネルギー（$3k_BT/2 \cong 39\,\text{meV}$）よりも大きいことがわかる．したがって，結晶中を電子が走行する場合，音響モードの格子振動に散乱された場合は，運動量は変化するが電子のエネルギーはほとんど変化しない（**弾性散乱**（elastic scattering））．一方，光学モードの格子振動に散乱された場合には，運動量だけでなく電子のエネルギーも熱エネルギーよりも大きな値で変化することになる（**非弾性散乱**（inelastic scattering））．この光学モードによる非弾性散乱が，6章で取り上げる半導体の速度飽和を生じさせる原因となっている．

この非弾性散乱には次節で述べるように，電子が格子振動にエネルギーを与

える過程（フォノン放出過程）と，逆に格子振動から電子がエネルギーをもらう過程（フォノン吸収過程）が存在する．ここでは詳細は省くが，量子力学のフェルミの黄金律によると，通常では放出過程が支配的となることがわかっている（吸収過程は電子がエネルギーを獲得する過程であり，そのような過程は起こりにくい）．

5.5　格子振動の量子化とフォノン

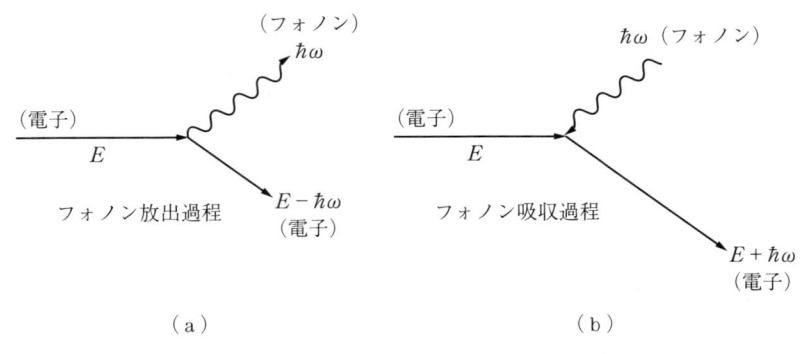

　量子力学によると，光は波動の性質をもっていると同時に粒子としての性質をもっており，その量子はフォトンと呼ばれている．これと同じように格子振動も波動性と粒子性をもっており，その量子は**フォノン**（phonon）と呼ばれる（付録B）．例えば，エネルギーEの電子がフォノンを1個放出する（格子にエネルギーを与え格子振動を局所的に引き起こす）と電子のエネルギーは$E-\hbar\omega$に減少し，フォノンの数が1個増加する（**図5.10**(a)）．逆に，電子がフォノンを1個吸収する（格子からエネルギーをもらい格子振動が局所的に消える）と電子のエネルギーは$E+\hbar\omega$に増加し，フォノンの数は1個減少する（図5.10(b)）．このように固体中のフォノンの数は一定ではない．したがってフォノン（ボーズ粒子）の平均数nは3章のプランク分布(3.16)に従

図5.10　フォノンの放出過程および吸収過程

い次式で与えられる。
$$n = \frac{1}{e^{\hbar\omega/k_BT}-1} \tag{5.22}$$

付録A 第1ブリルアンゾーン

式(5.10)の ω-q 分散関係において，$q \to q \pm 2\pi/a$ と波数を $2\pi/a$ だけシフトさせても式(5.10)の表現はまったく変化しない。つまり，フォノンの分散関係は $2\pi/a$ 周期で波数軸上を繰り返すことがわかる。したがって，ω-q 分散関係を $-\infty \leq q \leq \infty$ の領域で描くと図A.1のようになる。この中で $q=0$ を中心とした基本単位胞を第1ブリルアンゾーンと呼んでおり，固体の物性を調べるには通常この領域のみを考えればよい。

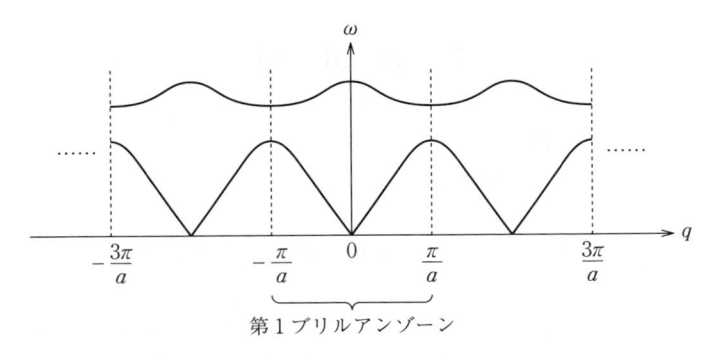

図A.1 第1ブリルアンゾーンの説明図

付録B 調和振動子の量子化

図5.2の1次元格子モデルは，量子力学で学ぶ1次元調和振動子と同じ物理現象であり，そのシュレディンガー方程式はつぎのように与えられる。
$$\left(-\frac{\hbar^2}{2m}\frac{d^2}{dx^2} + \frac{1}{2}kx^2\right)\varphi_n(x) = E_n\varphi_n(x) \tag{B.1}$$
この解は

固有関数 $\quad \varphi_n(x) = \left(\dfrac{\alpha}{\pi}\right)^{1/4}\left(\dfrac{1}{2^n n!}\right)^{1/2} e^{-\frac{\alpha}{2}x^2} H_n(\sqrt{\alpha}\,x)$ \hfill (B.2)

固有値　$E_n = \left(n + \dfrac{1}{2}\right)\hbar\omega$ 　　($n = 0, 1, 2, \cdots$) 　　(B.3)

と与えられることが知られている。ただし

$$\alpha = \frac{m\omega}{\hbar} = \frac{\sqrt{mk}}{\hbar} \tag{B.4}$$

とおいている。式(B.3)より調和振動子のエネルギーは $\hbar\omega$ 単位で量子化されるとともに，その量子の数（フォノンの数）n で決まることがわかる。ここで $(1/2)\hbar\omega$ は零点振動と呼ばれる。また，エルミート多項式 $H_n(\xi)$ は

$$H_n(\xi) \equiv (-1)^n e^{\xi^2} \frac{d^n}{d\xi^n} e^{-\xi^2} \quad (n \geq 0) \tag{B.5}$$

で定義される。例として $n = 0 \sim 4$ に対して示すとつぎのようになる。

$$H_0(\xi) = 1, \quad H_1(\xi) = 2\xi, \quad H_2(\xi) = 4\xi^2 - 2 \tag{B.6}$$

$$H_3(\xi) = 8\xi^3 - 12\xi, \quad H_4(\xi) = 16\xi^4 - 48\xi^2 + 12 \tag{B.7}$$

演 習 問 題

【1】 式(5.9)から式(5.10)を導出せよ。

【2】 式(5.13)と式(5.14)を導出せよ。

【3】 式(5.19)を導出せよ。

【4】 単位格子内に3個の原子が存在する場合の音響モードと光学モードについて考えてみよ。

【5】 1章の演習問題【1】の結果を使って，電子を散乱させる格子振動の波数領域は第1ブリルアンゾーンの幅 $2\pi/a$ の何%程度になるか計算せよ。ただし，簡単のため GaAs および Si ともに結晶の格子間隔 a は5Åとする。

【6】 図5.8において，$q \approx 0$ での光学モードの振動周波数が $f = 15.5 \times 10^{12}\,\mathrm{s}^{-1}$ であるとして，そのエネルギー $\hbar\omega$ を meV 単位で計算せよ。

6 固体中の電子の伝導機構

　pn接合ダイオードやトランジスタなどの電子デバイスを流れる電流はどのように計算すればよいであろうか。2章で導出したマクスウェル・ボルツマン分布や3章で導出したフェルミ・ディラック分布は，その導出過程からわかるように熱平衡状態を仮定している。通常，熱平衡状態では電流は流れないため，これらの分布関数は電子デバイスの電流を表現することができない。すなわち導体に電流が流れるということは，電圧をかけて電子を非平衡状態に遷移させた状況をつくり出している。この非平衡状態の分布関数について学び，そこから電子デバイスの電流を計算するのが本章の目的である。実はこの非平衡分布関数は，フェルミ・ディラック分布関数のように簡単な式で表すことはできない。非平衡分布関数を求めるには，5章の散乱現象を考慮したボルツマン方程式と呼ばれる輸送方程式を解く必要がある。本章では，このボルツマン方程式の導出を行い，それを基にして固体中の電子の伝導機構を学んでいく。本章で学んだ内容は，半導体電子工学や電気電子材料学などのエレクトロニクス応用技術を理解するための基礎となる。

6.1　ボルツマン方程式

6.1.1　ボルツマン方程式の導出

　ここでは，非平衡状態の分布関数を決めるボルツマン方程式を導出する。まず電流が流れている場合には，電子分布は空間的に一様ではなく，また時間とともに変化をするので，電子の分布関数 f を波数 k 以外にも位置 r と時刻 t にも依存するとし

$$f(k, r, t) \tag{6.1}$$

6. 固体中の電子の伝導機構

と表すことにする。ここでは電子は古典的なニュートンの運動方程式に従うとする。外力（＝電界）$\bm{F}$ の下では

$$\frac{d\bm{r}}{dt} = \bm{v} \tag{6.2}$$

$$\frac{d\bm{p}}{dt} = \hbar \frac{d\bm{k}}{dt} = \bm{F} \tag{6.3}$$

となるので，dt 時間後の $\bm{r}$ と $\bm{k}$ は，それぞれ

$$\bm{r} \to \bm{r} + \bm{v}dt$$

$$\bm{k} \to \bm{k} + \frac{\bm{F}}{\hbar}dt \tag{6.4}$$

に変化する。したがって，散乱がない場合，電子の分布関数の時間変化は図 6.1 のようになると考えてよい。ここで時刻 t に $(\bm{k}, \bm{r}, t)$ の状態を占める分布関数 $f(\bm{k}, \bm{r}, t)$ の変化の割合に注目する。図 6.2 にさらに詳しく描いたように，dt 秒前に $(\bm{k}-(\bm{F}/\hbar)dt, \bm{r}-\bm{v}dt, t-dt)$ にいた電子が，dt 秒後に $(\bm{k}, \bm{r}, t)$ の状態に移る（図 6.2（a）→（d））。一方，dt 秒前に $(\bm{k}, \bm{r}, t-dt)$ にいた電子は，dt 秒後には $(\bm{k}+(\bm{F}/\hbar)dt, \bm{r}+\bm{v}dt, t)$ の状態に移る（図 6.2（b）→（e））。したがって，dt 秒の間に分布関数 $f(\bm{k}, \bm{r}, t)$ が変化する割合は

$$\left(\frac{\partial f(\bm{k}, \bm{r}, t)}{\partial t}\right)_{\text{drift}} = \frac{f\left(\bm{k}-\frac{\bm{F}}{\hbar}dt, \bm{r}-\bm{v}dt, t-dt\right) - f(\bm{k}, \bm{r}, t-dt)}{dt} \tag{6.5}$$

と表される。式(6.5)の右辺分子の第1項は $f(\bm{k}, \bm{r}, t)$ へ流れ込む量で，第2項は $f(\bm{k}, \bm{r}, t)$ から流れ出す量である。いまは散乱による状態の変化は考えておらず，外力 $\bm{F}$（＝電界）のみで時々刻々と連続的に変化する運動を考えており，これを**ドリフト項**（drift term）と呼ぶ。

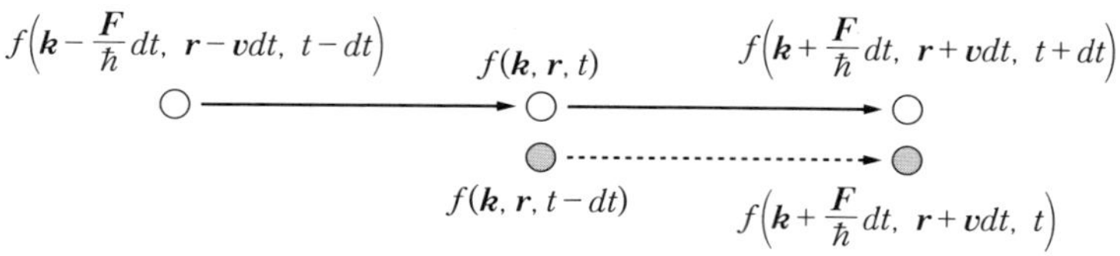

図 6.1 分布関数の時間変化（散乱による変化がない場合）

6.1 ボルツマン方程式

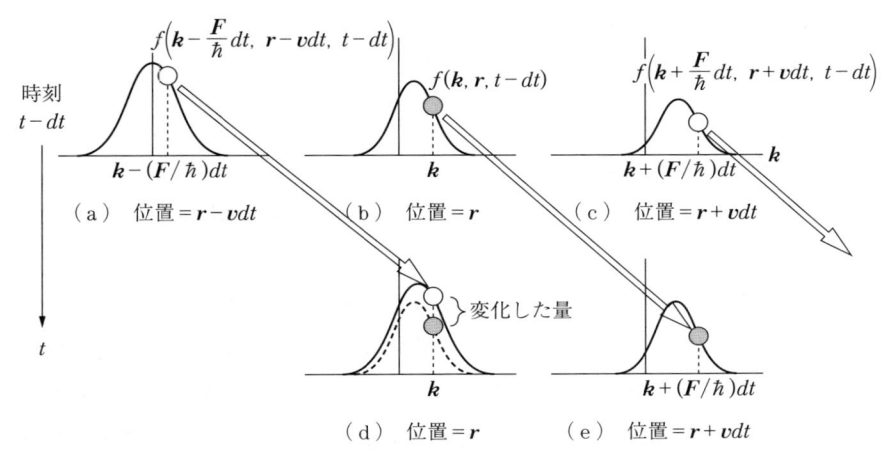

図 6.2 電子状態および分布関数の時間変化の詳細

式(6.5)の右辺の分子をテイラー展開し，その2次以上の展開項を無視すると

$$\left(\frac{\partial f(\boldsymbol{k},\boldsymbol{r},t)}{\partial t}\right)_{\mathrm{drift}} \approx \frac{f(\boldsymbol{k},\boldsymbol{r},t)+\left(-\frac{\boldsymbol{F}}{\hbar}dt\cdot\nabla_k f - \boldsymbol{v}dt\cdot\nabla_r f - \frac{\partial f}{\partial t}dt\right)-\left(f(\boldsymbol{k},\boldsymbol{r},t)-\frac{\partial f}{\partial t}dt\right)}{dt}$$

$$= -\left(\frac{\boldsymbol{F}}{\hbar}\cdot\nabla_k f + \boldsymbol{v}\cdot\nabla_r f\right) \tag{6.6}$$

となる。一方，電子は散乱によってもその状態を変化させるので，散乱による分布関数の変化割合を $(\partial f/\partial t)_{\mathrm{scatt}}$ とおくと，f の時間変化は次式のようにドリフト項と散乱項の和で表される。

$$\frac{\partial f}{\partial t} = \left(\frac{\partial f}{\partial t}\right)_{\mathrm{drift}} + \left(\frac{\partial f}{\partial t}\right)_{\mathrm{scatt}} \tag{6.7}$$

上式に式(6.6)を適用すると，つぎのような f に対する方程式が得られる。

$$\frac{\partial f}{\partial t} + \frac{\boldsymbol{F}}{\hbar}\cdot\nabla_k f + \boldsymbol{v}\cdot\nabla_r f = \left(\frac{\partial f}{\partial t}\right)_{\mathrm{scatt}} \tag{6.8}$$

これを**ボルツマンの輸送方程式**（Boltzmann transport equation），あるいは簡単に**ボルツマン方程式**と呼ぶ。ボルツマン方程式は電子デバイスや光デバイスを設計する際の基礎となる重要な方程式である。6.2 節で説明するように，こ

のボルツマン方程式を解くことによって電圧を印加した場合の非平衡分布関数を求めることができる。

6.1.2 散　乱　項

電子が固体中を走行する際，さまざまな障害物との衝突により散乱を受ける。この散乱によって電子は運動の向きを変えられるだけでなく，もっているエネルギーを失う場合も起こりうる。物質が抵抗をもつメカニズムは，このような散乱機構が原因となっている。この散乱のメカニズムを電子の伝導機構に取り入れるのが，式(6.8)の右辺の散乱項である。固体中で発生する最も重要な散乱機構は，図6.3に示す**不純物散乱**（impurity scattering）と**フォノン散乱**（phonon scattering）である。不純物散乱は，不純物のもつ電荷の符号によって電子が散乱される方向が逆になる。また不純物散乱は，電子のエネルギーは変化しないため弾性散乱である。一方のフォノン散乱は，5章で説明したように，電子の運動量のみが変化する音響フォノン散乱と，電子のエネルギーも同時に変化する光学フォノン散乱がある。

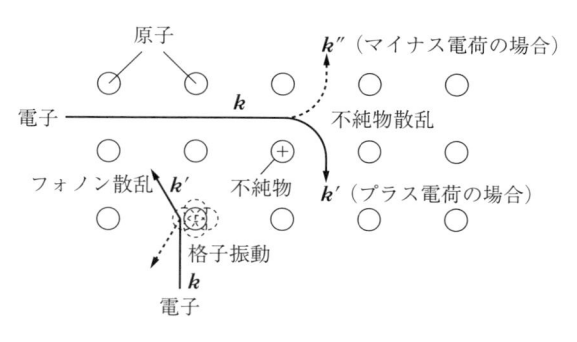

図6.3　固体中の散乱機構

散乱による分布関数の変化は，他の状態 k' から状態 k に遷移してくることによる f の増加分と，状態 k から他の状態 k'' に遷移することによる f の減少分を考えればよい。したがって，単位時間当りに散乱によって k から k' に遷移する確率を $P(k, k')$，逆に k' から k に遷移する確率を $P(k', k)$ と書くこと

にすると，散乱項は

$$\left(\frac{\partial f}{\partial t}\right)_{\text{scatt}} = \sum_{k'}\left[P(k',k)f(k')\bigl(1-f(k)\bigr) - P(k,k')f(k)\bigl(1-f(k')\bigr)\right]$$
(6.9)

と表される。ここで変数 (r, t) は省略した。式(6.9)で遷移確率 P にかかる係数 $f(k')\bigl(1-f(k)\bigr)$ は，始状態 k' に電子が存在し，かつ終状態 k に電子が存在しない確率（パウリの排他律）を表している。式(6.9)の散乱項が表す散乱のイメージを図 6.4 に示す。前節で議論した電界によるドリフト項では経路が一意なので，図 6.1 のように 1 本の軌跡で描けるが，散乱の場合は，どの状態から遷移されるか，また，どの状態へ遷移されるかは確率 P で決まるため，図 6.4 のように起こり得るすべての遷移過程を考慮する必要がある。これが散乱の取扱いを複雑にする原因である。

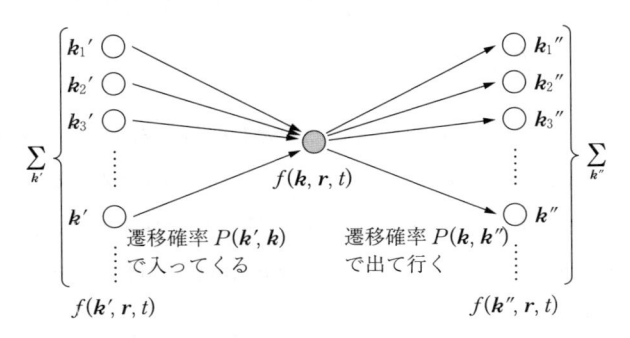

図 6.4 散乱による分布関数の変化の様子

6.1.3 緩和時間近似

式(6.9)で与えられた散乱項の役割を考えてみる。ここでは簡単のため 1 次元として，図 6.5(a)に示す k' と k の間の遷移（$f(k') > f(k)$ とする）を考える。遷移確率は簡単のため $P(k, k') = P(k', k) \approx P_0$（一定）と仮定して，式(6.9)の右辺第 1 項と第 2 項の分布関数が関係する項の大きさを比較すると

$$f(k')\bigl(1-f(k)\bigr) > f(k)\bigl(1-f(k')\bigr) \tag{6.10}$$

であることがわかる。したがって図 6.5(a)にあるように，k' から k への遷移

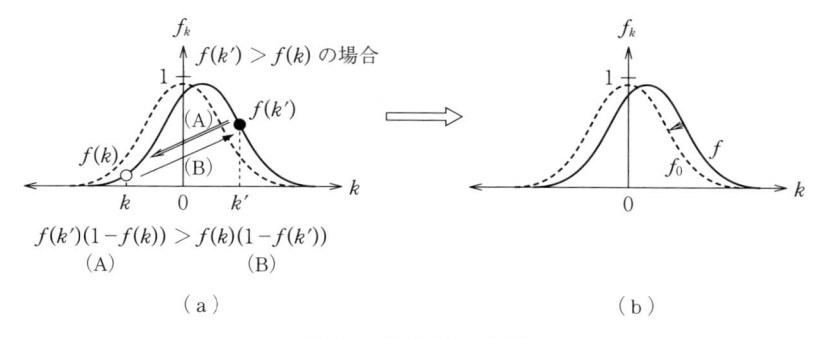

図 6.5 散乱項の役割

割合(A)が，その逆過程の遷移割合(B)よりも優勢になることがわかる。つまり散乱項は，図 6.5(b)に描いたように熱平衡状態の分布よりも過剰な状態から不足の状態へ電子を遷移させ，元の熱平衡分布を復元させるように作用する。そこで式(6.9)の散乱項を，現象論的な復元時間（緩和時間）τ を用いて

$$\left(\frac{\partial f}{\partial t}\right)_{\text{scatt}} \approx -\frac{f(\boldsymbol{k}, \boldsymbol{r}, t) - f_0(\boldsymbol{k}, \boldsymbol{r})}{\tau} \tag{6.11}$$

と表すことにする。ここで f_0 は熱平衡状態の分布関数を表す。また緩和時間 τ は厳密には電子の波数 $\boldsymbol{k}$ に依存するが，ここでは簡単のため定数と仮定している。式(6.11)の右辺は $(f - f_0) \propto e^{-t/\tau}$ の時間変化を与えており，これを散乱項の**緩和時間近似**（relaxation time approximation）と呼ぶ。また，このときのボルツマン方程式は

$$\frac{\partial f}{\partial t} + \frac{\boldsymbol{F}}{\hbar} \cdot \nabla_k f + \boldsymbol{v} \cdot \nabla_r f = -\frac{f(\boldsymbol{k}, \boldsymbol{r}, t) - f_0(\boldsymbol{k}, \boldsymbol{r})}{\tau} \tag{6.12}$$

と表される。式(6.12)は，半導体を中心とする固体中の電子伝導を記述する基本方程式であり，後ほど述べるようにドリフト・拡散電流式も式(6.12)より導出することができる。また当然のことであるが，熱平衡状態の分布関数 f_0 も式(6.12)を満足することが示される（演習問題【1】）。

6.2 ドリフト電流と拡散電流

前節では外力が加わったときの非平衡分布関数を与えるボルツマン方程式が導かれた．本節では，そのボルツマン方程式から非平衡分布関数がいかにして形成されるかについて考察し，固体中を流れる電流密度の式について学ぶ．なお本節で導かれる電流密度の式は低電界時に成り立つものであり，高電界時には後で述べる速度飽和現象を考慮する必要が出てくるので注意が必要である．

6.2.1 ドリフト電流密度

簡単のため1次元（x方向）で考える．定常状態（$\partial f/\partial t=0$）とし，分布関数が空間的に一様で位置に依存しない状況（$\partial f/\partial x=0$）を仮定する．このときボルツマン方程式は

$$\frac{F_x}{\hbar}\frac{\partial f(k_x)}{\partial k_x} = -\frac{f(k_x)-f_0(k_x)}{\tau} \tag{6.13}$$

となり，分布関数fは波数k_xのみの関数となる．これより

$$f(k_x) = f_0(k_x) - \frac{\tau F_x}{\hbar}\frac{\partial f}{\partial k_x} = f_0(k_x) + \frac{\tau F_x}{\hbar}\left(-\frac{\partial f}{\partial k_x}\right) \tag{6.14}$$

が得られる．式(6.14)を見ると分布関数は，熱平衡状態のf_0に外力（電界）F_xによる摂動を足し合わせた形で表されている．この点に注目して外力による分布関数の変化を定性的に理解しておこう．いま外力（電界）があまり大きくないと仮定し上式の右辺第2項のfをf_0で近似する．すなわち

$$f(k_x) \approx f_0(k_x) + \frac{\tau F_x}{\hbar}\left(-\frac{\partial f_0}{\partial k_x}\right) \tag{6.15}$$

と近似してみる．ここでf_0はk_xについて偶関数であるので，その微分である$(-\partial f_0/\partial k_x)$は奇関数になる．したがって式(6.15)全体は**図 6.6**の実線のようになり，$k_x=0$を挟んで非対称な分布関数になる．その結果，固体中に電流が流れることになり，これを**ドリフト電流**と呼ぶ．

図 6.6 非平衡分布関数の形成機構

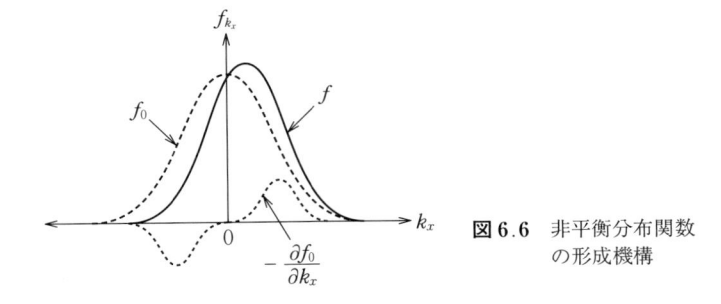

それではつぎにドリフト電流密度の式を導出する。以下では$f\approx f_0$の近似は用いていないので注意されたい。まず固体中の電流密度を，分布関数fと電子の速度vを用いて次式で定義する。

$$j_x = \frac{1}{L}\sum_i (-e)v_i f(E_i) = \frac{1}{L}\frac{(-e)2L}{2\pi}\int_{-\infty}^{\infty} v_x f(k_x)dk_x$$

$$= \frac{2e}{2\pi}\int_{-\infty}^{\infty}\frac{\hbar k_x}{m}f(k_x)dk_x \tag{6.16}$$

ここでLは1次元導体の長さを表す。導体の断面については，ここでは単位面積（$S=1\,\mathrm{m}^2$）をもつ導体を考えることにし，上式は電流密度〔A/m^2〕を表すと考える。また上式の右辺第1式においてLで割っているのは，電流はある断面を単位時間当りに通過する電荷量に相当することから，単位長さ当りの電荷量に換算するためである（付録A）。上式に式(6.14)を代入して電流密度を計算するとつぎのようになる。

$$j_x^{\mathrm{drift}} = \frac{-2e}{2\pi}\int_{-\infty}^{\infty}\frac{\hbar k_x}{m}\left[f_0(k_x) + \frac{\tau F_x}{\hbar}\left(-\frac{\partial f}{\partial k_x}\right)\right]dk_x$$

$$= \frac{-2e}{2\pi}\int_{-\infty}^{\infty}\frac{\hbar k_x}{m}f_0(k_x)dk_x + \frac{-2e}{2\pi}\frac{\tau F_x}{\hbar}\int_{-\infty}^{\infty}\frac{\hbar k_x}{m}\left(-\frac{\partial f}{\partial k_x}\right)dk_x$$

$$\tag{6.17}$$

ここで$f_0(k_x)$はk_xについて偶関数であるので，上式の第1項目の被積分関数はk_xについて奇関数となるため（∵ 奇関数×偶関数）

$$\int_{-\infty}^{\infty}\frac{\hbar k_x}{m}f_0(k_x)dk_x = 0 \tag{6.18}$$

6.2 ドリフト電流と拡散電流

となる。一方，第2項目の積分は部分積分法を用いてつぎのように計算できる。

$$\int_{-\infty}^{\infty} \frac{\hbar k_x}{m}\left(-\frac{\partial f}{\partial k_x}\right)dk_x = -\left[\frac{\hbar k_x}{m}f(k_x)\right]_{-\infty}^{\infty} + \frac{\hbar}{m}\int_{-\infty}^{\infty} f(k_x)dk_x$$

$$= -\left[\frac{\hbar \times \infty}{m}f(\infty) - \frac{\hbar \times (-\infty)}{m}f(-\infty)\right] + \frac{\hbar}{m}\int_{-\infty}^{\infty} f(k_x)dk_x$$

$$= \frac{\hbar}{m}\int_{-\infty}^{\infty} f(k_x)dk_x \tag{6.19}$$

ここで $f(\pm\infty)=0$ を用いた（補足：$f(k_x)$ はその前の係数 $\hbar k_x/m$ ($\to \pm\infty$) よりも早く0に近づく）。これらを式(6.17)に代入すると

$$j_x^{\text{drift}} = \frac{-2e}{2\pi}\frac{\tau F_x}{\hbar}\frac{\hbar}{m}\int_{-\infty}^{\infty} f(k_x)dk_x = \frac{(-e)\tau F_x}{m}\frac{2}{2\pi}\int_{-\infty}^{\infty} f(k_x)dk_x$$

$$= ne\mu E_x \tag{6.20}$$

となる。1次元の場合は，波数空間の状態密度が $\rho = 2L/2\pi$ となるため電子密度 n は

$$n = \frac{1}{L}\frac{2L}{2\pi}\int_{-\infty}^{\infty} f(k_x)dk_x = \frac{2}{2\pi}\int_{-\infty}^{\infty} f(k_x)dk_x \tag{6.21}$$

と定義した。外力は電界 E_x が電子に働く場合を考え

$$F_x = -eE_x \tag{6.22}$$

とした。また**移動度**（mobility）μ は次式で定義した。

$$\mu = \frac{e\tau}{m} \tag{6.23}$$

すなわち移動度 μ は，散乱による緩和時間 τ と材料の有効質量 m で決まることがわかる。結局，電流密度の式は移動度 μ を用いて

$$j_x^{\text{drift}} = ne\mu E_x \tag{6.24}$$

と表されることがわかった。これは電子の平均速度を v とすると

$$j_x^{\text{drift}} = ne\mu E_x \equiv nev \tag{6.25}$$

より

$$v = \mu E_x \tag{6.26}$$

と表されるので,式(6.24)の電流密度は,電界 E_x により電子が加速されて流れる電流と理解することができる。そこでこれを**ドリフト電流密度**(drift current density)と呼んでいる。ちなみに式(6.25)の電流密度の式からオームの法則を導くことができる(演習問題【2】)。

ここで式(6.23)で定義された移動度は,固体の電気伝導特性を表す重要な物性値である。代表的な半導体の移動度を**表6.1**に示す。式(6.26)の関係からわかるように,移動度は電界をかけたときのキャリアの加速されやすさの目安を与えており,高い値をもつ物質ほど高速に電子が走ることができる。つまり,移動度の高い半導体をトランジスタなどの電子デバイスに用いると,高速動作が可能になる。現在の半導体大規模集積回路(LSI)のほとんどは Si でつくられているが,表6.1からわかるように,物性値だけで見ると Si は最良の材料ではない。そこで Ge や GaAs といったⅢ-Ⅴ族化合物半導体を LSI に導入し,さらなる高性能化を目指した研究が国家レベルのプロジェクトで進められている(本章末のトピックを参照のこと)。

表6.1 代表的な半導体の移動度と有効質量

	Si	Ge	GaAs	InP	InSb
電子移動度 μ_e [cm²/(V·s)]	1 450	3 900	8 600	4 500	76 000
正孔移動度 μ_h [cm²/(V·s)]	500	1 900	400	650	～5 000
電子有効質量 m_e (m_0 単位)	0.26	0.082	0.067	0.078	0.014
正孔有効質量 m_h (m_0 単位)	0.537	0.354	0.62	0.45	―

6.2.2 平均自由行程 λ

6.1節で述べたように,固体中の電子は不純物やフォノンによる散乱を受けながら運動を行っている。散乱と散乱の間は自由に運動を行うため,一つの電子に注目すると固体中では**図6.7**のような動きをすると考えられる。基本的に散乱はランダムに発生すると考えられるため,緩和時間 τ は各散乱ごとに変化し,また散乱によって電子の速度も変化するため,散乱と散乱の間に進む距離(自由走行距離)は一定とはならない。そこで十分な回数の散乱が起こる場合

6.2 ドリフト電流と拡散電流　　91

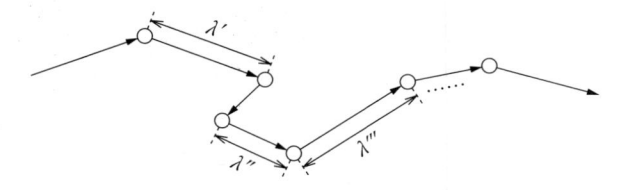

図 6.7　固体中の電子の動き（○印は散乱が起こったことを表し，$\lambda', \lambda'', \lambda''', \cdots$ は自由走行距離を表す）

には，自由走行距離の平均をとり固体の輸送特性を表すことが多い．これを**平均自由行程**（mean free path）と呼び λ で表すと，次式で定義される．

$$\lambda = \langle v \times \tau \rangle \tag{6.27}$$

演習問題【3】に半導体の平均自由行程の求め方の例を紹介しているので試してみよ．

　この平均自由行程や移動度は，前述したとおり，十分な回数の散乱が起こる場合に定義できる輸送係数である．9 章および 10 章で詳しく述べるように，電子デバイスの微細化に伴って電極間の距離が平均自由行程と同程度以下にまで縮小されると，散乱の回数が数えられる程度にまで減少するため上記の前提が成り立たなくなる．そのような状況下では移動度という概念は用いることができなくなり，ドリフト・拡散伝導モデルからの見直しが必要とされている（10 章）．

6.2.3　拡散電流密度

　つぎに外力 F_x はないが（$F_x = 0$），分布関数が空間的に変化する場合を考える．電子速度を $v = \hbar k_x / m$ と表すとボルツマン方程式は

$$\frac{\hbar k_x}{m} \frac{\partial f}{\partial x} = -\frac{f(k_x, x) - f_0(k_x, x)}{\tau} \tag{6.28}$$

となるので，分布関数はつぎのように表すことができる．

$$f(k_x, x) = f_0(k_x, x) - \tau \frac{\hbar k_x}{m} \frac{\partial f}{\partial x} \tag{6.29}$$

式(6.29)を式(6.16)に代入して電流密度を計算すると

6. 固体中の電子の伝導機構

$$j_x^{\text{diff}} = \frac{-2e}{2\pi}\int_{-\infty}^{\infty} \frac{\hbar k_x}{m}\left(f_0(k_x) - \tau\frac{\hbar k_x}{m}\frac{\partial f(k_x, x)}{\partial x}\right)dk_x$$

$$= \frac{2e}{2\pi}\tau\int_{-\infty}^{\infty} \frac{\hbar^2 k_x^2}{m^2}\frac{\partial f(k_x, x)}{\partial x}dk_x = \frac{e\tau}{m}\frac{2}{2\pi}\int_{-\infty}^{\infty} \frac{\hbar^2 k_x^2}{m}\frac{\partial f(k_x, x)}{\partial x}dk_x$$

$$= 2\mu\frac{\partial}{\partial x}\left(\frac{2}{2\pi}\int_{-\infty}^{\infty} \frac{\hbar^2 k_x^2}{2m}f(k_x, x)dk_x\right) \tag{6.30}$$

となる。上式に現れる積分は，非平衡分布関数fの表現がわからないため，解析的に実行することはできない。そこでfを演習問題【1】で用いた熱平衡状態のボルツマン分布f_0で次式のように近似する。

$$f_0(k_x, x) \approx e^{-[E_{k_x} + U(x) - E_F]/k_B T} = e^{-\frac{\hbar^2 k_x^2}{2mk_B T}} \cdot e^{-\frac{U(x) - E_F}{k_B T}} \tag{6.31}$$

上式ではポテンシャルエネルギー $U(x)$ が位置とともに変化するとしている。このとき式(6.30)に含まれる積分は

$$I = \frac{2}{2\pi}\int_{-\infty}^{\infty} \frac{\hbar^2 k_x^2}{2m}e^{-\frac{\hbar^2 k_x^2}{2mk_B T}}dk_x \cdot e^{-\frac{U(x) - E_F}{k_B T}}$$

$$= e^{-\frac{U(x) - E_F}{k_B T}}\frac{2}{2\pi}\left[-\frac{\partial}{\partial \beta}\left(\int_{-\infty}^{\infty} e^{-\frac{\beta\hbar^2 k_x^2}{2m}}dk_x\right)\right] = e^{-\frac{U(x) - E_F}{k_B T}}\frac{2}{2\pi}\left[-\frac{\partial}{\partial \beta}\left(\sqrt{\frac{2m\pi}{\beta\hbar^2}}\right)\right]$$

$$= e^{-\frac{U(x) - E_F}{k_B T}}\frac{2}{2\pi}\frac{\sqrt{2\pi m}}{2\hbar\beta\sqrt{\beta}}$$

$$= \frac{k_B T}{2}\frac{2}{2\pi}\sqrt{\frac{2\pi m k_B T}{\hbar^2}}e^{-\frac{U(x) - E_F}{k_B T}} \tag{6.32}$$

と計算することができる。ここで$\beta = 1/(k_B T)$とおいた。上式ではガウス積分(2.30)を用いた。また，式(6.31)のボルツマン近似を用いたときには，電子密度も同様に解析的につぎのように表すことができる。

$$n(x) = \frac{2}{2\pi}\int_{-\infty}^{\infty} e^{-\frac{\hbar^2 k_x^2}{2mk_B T}}dk_x \cdot e^{-\frac{U(x) - E_F}{k_B T}} = \frac{2}{2\pi}\sqrt{\frac{2\pi m k_B T}{\hbar^2}}e^{-\frac{U(x) - E_F}{k_B T}}$$

$$\tag{6.33}$$

これを積分Iに用いると $I = (k_B T/2)n(x)$ となることから，結局，電流密度の表現として次式が導かれる。

$$j_x^{\text{diff}} = 2\mu \frac{\partial}{\partial x}\left(\frac{k_B T}{2} n(x)\right) = \mu k_B T \frac{\partial n}{\partial x} \equiv eD \frac{\partial n}{\partial x} \tag{6.34}$$

式(6.34)は電子密度の勾配で表されていることからわかるように，場所によって電子密度に差がある場合に流れる電流を意味している．そこでこれを**拡散電流密度**（diffusion current density）と呼んでいる．

固体を流れる全電流密度は，式(6.24)のドリフト電流密度と式(6.34)の拡散電流密度を足し合わせたものになるので，結局

$$j_x = j_x^{\text{drift}} + j_x^{\text{diff}} = ne\mu E_x + eD\frac{\partial n}{\partial x} \tag{6.35}$$

と書くことができる．これをドリフト・拡散電流密度の式と呼ぶ．ここで D は**拡散定数**（diffusion coefficient）と呼ばれ，移動度 μ を用いて

$$D = \frac{k_B T}{e}\mu \tag{6.36}$$

と定義した．式(6.36)を**アインシュタインの関係式**（Einstein relation）と呼ぶ．

6.2.4 ドリフト電流と拡散電流の役割

金属はもともと伝導電子の数が非常に多いため（約 10^{22} 個/cm^3），密度の勾配はほとんど生じない（$dn/dx \approx 0$）．したがって電流はすべてドリフト電流であり，このため金属ではオームの法則が成り立つ（演習問題【2】）．これに対して半導体ではドーピングにより電子（あるいは正孔）を発生させるため，電子密度の勾配が容易につくり出される．このため半導体では拡散電流の役割が重要になってくる．その代表的な例が図6.8に示す**pn接合**（pn junction）である．pn接合では逆バイアスをかけるとほとんど電流は流れないが，逆に，材料のバンドギャップ程度以上の順バイアスをかけると指数関数的に大きな電流が流れる．これを**整流特性**（rectification property）と呼びpn接合の最も重要な素子特性である．この順バイアスで流れる電流は拡散電流になる．また，MOSFETのしきい値電圧以下で流れる**サブスレショルド電流**（subthreshold current）も拡散電流で決まっている．一方，ドリフト電流が主役となる代表

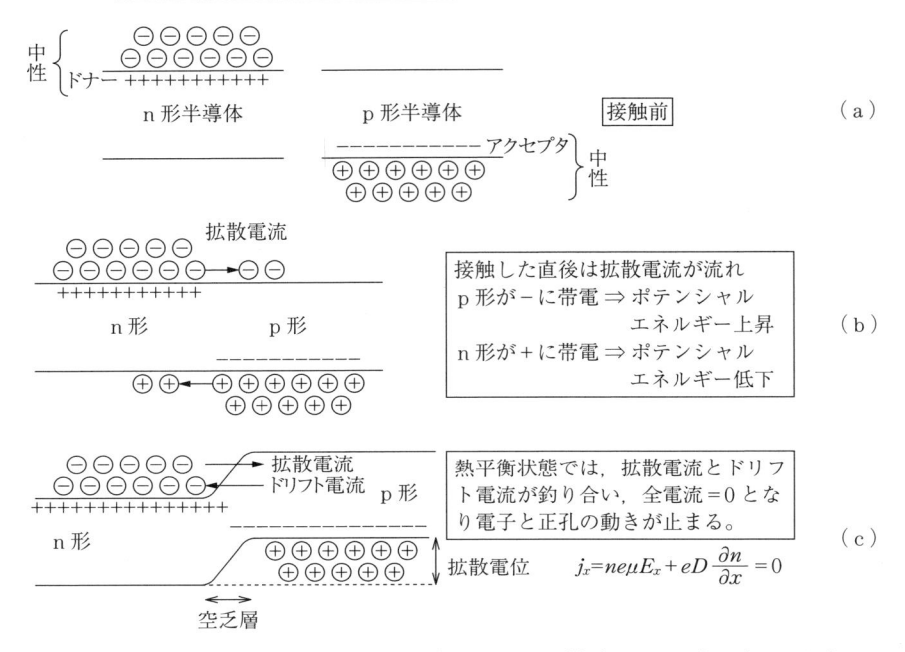

図 6.8 pn 接合におけるドリフト電流と拡散電流の役割（(a) n 形半導体と p 形半導体を接触させる前のポテンシャル分布。真空準位を一定としている。(b) 両者を接触させた直後は拡散電流が流れ，n 形および p 形領域にそれぞれ少数キャリアが流れ込む。すなわち n 形領域には正孔が，p 形領域には電子が流れ込む。(c) 平衡状態では，(b) の過程で流れ込んだ少数キャリアによって発生したポテンシャル勾配によるドリフト電流と拡散電流が釣り合う。その結果生じたポテンシャル差を拡散電位と呼び，pn 接合界面には電子と正孔のいない空乏層が形成される）

的な例としては，MOSFET のオン電流が挙げられる。

6.3 移動度の温度依存性

6.1.2 項で述べたように，材料の移動度に大きな影響を与える散乱機構は，主に不純物散乱とフォノン散乱である。本節では，これらの散乱機構の温度依存性を定性的に説明する。

まず不純物散乱から考える。温度が高くなると電子の平均速度は大きくなるため（2.4 節），不純物のそばを高速で通過する電子の割合が増える。すなわ

(図中の式: $j_x = ne\mu E_x + eD\dfrac{\partial n}{\partial x} = 0$)

ち温度が高くなると,不純物の出すクーロンポテンシャルを感じて散乱される前に,多くの電子が不純物のそばを通過することになり(不純物原子は空間的にまばらに分布している),不純物による散乱確率は減少することになる。したがって不純物散乱で決まる移動度は温度とともに増大し

$$\mu_I \propto \frac{1}{N_I} T^{3/2} \tag{6.37}$$

となることが知られている。一方で不純物の密度 N_I が大きくなると,当然ながら移動度は減少する。

つぎにフォノン散乱を考える。5.5節で述べたように,フォノンの数はプランク分布(式(5.22))に従う。例として音響フォノンを取り上げると,そのエネルギー $\hbar\omega$ は電子と強く相互作用する $q \approx 0$ ではほぼゼロとなることから(5.4節),次式のように音響フォノンの数は温度に比例する。

$$n = \frac{1}{e^{\hbar\omega/k_B T} - 1} = \frac{1}{1 + \frac{\hbar\omega}{k_B T} + \frac{1}{2!}\left(\frac{\hbar\omega}{k_B T}\right)^2 + \cdots - 1} \approx \frac{k_B T}{\hbar\omega} \tag{6.38}$$

したがってフォノンによる散乱確率は温度とともに増大することになり,その結果,フォノン散乱で決まる移動度は温度とともに減少し

$$\mu_{Ph} \propto T^{-3/2} \tag{6.39}$$

となることが知られている。実際の固体物質では,これらの散乱が同時に発生するため,各散乱機構で決まる移動度を $\mu_i (i = I, Ph)$ として全体の移動度 μ を

$$\frac{1}{\mu} = \sum_{i=I, Ph} \frac{1}{\mu_i} \tag{6.40}$$

で表す。これを**マティーセンの規則**(Mathiesen rule)と呼ぶ。Siの電子移動度の温度依存性を**図6.9**に示す。低温では不純物散乱が,高温ではフォノン散乱が移動度に大きな影響を与えることがわかる。また図からわかるように,室温($T = 300$ K)ではフォノン散乱が支配的である。この図6.9の性質を踏まえて,移動度の温度依存性を実験で測定することによって,材料に不純物が含まれているかどうかを確かめる手段としても利用することができる。

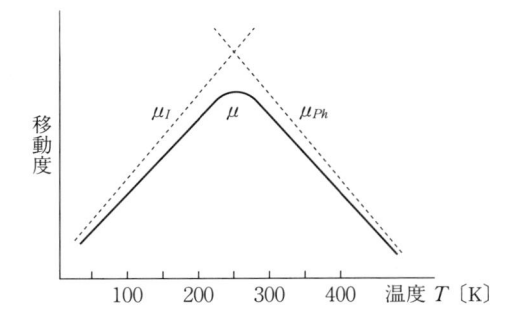

図 6.9 Si の電子移動度の温度依存性

6.4 高電界輸送効果

　これまで議論してきた移動度に基づく電子の伝導機構は，低電界時に成り立つものである。本章の最後に，高電界時に現れる重要な輸送現象の一つである**速度飽和**（velocity saturation）について説明する。

　低電界での電子速度は $v=\mu E_x$ の関係からわかるように電界に比例して増加する。しかし電界が強くなるに従い，実際の電子速度は**図 6.10** に示すように飽和の傾向を示す。これは多くの半導体材料に現れる現象であり，速度飽和と呼ばれている。これを理解するには 5 章で学んだ格子振動，すなわちフォノンと電子との相互作用が重要になる。

　まず電界が小さい場合を考える。このときは電子のエネルギーはほぼ熱エネ

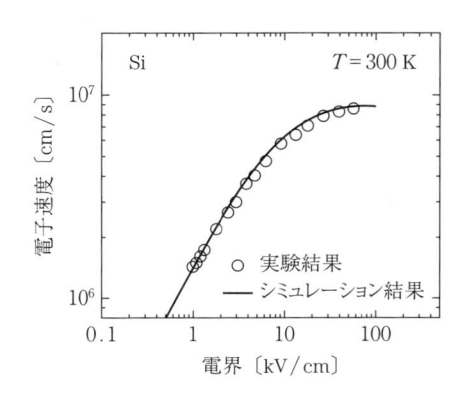

図 6.10 電子ドリフト速度の電界依存性（Si の場合）

ルギー（$3k_BT/2 = 39$ meV）に等しくなると考えてよい．一方，光学フォノンのエネルギーは，Siの場合 $\hbar\omega_{op} \approx 60$ meV（5章の演習問題【6】）である．したがって低電界では，電子は光学フォノンを放出することは不可能であり，主に音響フォノンによる散乱を受けることになる．音響フォノン散乱は弾性散乱であり電子の運動エネルギーはほとんど変化しないため，散乱による減速は比較的小さい．それゆえ電子速度は電界に比例して増加することになる（**図6.11(a)**）．以上のことはまた，低電界移動度 μ は主に音響フォノン散乱で決

・音響フォノン散乱 $\hbar\omega \approx 0$
・光学フォノン散乱（放出過程）
$\hbar\omega_{op} \approx 60$ meV

$\langle E \rangle = \dfrac{3}{2} k_B T = 39$ meV $< \hbar\omega_{op} \approx 60$ meV

ほぼ音響フォノン散乱のみ　　　　　　　　　　　（a）低電界

飽和速度の求め方

$\dfrac{1}{2} m v_{\max}^2 = \hbar\omega_{op}$

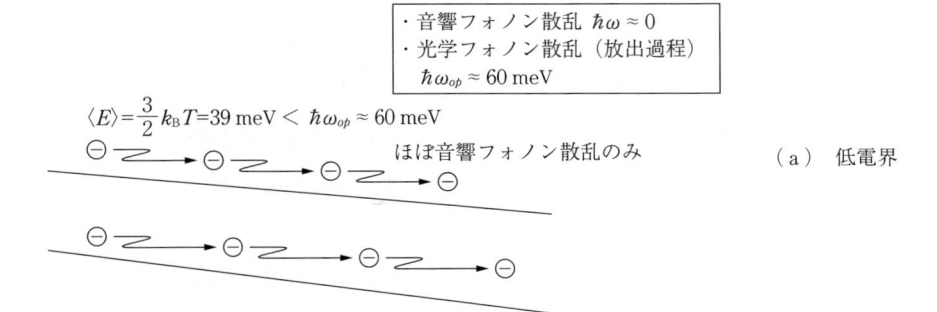

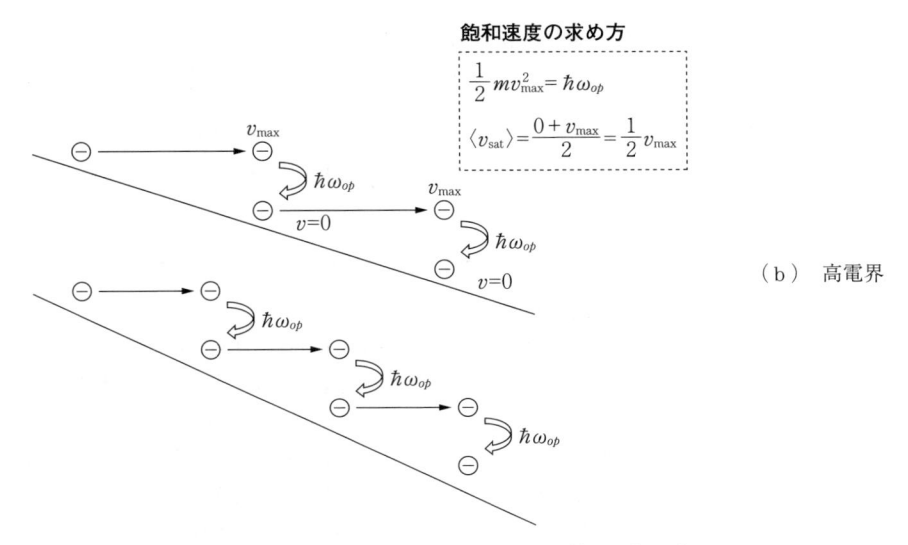

$\langle v_{\mathrm{sat}} \rangle = \dfrac{0 + v_{\max}}{2} = \dfrac{1}{2} v_{\max}$

（b）高電界

図 6.11 低電界と高電界でのフォノン散乱過程の違い

98   6. 固体中の電子の伝導機構

まることを意味している。

つぎに電界を強くしていくとどうなるかを考えてみよう。まず電界を強くすると，電界による加速を受けて電子のエネルギーは増大する。そして電子のエネルギーが光学フォノンのエネルギーよりも大きくなったとき，電子は光学フォノンを放出して大きくエネルギーを失う。これを光学フォノンの放出過程と呼んでいる。光学フォノンを放出すると，電子は運動エネルギーのほとんどを失うため，速度がほぼゼロの状態まで減速させられる。電子はその後加速され，運動エネルギーが光学フォノンのエネルギーよりも大きくなったとき，再び光学フォノンの放出過程が発生する。ここで，量子力学のフェルミの黄金律による結果に基づいて，光学フォノン放出過程の発生確率は音響フォノンのそれに比べて十分に大きいと仮定している。このように高電界中の電子は，電界による加速と光学フォノンの放出による大減速を何度も繰り返しながら固体中を伝導している（図6.11(b)）。したがってある一定の速度，あるいは，ある一定のエネルギー以上には加速することができなくなり速度が飽和する。これが図6.10の高電界で見られる速度飽和の説明である。以上のことから速度飽和は，光学フォノンの放出過程で決まることがわかる。

上記の説明を基にして飽和速度を与える近似式を導出する。以下では簡単のため，電界方向とは異なる方向の電子のエネルギーは十分に小さいと仮定し，無視することにする。まず電界で加速された電子は光学フォノンを放出する前

トピック

最先端集積化デバイスの研究動向

エレクトロニクス技術を牽引する半導体大規模集積回路（LSI）のほとんどはSiでつくられている。最近，LSIのさらなる高性能化を目指して，LSIを構成する基本素子であるMOSトランジスタのチャネルに，GeやⅢ-V族半導体（GaAs，InPなど）を導入する研究が始まっている。その理由は表6.1から明らかであろう。さらに，これらの半導体材料に比べて桁違いに優れた特性を示すグラフェン（炭素原子1層の薄膜）やカーボンナノチューブにも，次世代LSI材料としての大きな期待が寄せられている（10.5.2項 参照）。

に速度が最大となるが，その最大速度 $v_{\max}$ は次式で与えられる。

$$\frac{1}{2}mv_{\max}^2 = \hbar\omega_{op} \tag{6.41}$$

一方，実験で測定される飽和速度 v_{sat} は，この最大速度と光学フォノン放出後の速度ゼロの平均値に対応する。すなわち

$$v_{sat} = \frac{0+v_{\max}}{2} = \frac{1}{2}v_{\max} = \frac{1}{2}\sqrt{\frac{2\hbar\omega_{op}}{m}} = \sqrt{\frac{\hbar\omega_{op}}{2m}} \tag{6.42}$$

であり，これが飽和速度の近似式になる。したがって飽和速度は，光学フォノンのエネルギーとキャリアの有効質量で決まることがわかる（演習問題【4】）。

付録A　電　流　の　定　義

電流はある断面を単位時間当りに通過する電荷量に相当する。すなわち図 **A**.1 に示すように，単位長さ当りの電荷量 q〔C/m〕に速度 v〔m/s〕をかけたものが電流になる。6.2.1項では1次元導体の長さを L としているため，$\sum_i (-e)f(E_i)$ を L で割ることで単位長さ当りの電荷量に換算している。

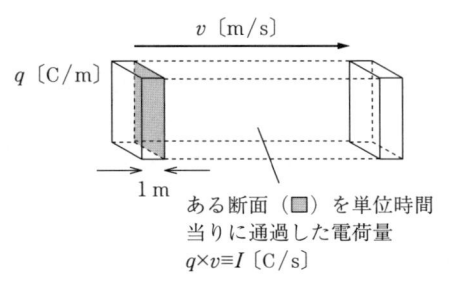

図 **A**.1　電流の定義式(6.16)の補足

演　習　問　題

【1】ボルツマン方程式は空間的に不均一な場合の電子の輸送方程式である。そこで，ポテンシャルエネルギー $U(x)$ が位置とともに変化するとし，その中での電子の熱平衡分布関数 f_0 をつぎのボルツマン分布で与えることにする。

$$f_0(k_x, x) = e^{-[E_{k_x}+U(x)-E_F]/k_B T} \tag{6.43}$$

上式は熱平衡状態（$f=f_0$, $\partial f/\partial t=0$）のボルツマン方程式(6.12)を満足することを示しなさい。ただし簡単のため1次元で考えよ。また，外力F_xとポテンシャルエネルギー$U(x)$の関係式$F_x = -dU(x)/dx$と，$E_{k_x} = \hbar^2 k_x^2/2m$および$v_x = \hbar k_x/m$の関係を使うこと。

〔補足〕 ポテンシャルエネルギー$U(x)$中では，電子の全エネルギーは$E = E_k + U(x)$で与えられる。また外力とポテンシャルエネルギーの関係はつぎのようになる。

$$\text{外力}\quad F_x = -eE_x = -e\left(-\frac{dV}{dx}\right) = -\frac{d(-eV)}{dx}$$

$$= -\frac{dU}{dx} \quad (\because U = -eV)$$

【2】 式(6.24)からつぎのオームの法則が導かれることを示しなさい。

$$I = \frac{V}{R} \tag{6.44}$$

$$R = \frac{L}{Sne\mu} = \frac{L}{S}\rho \tag{6.45}$$

ただしSは導体の断面積，Lは導体の長さを表す。ここでρは抵抗率であり，次式で与えられる。

$$\rho = \frac{1}{ne\mu} = \frac{1}{ne}\frac{m}{e\tau} = \frac{m}{ne^2\tau} \tag{6.46}$$

このように導体の抵抗は散乱（τ）によって生じることがわかる。すなわち$\tau \to \infty$（散乱なし）の場合，抵抗はゼロとなる。

【3】 表6.1に示す値と式(6.23)と式(6.27)を用いて，つぎの手順に従って電子の平均自由行程λを求めてみよう。

(1) Si中の電子の緩和時間τを計算せよ。

(2) Siにx方向の電界がかかっているとする。このとき，x方向における平均自由行程λを計算せよ。ただし，電子の平均速度は熱速度で与え，x, y, z方向に等しい速度をもつと仮定する。また，温度は絶対温度$T = 300$ Kとする。

(3) GeとGaAsの平均自由行程についても同様に計算し，Siと比較してみよ。

【4】 Siの光学フォノンのエネルギーを$\hbar\omega_{op} \approx 60$ meVとして電子の飽和速度を計算してみよ。Siの電子の有効質量は表6.1の値を用いよ。

【5】 トピックで述べたように，移動度の高いチャネル材料をMOSトランジスタに導入する研究が進められている。これは低電界時の特性に注目している。一方，

LSI に集積化されている MOS トランジスタはゲート長が 100 nm 以下にまで微細化されており，チャネル内には図 6.12 のように高電界がかかっている。したがって微細化（高集積化）により MOS トランジスタの特性は，これまでの移動度から飽和速度で決まると考えられるようになってきた。そこで MOS トランジスタの動作速度を上げ LSI の性能を向上させるために，将来，飽和速度の大きいチャネル材料が使われることになるかもしれない。どのような材料が候補となるか調べてみよ。

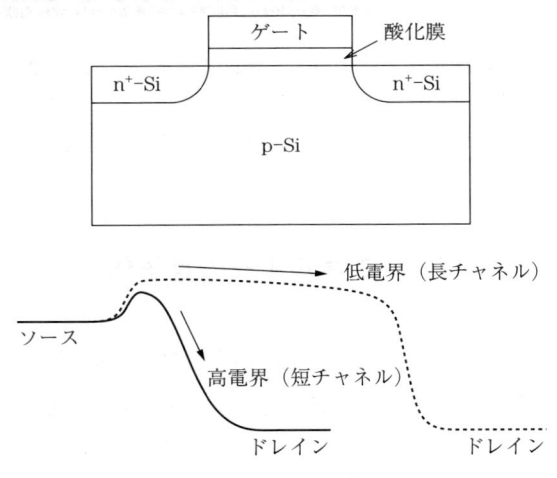

図 6.12 MOS トランジスタの構造とソースからドレイン方向へのポテンシャル分布

一方，ゲート長が平均自由行程（演習問題【3】）よりも短くなった場合，電子が散乱されずにチャネルを走る**バリスティック輸送**（ballistic transport）が顕在化する。このとき速度の飽和は起こるであろうか，またこのときの電子の速度はなにで決まるか考えてみよ。

7 量子力学的サイズ効果

本章では，幾何学的構造の寸法がド・ブロイ波長程度以下で顕著となる量子力学的効果を説明する。基本的な量子現象であるエネルギーの量子化とトンネル効果を取り上げているが，これらの現象が実際のナノ構造内でどのような振舞いを示すかについても記述を行っている。

7.1　エネルギーの量子化

無限大のポテンシャル障壁をもつ量子井戸内に閉じ込められた電子のエネルギーを求める（**図7.1**）。簡単のため，閉込め方向を1次元で考える。

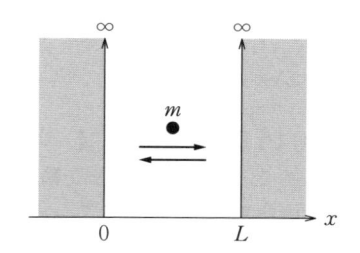

図7.1　井戸型ポテンシャル（量子井戸）

量子井戸内（$0 \leq x \leq L$）の時間に依存しない1次元シュレディンガー方程式は次式で与えられる。

$$-\frac{\hbar^2}{2m}\frac{d^2\varphi}{dx^2} = E\varphi \tag{7.1}$$

式(7.1)の一般解は，A, Bを任意定数として

$$\varphi(x) = Ae^{ik_x x} + Be^{-ik_x x} \qquad (k_x > 0) \tag{7.2}$$

とすることができる．式(7.2)は物理的には，右行きの電子波と左行きの電子波の重ね合せを意味している．このため波数 k_x は正に限定する．量子井戸の外側（障壁内）では波動関数はゼロとなるため，境界条件は

$$\varphi(0) = \varphi(L) = 0 \tag{7.3}$$

となる．これより

$$\varphi(0) = A + B = 0, \qquad \varphi(L) = Ae^{ik_x L} + Be^{-ik_x L} = 2iA\sin k_x L = 0$$

となり，上の第2式より

$$k_x L = n\pi \qquad (n = 1, 2, 3, \cdots) \tag{7.4}$$

が得られる．ここで，式(7.2)の一般解では $k_x > 0$ に限定しているため，式(7.4)の n は正の整数のみ，つまり自然数となる．このときの波動関数は

$$\varphi(x) = Ae^{ik_x x} - Ae^{-ik_x x} = 2iA\sin\left(\frac{n\pi}{L}x\right) \equiv \varphi_n(x) \tag{7.5}$$

となり，量子井戸内に定在波が形成されることがわかる（演習問題【1】）．これを式(7.1)のシュレディンガー方程式へ代入すると

$$\frac{\hbar^2}{2m}\left(\frac{n\pi}{L}\right)^2 2iA\sin\left(\frac{n\pi}{L}x\right) = E \times 2iA\sin\left(\frac{n\pi}{L}x\right)$$

より，電子のエネルギーがつぎのように求められる．

$$E_n = \frac{\hbar^2}{2m}\left(\frac{n\pi}{L}\right)^2 \qquad (n = 1, 2, 3, \cdots) \tag{7.6}$$

量子井戸内に閉じ込められた電子のエネルギーは正の整数値 n に依存するとびとびの値をとることになり，これを**エネルギーの量子化**（energy quantization）と呼ぶ（演習問題【2】）．ここで，式(7.6)の分母に電子の質量 m が含まれていることに注目してもらいたい．すなわちこれは，同じ幅の量子井戸でも有効質量の軽い材料（あるいはバンド）ほど量子化エネルギーの値が大きくなることを表している．10章で取り上げるナノMOSトランジスタでは，この性質を利用し反転層電子の量子化エネルギーを制御することで，トランジスタ性能を向上させる技術が注目されている．

一方，波動関数の係数については，式(7.5)で $2iA=C$ とおいて

$$\int_0^L |\varphi_n(x)|^2 dx = C^2 \int_0^L \sin^2\left(\frac{n\pi}{L}\right) dx = \frac{C^2}{2}\int_0^L \left[1-\cos\left(\frac{2n\pi}{L}\right)\right] dx = \frac{C^2 L}{2} = 1$$

の規格化条件より，係数 C は $C=\sqrt{2/L}$ となる。これより規格化された波動関数は次式で与えられることになる。

$$\varphi_n(x) = \sqrt{\frac{2}{L}} \sin\left(\frac{n\pi}{L}x\right) \tag{7.7}$$

ここで，ポテンシャル障壁による閉込めのない状態（これをバルク結晶と呼ぶ）の電子の運動エネルギー E_k を考えることにする。式(1.1)で定義されたド・ブロイ波長を用いて E_k を表すと

$$E_k = \frac{p^2}{2m} = \frac{1}{2m}\left(\frac{h}{\lambda}\right)^2 = \frac{\hbar^2}{2m}\left(\frac{2\pi}{\lambda}\right)^2 \tag{7.8}$$

となる。上式と基底準位（$n=1$）の量子化エネルギー E_1 の式を比較すると

$$L \ll \lambda \tag{7.9}$$

の場合に $E_1 \gg E_k$ となることがわかる。すなわち，量子井戸の幅がド・ブロイ波長よりも十分に小さくなった状況下で，量子化の影響が強く現れる。1章の式(1.2)および式(1.3)からわかるように，ド・ブロイ波長は，電子の質量以外に温度やエネルギーに依存する。このため，特に有効質量の軽い材料や低温条件下で，エネルギーの量子化の影響が現れやすい（演習問題【3】）。エネルギーの量子化を積極的に利用するデバイス（量子井戸・量子細線・量子ドットレーザ，共鳴トンネルダイオードなど）では，必要とされる量子井戸の幅を大まかに見積もる際に式(7.9)の関係を用いることができる。

7.2 トンネル効果

図7.2のような高さ V_0，幅 L の単一ポテンシャル障壁に，エネルギー E の粒子が左方から飛んでくる場合を考える。古典論では，$E < V_0$ の粒子はポテンシャル障壁に跳ね返されるため領域Ⅲに入ることはできない。一方，量子論

7.2 トンネル効果

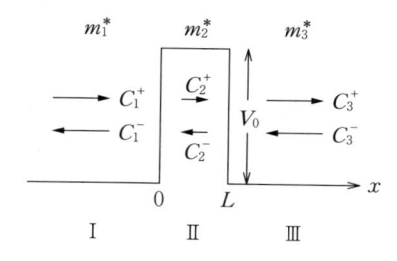

図7.2 単一ポテンシャル障壁

では，たとえ $E < V_0$ の粒子でも，ある確率で図7.2の障壁を通り抜けることができる。これを**トンネル効果**（tunneling effect）と呼び，電子の波動性に起因する現象である。本項では，この単一ポテンシャル障壁のトンネル確率を求める。

各領域（Ⅰ，Ⅱ，Ⅲ）のポテンシャルエネルギーをつぎのように表したとき

$$V_j = \begin{cases} 0, & j=1 \quad (x<0) \\ V_0, & j=2 \quad (0 \leq x \leq L) \\ 0, & j=3 \quad (x>L) \end{cases} \tag{7.10}$$

解くべきシュレディンガー方程式はつぎのようになる。

$$\left(-\frac{\hbar^2}{2m}\frac{d^2}{dx^2} + V_j\right)\varphi_j(x) = E_x \varphi_j(x) \quad (j=1,2,3) \tag{7.11}$$

ここでは，各領域の電子の有効質量はすべて等しく $m_1^* = m_2^* = m_3^* = m$ とした[†]。つぎに各領域の波動関数を，以下のように右に向かって進む平面波 $C^+ e^{ikx}$ と左に向かって進む平面波 $C^- e^{-ikx}$ の重ね合せで表す。

$$\varphi_1(x) = C_1^+ e^{ik_1 x} + C_1^- e^{-ik_1 x} \tag{7.12}$$

$$\varphi_2(x) = C_2^+ e^{ik_2 x} + C_2^- e^{-ik_2 x} \tag{7.13}$$

$$\varphi_3(x) = C_3^+ e^{ik_3 x} + C_3^- e^{-ik_3 x} \tag{7.14}$$

ここで k_j は各領域の電子の波数であり，つぎのように定義される。

[†] 量子力学で取り扱うトンネル効果は，もともとは放射能の α 崩壊や核反応を説明するために定式化されたものである。このため，電子の質量は場所によらず一定（通常，m_0）と考えている。

$$k_j = \frac{\sqrt{2m(E_x - V_j)}}{\hbar} \qquad (j=1,2,3) \tag{7.15}$$

式(7.15)において E_x は V_j より大きくても小さくてもよいが，E_x が V_j より小さい場合には

$$k_j = \frac{\sqrt{-2m(V_j - E_x)}}{\hbar} = i\frac{\sqrt{2m(V_j - E_x)}}{\hbar} \tag{7.16}$$

となり波数 k_j は虚数になる。したがって波数 k_j は一般には複素数であると考える。つぎに，$x=0$ と L での波動関数の境界条件（boundary condition）をつぎのように与える。

$$\varphi_1(0) = \varphi_2(0), \qquad \varphi_2(L) = \varphi_3(L) \tag{7.17}$$

$$\left.\frac{d\varphi_1}{dx}\right|_{x=0} = \left.\frac{d\varphi_2}{dx}\right|_{x=0}, \qquad \left.\frac{d\varphi_2}{dx}\right|_{x=L} = \left.\frac{d\varphi_3}{dx}\right|_{x=L} \tag{7.18}$$

これらは，異なる領域間の境界では波動関数の値とその傾きが等しいことを要請する表現になっているが，より一般的には，式(1.43)の確率流密度が境界で連続になるという条件から導き出されるものである（後述の「有効質量が各領域で異なる場合」を参照のこと）。式(7.17)と式(7.18)を波動関数(7.12)～(7.14)に適用すると

$$C_1^+ + C_1^- = C_2^+ + C_2^- \tag{7.19}$$

$$C_2^+ e^{ik_2 L} + C_2^- e^{-ik_2 L} = C_3^+ e^{ik_3 L} + C_3^- e^{-ik_3 L} \tag{7.20}$$

$$k_1(C_1^+ - C_1^-) = k_2(C_2^+ - C_2^-) \tag{7.21}$$

$$k_2(C_2^+ e^{ik_2 L} - C_2^- e^{-ik_2 L}) = k_3(C_3^+ e^{ik_3 L} - C_3^- e^{-ik_3 L}) \tag{7.22}$$

が得られる。ここで式(7.19)と式(7.21)から

$$\begin{bmatrix} 1 & 1 \\ k_1 & -k_1 \end{bmatrix} \begin{bmatrix} C_1^+ \\ C_1^- \end{bmatrix} = \begin{bmatrix} 1 & 1 \\ k_2 & -k_2 \end{bmatrix} \begin{bmatrix} C_2^+ \\ C_2^- \end{bmatrix} \tag{7.23}$$

また式(7.20)と式(7.22)から

$$\begin{bmatrix} e^{ik_2L} & e^{-ik_2L} \\ k_2e^{ik_2L} & -k_2e^{-ik_2L} \end{bmatrix}\begin{bmatrix} C_2^+ \\ C_2^- \end{bmatrix} = \begin{bmatrix} e^{ik_3L} & e^{-ik_3L} \\ k_3e^{ik_3L} & -k_3e^{-ik_3L} \end{bmatrix}\begin{bmatrix} C_3^+ \\ C_3^- \end{bmatrix} \quad (7.24)$$

と表されることを用いて，領域Ⅰと領域Ⅲの波動関数の関係 $(C_1^+, C_1^-) \leftrightarrow (C_3^+, C_3^-)$ を導出する．まず式(7.23)より

$$\begin{bmatrix} C_1^+ \\ C_1^- \end{bmatrix} = \begin{bmatrix} 1 & 1 \\ k_1 & -k_1 \end{bmatrix}^{-1}\begin{bmatrix} 1 & 1 \\ k_2 & -k_2 \end{bmatrix}\begin{bmatrix} C_2^+ \\ C_2^- \end{bmatrix} = \frac{1}{2}\begin{bmatrix} 1+\frac{k_2}{k_1} & 1-\frac{k_2}{k_1} \\ 1-\frac{k_2}{k_1} & 1+\frac{k_2}{k_1} \end{bmatrix}\begin{bmatrix} C_2^+ \\ C_2^- \end{bmatrix} \quad (7.25)$$

つぎに式(7.24)より

$$\begin{bmatrix} C_2^+ \\ C_2^- \end{bmatrix} = \begin{bmatrix} e^{ik_2L} & e^{-ik_2L} \\ k_2e^{ik_2L} & -k_2e^{-ik_2L} \end{bmatrix}^{-1}\begin{bmatrix} e^{ik_3L} & e^{-ik_3L} \\ k_3e^{ik_3L} & -k_3e^{-ik_3L} \end{bmatrix}\begin{bmatrix} C_3^+ \\ C_3^- \end{bmatrix}$$

$$= \frac{1}{2}\begin{bmatrix} \left(1+\frac{k_3}{k_2}\right)e^{-i(k_2-k_3)L} & \left(1-\frac{k_3}{k_2}\right)e^{-i(k_2+k_3)L} \\ \left(1-\frac{k_3}{k_2}\right)e^{i(k_2+k_3)L} & \left(1+\frac{k_3}{k_2}\right)e^{i(k_2-k_3)L} \end{bmatrix}\begin{bmatrix} C_3^+ \\ C_3^- \end{bmatrix} \quad (7.26)$$

となるので，式(7.26)を式(7.25)に代入すると (C_1^+, C_1^-) と (C_3^+, C_3^-) の関係式として次式が得られる．

$$\begin{bmatrix} C_1^+ \\ C_1^- \end{bmatrix} = \frac{1}{4}\begin{bmatrix} 1+\frac{k_2}{k_1} & 1-\frac{k_2}{k_1} \\ 1-\frac{k_2}{k_1} & 1+\frac{k_2}{k_1} \end{bmatrix}\begin{bmatrix} \left(1+\frac{k_3}{k_2}\right)e^{-i(k_2-k_3)L} & \left(1-\frac{k_3}{k_2}\right)e^{-i(k_2+k_3)L} \\ \left(1-\frac{k_3}{k_2}\right)e^{i(k_2+k_3)L} & \left(1+\frac{k_3}{k_2}\right)e^{i(k_2-k_3)L} \end{bmatrix}\begin{bmatrix} C_3^+ \\ C_3^- \end{bmatrix}$$
$$(7.27)$$

図7.2の構造のトンネル確率を求めるために，電子波は領域Ⅰの左方から振幅1で入射し，振幅 r で反射され，そして振幅 t で領域Ⅲへ透過すると仮定する．領域Ⅲでの反射はないとすると，式(7.27)はつぎのように表される．

$$\begin{bmatrix} 1 \\ r \end{bmatrix} = \frac{1}{4}\begin{bmatrix} 1+\frac{k_2}{k_1} & 1-\frac{k_2}{k_1} \\ 1-\frac{k_2}{k_1} & 1+\frac{k_2}{k_1} \end{bmatrix}\begin{bmatrix} \left(1+\frac{k_3}{k_2}\right)e^{-i(k_2-k_3)L} & \left(1-\frac{k_3}{k_2}\right)e^{-i(k_2+k_3)L} \\ \left(1-\frac{k_3}{k_2}\right)e^{i(k_2+k_3)L} & \left(1+\frac{k_3}{k_2}\right)e^{i(k_2-k_3)L} \end{bmatrix}\begin{bmatrix} t \\ 0 \end{bmatrix}$$

$$= \frac{1}{4}\left[\begin{array}{l}\left(1+\frac{k_2}{k_1}\right)\left(1+\frac{k_1}{k_2}\right)e^{-i(k_2-k_1)L} + \left(1-\frac{k_2}{k_1}\right)\left(1-\frac{k_1}{k_2}\right)e^{i(k_2+k_1)L} \\ \left(1-\frac{k_2}{k_1}\right)\left(1+\frac{k_1}{k_2}\right)e^{-i(k_2-k_1)L} + \left(1+\frac{k_2}{k_1}\right)\left(1-\frac{k_1}{k_2}\right)e^{i(k_2+k_1)L}\end{array}\right]t$$
(7.28)

ここで，トンネル障壁に電圧がかかっていないとして $k_1 = k_3$ とした．上式の第1行目の式より振幅透過率 t を求め，そこから電子の確率密度 $|\varphi|^2$ に対するトンネル確率 $T(E_x)$ を求めると次式が得られる（演習問題【4】）．

$$T(E_x) = \left[1 + \frac{V_0^2}{4E_x(E_x - V_0)}\sin^2\sqrt{2m(E_x - V_0)}L/\hbar\right]^{-1} \quad (E_x > V_0)$$
(7.29)

つぎに，$E_x < V_0$ の電子に対しては，$\sin i\theta = i\sinh\theta$ の関係を用いると

$$\sin^2\sqrt{2m(E_x - V_0)}L/\hbar = \sin^2 i\underbrace{\sqrt{2m(V_0 - E_x)}L/\hbar}_{\alpha}$$

$$= (\sin i\alpha)^2 = (i\sinh\alpha)^2 = -\sinh^2\alpha \quad (7.30)$$

と表すことができるので，結局，$E_x < V_0$ の電子に対するトンネル確率は

$$T(E_x) = \left[1 + \frac{V_0^2}{4E_x(V_0 - E_x)}\sinh^2\sqrt{2m(V_0 - E_x)}L/\hbar\right]^{-1} \quad (E_x < V_0)$$
(7.31)

と求められる．

有効質量が各領域で異なる場合（半導体ヘテロ接合の場合）　ここでは，領域Ⅰと領域Ⅲの有効質量が等しく，領域Ⅱの有効質量がそれとは異なる場合，すなわち $m_1^* = m_3^* \neq m_2^*$ の場合を考える．このときの境界条件は

$$\varphi_1(0) = \varphi_2(0), \quad \varphi_2(L) = \varphi_3(L) \tag{7.32}$$

$$\frac{1}{m_1^*}\frac{d\varphi_1}{dx}\bigg|_{x=0} = \frac{1}{m_2^*}\frac{d\varphi_2}{dx}\bigg|_{x=0}, \quad \frac{1}{m_2^*}\frac{d\varphi_2}{dx}\bigg|_{x=L} = \frac{1}{m_1^*}\frac{d\varphi_3}{dx}\bigg|_{x=L} \tag{7.33}$$

と与えられる．式(7.33)において波動関数の傾きの前に有効質量の逆数がかかるのは，式(1.43)の確率流密度が境界で連続になるという条件から課されたも

のである．これらの境界条件を用いて，上に述べた方法により単一トンネル障壁のトンネル確率を計算すると，$\gamma = m_2^*/m_1^*$ として

$$T(E_x) = \left\{ 1 + \frac{[(1-\gamma)E_x - V_0]^2}{4\gamma E_x(E_x - V_0)} \sin^2 \sqrt{2m_2^*(E_x - V_0)} L/\hbar \right\}^{-1} \quad (E_x > V_0) \tag{7.34}$$

と求められる（演習問題【5】）．半導体のヘテロ構造などでは有効質量が領域によって異なることが多いため，トンネル確率の計算の際には注意が必要である．

7.3　トランスファーマトリックス（転送行列）法

　単一ポテンシャル障壁のように単純な構造の場合には，前項で述べたようにトンネル確率を解析的に求めることができる．しかし，2重ポテンシャル障壁構造や電圧を印加した場合などでは，そのような解析解を導き出すことは難しい．そこで，コンピュータによる数値計算を用いてさまざまなポテンシャル障壁構造や印加電圧の下でもトンネル確率が計算できるように考え出された方法が，**トランスファーマトリックス（転送行列）法**（transfer matrix method）[6]である．本項ではこのトランスファーマトリックス法について解説する．

　トランスファーマトリックス法では，**図 7.3** に示すように，任意のポテンシャル分布形状 $V(x)$ を階段近似して解析を行う．階段近似とは，x_0 から x_L の空間を等間隔の微小領域に分割し，分割された各微小領域内では，ポテンシャル V_i，有効質量 m_i^*，そして波数 k_i が一定であると仮定する．したがって，各微小領域内での波動関数は，7.2節と同様に

$$\varphi_i = C_i^+ e^{ik_i x} + C_i^- e^{-ik_i x} \tag{7.35}$$

と表すことができる．ただし

$$k_i = \sqrt{\frac{2m_i^*(E_x - V_i)}{\hbar}} \tag{7.36}$$

である．

7. 量子力学的サイズ効果

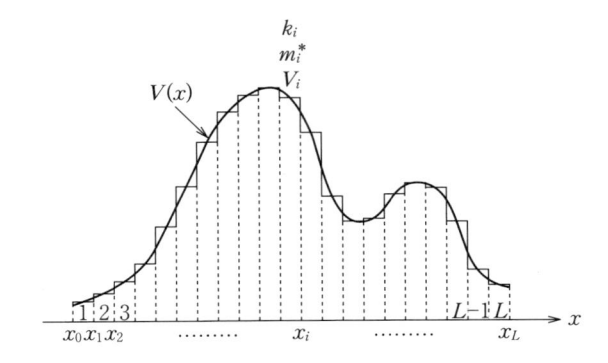

[図: 任意形状ポテンシャル $V(x)$ の階段近似。各区間 i に k_i, m_i^*, V_i が定義され、横軸 x に $x_0, x_1, x_2, \ldots, x_i, \ldots, x_{L-1}, x_L$ が示されている]

図7.3 任意形状ポテンシャル分布の階段近似

いまの場合,有効質量は場所によって変化すると仮定しており,各境界における境界条件は式(7.32)および式(7.33)を用いる必要がある.すなわち,$x = x_i$ における境界条件は次式のようになる.

$$\varphi_i(x_i) = \varphi_{i+1}(x_i), \qquad \frac{1}{m_i^*}\frac{d\varphi_i}{dx}\bigg|_{x=x_i} = \frac{1}{m_{i+1}^*}\frac{d\varphi_{i+1}}{dx}\bigg|_{x=x_i} \tag{7.37}$$

これを式(7.35)の波動関数に適用すると

$$C_i^+ e^{ik_i x_i} + C_i^- e^{-ik_i x_i} = C_{i+1}^+ e^{ik_{i+1} x_i} + C_{i+1}^- e^{-ik_{i+1} x_i} \tag{7.38}$$

$$\frac{ik_i}{m_i^*}\left(C_i^+ e^{ik_i x_i} - C_i^- e^{-ik_i x_i}\right) = \frac{ik_{i+1}}{m_{i+1}^*}\left(C_{i+1}^+ e^{ik_{i+1} x_i} - C_{i+1}^- e^{-ik_{i+1} x_i}\right) \tag{7.39}$$

となるので,これらより (C_i^+, C_i^-) と (C_{i+1}^+, C_{i+1}^-) の関係を求めると

$$\underbrace{\begin{bmatrix} e^{ik_{i+1} x_i} & e^{-ik_{i+1} x_i} \\ \dfrac{ik_{i+1}}{m_{i+1}^*} e^{ik_{i+1} x_i} & -\dfrac{ik_{i+1}}{m_{i+1}^*} e^{-ik_{i+1} x_i} \end{bmatrix}}_{P} \begin{bmatrix} C_{i+1}^+ \\ C_{i+1}^- \end{bmatrix} = \underbrace{\begin{bmatrix} e^{ik_i x_i} & e^{-ik_i x_i} \\ \dfrac{ik_i}{m_i^*} e^{ik_i x_i} & -\dfrac{ik_i}{m_i^*} e^{-ik_i x_i} \end{bmatrix}}_{Q} \begin{bmatrix} C_i^+ \\ C_i^- \end{bmatrix} \tag{7.40}$$

となる.左辺の係数行列 P の逆行列は

$$P^{-1} = \begin{bmatrix} e^{ik_{i+1} x_i} & e^{-ik_{i+1} x_i} \\ \dfrac{ik_{i+1}}{m_{i+1}^*} e^{ik_{i+1} x_i} & -\dfrac{ik_{i+1}}{m_{i+1}^*} e^{-ik_{i+1} x_i} \end{bmatrix}^{-1}$$

$$= \frac{m_{i+1}^*}{-2ik_{i+1}} \begin{bmatrix} -\dfrac{ik_{i+1}}{m_{i+1}^*}e^{-ik_{i+1}x_i} & -e^{-ik_{i+1}x_i} \\ -\dfrac{ik_{i+1}}{m_{i+1}^*}e^{ik_{i+1}x_i} & e^{ik_{i+1}x_i} \end{bmatrix} = \frac{1}{2}\begin{bmatrix} e^{-ik_{i+1}x_i} & -i\dfrac{m_{i+1}^*}{k_{i+1}}e^{-ik_{i+1}x_i} \\ e^{ik_{i+1}x_i} & i\dfrac{m_{i+1}^*}{k_{i+1}}e^{ik_{i+1}x_i} \end{bmatrix}$$

(7.41)

と計算されるので,これより (C_i^+, C_i^-) と (C_{i+1}^+, C_{i+1}^-) の関係がつぎのように表される.

$$\begin{bmatrix} c_{i+1}^+ \\ c_{i+1}^- \end{bmatrix} = P^{-1}Q\begin{bmatrix} c_i^+ \\ c_i^- \end{bmatrix} = \frac{1}{2}\begin{bmatrix} e^{-ik_{i+1}x_i} & -i\dfrac{m_{i+1}^*}{k_{i+1}}e^{-ik_{i+1}x_i} \\ e^{ik_{i+1}x_i} & i\dfrac{m_{i+1}^*}{k_{i+1}}e^{ik_{i+1}x_i} \end{bmatrix}\begin{bmatrix} e^{ik_i x_i} & e^{-ik_i x_i} \\ \dfrac{ik_i}{m_i^*}e^{ik_i x_i} & -\dfrac{ik_i}{m_i^*}e^{-ik_i x_i} \end{bmatrix}\begin{bmatrix} c_i^+ \\ c_i^- \end{bmatrix}$$

$$= \frac{1}{2}\underbrace{\begin{bmatrix} \left(1+\dfrac{m_{i+1}^*}{m_i^*}\dfrac{k_i}{k_{i+1}}\right)e^{i(k_i-k_{i+1})x_i} & \left(1-\dfrac{m_{i+1}^*}{m_i^*}\dfrac{k_i}{k_{i+1}}\right)e^{i(k_i+k_{i+1})x_i} \\ \left(1-\dfrac{m_{i+1}^*}{m_i^*}\dfrac{k_i}{k_{i+1}}\right)e^{i(k_i+k_{i+1})x_i} & \left(1+\dfrac{m_{i+1}^*}{m_i^*}\dfrac{k_i}{k_{i+1}}\right)e^{-i(k_i-k_{i+1})x_i} \end{bmatrix}}_{M_i}\begin{bmatrix} c_i^+ \\ c_i^- \end{bmatrix}$$

(7.42)

式(7.42)の右辺の係数行列をトランスファーマトリックスと呼び M_i と表すことにする.つまり

$$\begin{bmatrix} c_{i+1}^+ \\ c_{i+1}^- \end{bmatrix} = M_i\begin{bmatrix} c_i^+ \\ c_i^- \end{bmatrix} \tag{7.43}$$

と表す.この波動関数の振幅に関する接続の式を,領域1から領域 $L-1$ まで順次用いて,最終的に,左側境界領域1と右側境界領域 L をつなげるとつぎのようになる.

$$\begin{bmatrix} c_L^+ \\ c_L^- \end{bmatrix} = M_{L-1}M_{L-2}\cdots\cdots M_2 M_1\begin{bmatrix} c_1^+ \\ c_1^- \end{bmatrix} = \prod_{i=1}^{L-1}M_i\begin{bmatrix} c_1^+ \\ c_1^- \end{bmatrix} = \begin{bmatrix} M_{11} & M_{12} \\ M_{21} & M_{22} \end{bmatrix}\begin{bmatrix} c_1^+ \\ c_1^- \end{bmatrix} \tag{7.44}$$

7.2節と同様に,電子波は領域の左方から振幅1で入射し,振幅 r で反射され,そして振幅 t で右方へ透過すると仮定すると,式(7.44)はつぎのようにな

る。

$$\begin{bmatrix} t \\ 0 \end{bmatrix} = \begin{bmatrix} M_{11} & M_{12} \\ M_{21} & M_{22} \end{bmatrix} \begin{bmatrix} 1 \\ r \end{bmatrix} \tag{7.45}$$

式(7.45)を展開して得られる

$$\left. \begin{array}{l} t = M_{11} + M_{12} r \\ 0 = M_{21} + M_{22} r \end{array} \right\} \tag{7.46}$$

を解くと

$$r = -\frac{M_{21}}{M_{22}} \tag{7.47}$$

と

$$t = M_{11} - \frac{M_{12} M_{21}}{M_{22}} = \frac{M_{11} M_{22} - M_{12} M_{21}}{M_{22}} = \frac{\det M}{M_{22}} = \frac{1}{M_{22}} \prod_{i=1}^{L-1} \det M_i \tag{7.48}$$

が得られる。式(7.48)を見ると，振幅透過率 t を計算するには，式(7.42)で定義した各微小領域の係数行列 M_i の行列式 $\det M_i$ の掛け算と，行列要素 M_{22} がわかればよいことがわかる。M_i の行列式 $\det M_i$ は

$$\det M_i = \frac{1}{4}\left[\left(1 + \frac{m_{i+1}^*}{m_i^*}\frac{k_i}{k_{i+1}}\right)^2 - \left(1 - \frac{m_{i+1}^*}{m_i^*}\frac{k_i}{k_{i+1}}\right)^2\right] = \frac{m_{i+1}^*}{m_i^*}\frac{k_i}{k_{i+1}} \tag{7.49}$$

となるので，その掛け算もつぎのように簡単な式になる。

$$\prod_{i=1}^{L-1} \det M_i = \frac{m_2^*}{m_1^*}\frac{k_1}{k_2} \times \frac{m_3^*}{m_2^*}\frac{k_2}{k_3} \times \frac{m_4^*}{m_3^*}\frac{k_3}{k_4} \times \cdots\cdots \times \frac{m_{L-1}^*}{m_{L-2}^*}\frac{k_{L-2}}{k_{L-1}} \times \frac{m_L^*}{m_{L-1}^*}\frac{k_{L-1}}{k_L}$$

$$= \frac{m_L^*}{m_1^*}\frac{k_1}{k_L} \tag{7.50}$$

したがって，振幅透過率 $t(E_x)$ は次式で計算できることがわかる。

$$t(E_x) = \frac{m_L^*}{m_1^*}\frac{k_1}{k_L}\frac{1}{M_{22}} \tag{7.51}$$

つぎに，ナノスケールデバイスを流れるトンネル電流を計算するには，電子波の確率流密度に対する透過確率 $D(E_x)$ が必要である。確率流密度は式(1.43)で定義されるので，領域 1 と領域 $L-1$ で右に進む電子波の確率流密度をそれ

それ計算すると

$$S_1 = \frac{\hbar}{m_1^*} \operatorname{Im}\left(\varphi_1^* \frac{d\varphi_1}{dx}\right) = \frac{\hbar}{m_1^*} \operatorname{Im}\left(e^{-ik_1 x_1} \frac{d(e^{ik_1 x})}{dx}\bigg|_{x=x_1}\right) = \frac{\hbar}{m_1^*} \operatorname{Im}\left(e^{-ik_1 x_1} ik_1 e^{ik_1 x_1}\right) = \frac{\hbar k_1}{m_1^*} \tag{7.52}$$

$$S_L = \frac{\hbar}{m_L^*} \operatorname{Im}\left(\varphi_L^* \frac{d\varphi_L}{dx}\right) = \frac{\hbar}{m_L^*} \operatorname{Im}\left(t^* e^{-ik_L x_L} \frac{d(te^{ik_L x})}{dx}\bigg|_{x=x_L}\right) = \frac{\hbar k_L}{m_L^*} |t|^2 \tag{7.53}$$

となる.したがってこれらの式より,確率流密度の透過確率 $D(E_x)$ はつぎのように計算できる.

$$D(E_x) = \frac{S_L}{S_1} = \frac{\frac{\hbar k_L}{m_L^*}|t(E_x)|^2}{\frac{\hbar k_1}{m_1^*}} = \frac{m_1^*}{m_L^*}\frac{k_L}{k_1}|t(E_x)|^2 \tag{7.54}$$

演 習 問 題

【1】 基底準位($n=1$)と1次の励起準位($n=2$)の波動関数の形を描きなさい.

【2】 有限高さのポテンシャル障壁の場合,波動関数はポテンシャル障壁へしみ出す.この場合,量子化エネルギーの値は式(7.6)に比べてどのように変化するか考えよ.

【3】 1章の演習問題【1】の結果を用いて,Si および GaAs 中の電子ではどちらのほうが量子化の影響が現れやすいか考えてみよ.

【4】 式(7.28)からトンネル確率の式(7.29)を導出せよ.

【5】 有効質量が各領域で異なる場合のトンネル確率の式(7.34)を導出せよ.

【6】 GaAs($m_1^* = 0.067 m_0$)/AlAs($m_2^* = 0.15 m_0$)単一トンネル障壁のトンネル確率を計算し,材料の有効質量の違いがトンネル確率に与える影響を検討せよ.障壁の幅と高さは適宜与えて計算せよ.

8 バンド理論

固体では安定した結晶構造を実現するために価電子が重要な役割を果たす。さらに金属や不純物を添加した半導体では，電気を伝える伝導電子が多数存在する。このように多数の電子が存在する固体内の電子状態は多電子問題となっていて，これを厳密に解くことはほとんど不可能である。そこで1個の電子の振舞いだけに着目し，他の電子からの影響は原子核からの影響と合わせて結晶内の電子のポテンシャルエネルギーになるという**一電子近似**（one-electron approximation）の方法が用いられる。本章ではこのような一電子近似の下でのバンド理論を学んでいく。

8.1 周期構造とブロッホの定理

8.1.1 結晶中の周期ポテンシャル

4.1 節で例として取り上げた金属ナトリウム結晶中のポテンシャル分布の模式図を**図 8.1**に示す。結晶中で電子が感じるポテンシャルは，各原子核からの引力クーロンポテンシャルと他の電子からの斥力クーロンポテンシャルを足し合わせたものであり，図 8.1 の実線に示すようになる。すなわち，破線で示す孤立原子状態からのクーロンポテンシャルとは異なり，周囲に存在する原子核からの影響で原子間のポテンシャル障壁が下がり，高いエネルギー準位にいる電子は結晶中を伝搬することができるようになる。このようにして形成されたバンドが伝導帯であり，これに対して各原子が周期配列し安定した結晶構造を実現するためのボンド（結合枝）を形成するバンドが価電子帯である。図 8.1 の Na 結晶の場合では，1s, 2s, 2p 軌道が価電子帯を構成する（半導体では，伝

8.1 周期構造とブロッホの定理

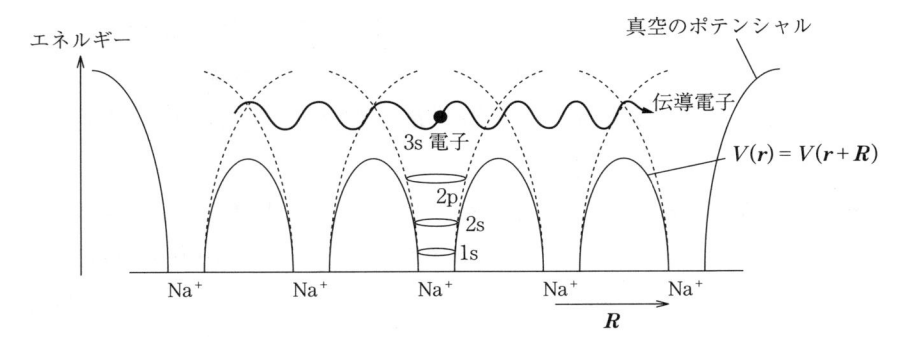

図 8.1 格子点を結ぶ直線に沿って描いたポテンシャル分布（Na の場合）

導帯と価電子帯が接近するところでは 2p 軌道と 3s 軌道が混ざり合った sp³ 混成軌道を形成する）。

本章では，固体のバンド構造を計算するためのバンド理論を学ぶ。バンド構造，すなわち電子のエネルギーと波数の間の分散関係を計算するということは，「時間に依存しないシュレディンガー方程式

$$-\frac{\hbar^2}{2m}\nabla^2 \varphi + V(\boldsymbol{r})\varphi = E\varphi \tag{8.1}$$

を，周期ポテンシャル $V(\boldsymbol{r})$ の下でブロッホの定理を用いて解く」ということである。そこでまず，ブロッホの定理を説明する。

8.1.2 ブロッホの定理

結晶格子の周期ベクトル（格子ベクトル）を $\boldsymbol{R}$ としたとき，結晶内で形成される周期ポテンシャル $V(\boldsymbol{r})=V(\boldsymbol{r}+\boldsymbol{R})$ の下では，つぎのブロッホの定理が成立する（証明は他書に譲る）。すなわち，結晶中の電子の波動関数（シュレディンガー方程式の解）は

$$\varphi_k(\boldsymbol{r}) = e^{i\boldsymbol{k}\cdot\boldsymbol{r}} u_k(\boldsymbol{r}) \tag{8.2}$$

で与えられる。ここで $u_k(\boldsymbol{r})$ は波数 $\boldsymbol{k}$ に依存し結晶格子と同じ周期 $\boldsymbol{R}$ をもつ周期関数であり，次式を満たす。

$$u_k(\boldsymbol{r}) = u_k(\boldsymbol{r}+\boldsymbol{R}) \tag{8.3}$$

式(8.2)で与えられる波動関数はブロッホ関数と呼ばれ，物理的には，結晶内では自由電子を表す平面波が結晶ポテンシャル $V(r)$ で変調されることを表す．その結果，電子の波動関数は位置が R だけ変化すると位相が $e^{ik \cdot R}$ 変化することになる（演習問題【1】）．

擬ポテンシャル法 図8.1からわかるように，1s軌道の電子は原子核の強いクーロン引力のために原子核周辺に束縛されている．このような内殻電子は原子核周辺で大きな運動エネルギーをもって運動するため，電子の波動関数は原子核周辺で激しく振動する．したがって，そのまま平面波基底を用いると非常に大きなカットオフエネルギーが必要となり計算時間が非現実的なオーダーにまで増大してしまう．そこで，内殻の電子状態を計算せずに固体の電子状態として重要な価電子の状態だけを計算できるように考え出されたのが，**擬ポテンシャル**（pseudopotential）である．擬ポテンシャルを用いれば，原子核周辺の激しい振動は平滑化され，カットオフエネルギーをそれほど大きくとらなくても価電子の波動関数をよい近似で記述することができる．8.4節で説明する**経験的擬ポテンシャル法**（empirical pseudopotential method）も半導体の重要な価電子状態である重い正孔と軽い正孔のバンド構造を，少ない平面波数で計算することを可能にしている．

8.2 クローニッヒ・ペニーモデル

実際のバンド構造を計算するにはコンピュータを用いた数値計算が必要になる．しかしながら数値計算を用いた手法では，正確なバンド構造が得られる反面，固体のバンド理論で重要となる概念（許容帯，禁制帯（バンドギャップ），第1ブリルアンゾーン，ブラッグ反射，ブロッホ振動など）を理解することは難しい．そこで本節では，解析的にバンド構造を求めることができるクローニッヒ・ペニーモデルを用いて，固体のバンド構造に関する基本概念を説明しておく．

結晶の周期ポテンシャルを簡単化して，周期 L で矩形型ポテンシャルが並

んでいるという1次元モデル（**図8.2**）で考える。このときのシュレディンガー方程式と波動関数は，井戸層と障壁層でそれぞれつぎのように与えられる。

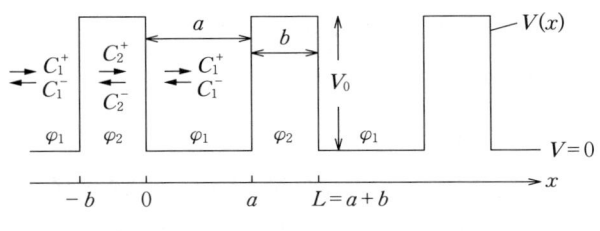

図8.2 クローニッヒ・ペニーモデル

$0 \leqq x \leqq a$: $-\dfrac{\hbar^2}{2m}\dfrac{d^2\varphi_1(x)}{dx^2} = E\varphi_1(x),$

$$\varphi_1(x) = C_1^+ e^{i\alpha x} + C_1^- e^{-i\alpha x} \tag{8.4}$$

$-b \leqq x \leqq 0$: $\left(-\dfrac{\hbar^2}{2m}\dfrac{d^2}{dx^2} + V_0\right)\varphi_2(x) = E\varphi_2(x),$

$$\varphi_2(x) = C_2^+ e^{\beta x} + C_2^- e^{-\beta x} \tag{8.5}$$

ここで

$$\alpha = \dfrac{\sqrt{2mE}}{\hbar} > 0, \qquad \beta = \dfrac{\sqrt{2m(V_0-E)}}{\hbar} \quad (E < V_0 \text{とする}) \tag{8.6}$$

とおいた。また電子の質量 m は，原子に対するシュレディンガー方程式を解くため静止質量（$m = m_0$）である。井戸内の波動関数は，式(8.4)のように右に向かって進む平面波 $C^+ e^{i\alpha x}$ と左に向かって進む平面波 $C^- e^{-i\alpha x}$ の足し合せで表される。一方，障壁層内の波動関数は，ここでは $E < V_0$ の電子を考えるとして，式(8.5)に示すように右に向かって減衰する波と左に向かって減衰する波の足し合せで表される。これらの波動関数に対して，$x = -b$ と $x = 0$ の二つの界面で境界条件を与え，さらに先に述べたブロッホの定理を用いることで電子の分散関係を与える式がつぎのように求められる。

まず，$x = -b$ と $x = 0$ での境界条件は，確率流密度の連続を保証するように

118   8. バンド理論

$$\varphi_1(0)=\varphi_2(0), \quad \left.\frac{d\varphi_1}{dx}\right|_{x=0}=\left.\frac{d\varphi_2}{dx}\right|_{x=0} \tag{8.7}$$

$$\varphi_1(-b)=\varphi_2(-b), \quad \left.\frac{d\varphi_1}{dx}\right|_{x=-b}=\left.\frac{d\varphi_2}{dx}\right|_{x=-b} \tag{8.8}$$

と与える。まず式(8.7)の境界条件より

$$C_1^+ + C_1^- = C_2^+ + C_2^- \tag{8.9}$$

$$i\alpha\left(C_1^+ - C_1^-\right)=\beta\left(C_2^+ - C_2^-\right) \tag{8.10}$$

が得られる。つぎに、ブロッホの定理から導かれる次式の関係（演習問題【1】）

$$\varphi_k(x+L)=e^{ik(x+L)}u_k(x+L)=e^{ikL}\cdot e^{ikx}u_k(x)=e^{ikL}\varphi_k(x) \tag{8.11}$$

に、もう一方の境界条件(8.8)を適用すると

$$\varphi_1(a)=e^{ikL}\varphi_2(-b), \quad \left.\frac{d\varphi_1}{dx}\right|_{x=a}=e^{ikL}\left.\frac{d\varphi_2}{dx}\right|_{x=-b} \tag{8.12}$$

が得られる。これらに式(8.4)と式(8.5)の波動関数の式を代入すると

$$C_1^+ e^{i\alpha a}+C_1^- e^{-i\alpha a}=e^{ikL}\left(C_2^+ e^{-\beta b}+C_2^- e^{\beta b}\right) \tag{8.13}$$

$$i\alpha\left(C_1^+ e^{i\alpha a}-C_1^- e^{-i\alpha a}\right)=e^{ikL}\beta\left(C_2^+ e^{-\beta b}-C_2^- e^{\beta b}\right) \tag{8.14}$$

となる。式(8.9), (8.10), (8.13), (8.14)を行列にまとめると、係数 C_1^+, C_1^-, C_2^+, C_2^- に対する行列方程式が次式のように求められる。

$$\underbrace{\begin{bmatrix} 1 & 1 & -1 & -1 \\ i\alpha & -i\alpha & -\beta & \beta \\ e^{i\alpha a} & e^{-i\alpha a} & -\lambda e^{-\beta b} & -\lambda e^{\beta b} \\ i\alpha e^{i\alpha a} & -i\alpha e^{-i\alpha a} & -\lambda\beta e^{-\beta b} & \lambda\beta e^{\beta b} \end{bmatrix}}_{M}\begin{bmatrix} C_1^+ \\ C_1^- \\ C_2^+ \\ C_2^- \end{bmatrix}=0 \tag{8.15}$$

ここで $\lambda=e^{ikL}$ とおいた。波動関数がゼロとならないためには、式(8.15)の行列式がゼロであればよいので

$$\det M=\begin{vmatrix} -i\alpha & -\beta & \beta \\ e^{-i\alpha a} & -\lambda e^{-\beta b} & -\lambda e^{\beta b} \\ -i\alpha e^{-i\alpha a} & -\lambda\beta e^{-\beta b} & \lambda\beta e^{\beta b} \end{vmatrix}-\begin{vmatrix} i\alpha & -\beta & \beta \\ e^{i\alpha a} & -\lambda e^{-\beta b} & -\lambda e^{\beta b} \\ i\alpha e^{i\alpha a} & -\lambda\beta e^{-\beta b} & \lambda\beta e^{\beta b} \end{vmatrix}$$

$$-\begin{vmatrix} i\alpha & -i\alpha & \beta \\ e^{i\alpha a} & e^{-i\alpha a} & -\lambda e^{\beta b} \\ i\alpha e^{i\alpha a} & -i\alpha e^{-i\alpha a} & \lambda\beta e^{\beta b} \end{vmatrix} + \begin{vmatrix} i\alpha & -i\alpha & -\beta \\ e^{i\alpha a} & e^{-i\alpha a} & -\lambda e^{-\beta b} \\ i\alpha e^{i\alpha a} & -i\alpha e^{-i\alpha a} & -\lambda\beta e^{-\beta b} \end{vmatrix}$$

$$= i\alpha\lambda^2\beta - i\alpha\lambda\beta e^{-i\alpha a}e^{\beta b} - \beta^2\lambda e^{-i\alpha a}e^{-\beta b} - i\alpha\lambda\beta e^{-i\alpha a}e^{-\beta b} + i\alpha\lambda^2\beta + \beta^2\lambda e^{-i\alpha a}e^{\beta b}$$

$$- \left(-i\alpha\lambda^2\beta + i\alpha\beta\lambda e^{i\alpha a}e^{\beta b} - \beta^2\lambda e^{i\alpha a}e^{-\beta b} + i\alpha\beta\lambda e^{i\alpha a}e^{-\beta b} + \beta^2\lambda e^{i\alpha a}e^{\beta b} - i\alpha\lambda^2\beta \right)$$

$$- \left(i\alpha\lambda\beta e^{-i\alpha a}e^{\beta b} - \alpha^2\lambda e^{i\alpha a}e^{\beta b} - i\beta\alpha - i\alpha\beta + i\alpha\lambda\beta e^{i\alpha a}e^{\beta b} + \alpha^2\lambda e^{-i\alpha a}e^{\beta b} \right)$$

$$- i\alpha\lambda\beta e^{-i\alpha a}e^{-\beta b} - \alpha^2\lambda e^{i\alpha a}e^{-\beta b} + i\alpha\beta + i\alpha\beta + \alpha^2\lambda e^{-i\alpha a}e^{-\beta b} - i\alpha\lambda\beta e^{i\alpha a}e^{-\beta b}$$

$$= 4i\alpha\beta(\lambda^2+1) - 8i\alpha\beta\lambda\cos\alpha a\cosh\beta b + 4i(\alpha^2-\beta^2)\lambda\sin\alpha a\sinh\beta b$$

$$= 0 \tag{8.16}$$

となる。上式を

$$\lambda + \frac{1}{\lambda} = e^{ikL} + e^{-ikL} = 2\cos kL$$

の関係を用いて整理すると

$$\cos\alpha a\cosh\beta b + \frac{\beta^2-\alpha^2}{2\alpha\beta}\sin\alpha a\sinh\beta b = \cos kL \tag{8.17}$$

となる。これが矩形型周期ポテンシャルの E-k 分散関係を与える方程式である。ただしこの式は解析的に解くことはできないので，以下ではさらに簡単化したクローニッヒ・ペニーモデルを考えることにする。

8.2.1 簡単化したクローニッヒ・ペニーモデル

ポテンシャル障壁の面積 $V_0 b$ を一定にしたまま，幅 $b \to 0$，高さ $V_0 \to \infty$ ($\beta \to \infty$) の極限を考える。このとき，式(8.17)の左辺に含まれる各項はつぎのように近似することができる。

$$\beta b \approx 0, \quad \cosh\beta b \approx 1, \quad \sinh\beta b \approx \beta b, \quad L \approx a, \quad \frac{\beta^2-\alpha^2}{2\alpha\beta} \approx \frac{\beta}{2\alpha}$$

これらを用いると，式(8.17)はつぎのように表すことができる。

$$\cos\alpha a + P\frac{\sin\alpha a}{\alpha a} = \cos ka \tag{8.18}$$

8. バンド理論

ここで障壁の影響の大きさを表すパラメータ P を次式で定義した。

$$P = \frac{a}{2}\beta^2 b = \frac{a}{2}\frac{2m(V_0-E)}{\hbar^2}b \approx \frac{a}{2}\frac{2mV_0}{\hbar^2}b = \frac{mV_0ab}{\hbar^2} \tag{8.19}$$

式(8.18)に具体的に数値 (P, m, a) を代入して E-k 分散関係を求めると**図8.3**となる。この図には自由電子の分散関係も破線で示している。自由電子ではあらゆるエネルギー状態をとることができるのに対して，周期ポテンシャル内の電子はエネルギーの実数解が存在する領域（許容帯）と存在しない領域（禁制帯）が現れることがわかる。

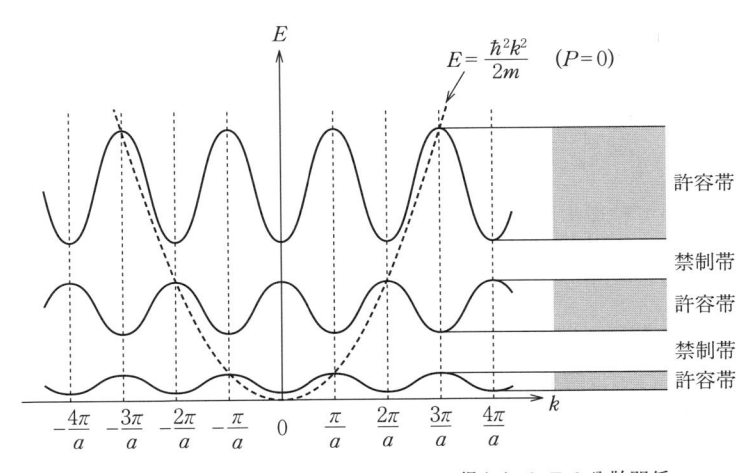

図8.3 クローニッヒ・ペニーモデルで得られる E-k 分散関係

ここで図8.3では，波数 k に対して周期的に同じ分散曲線が何度も現れている。これは5章の格子振動の分散関係と同様に，式(8.18)が波数空間において $2\pi/a$ を周期とする周期関数になることによる。したがって，$k > \pi/a$ と $k < -\pi/a$ の E-k 関係はすべて $-\pi/a \leq k \leq \pi/a$ の範囲（第1ブリルアンゾーン）に還元して表示することが可能となり，図8.4の実線のように簡略化して描くことができる。演習問題【2】で示すように，第1ブリルアンゾーンの端でバンドギャップが現れる理由は，1次元格子により電子波がブラッグ反射され固体内を伝搬できないことによる。ブラッグ反射を受けると電子は速度を周期

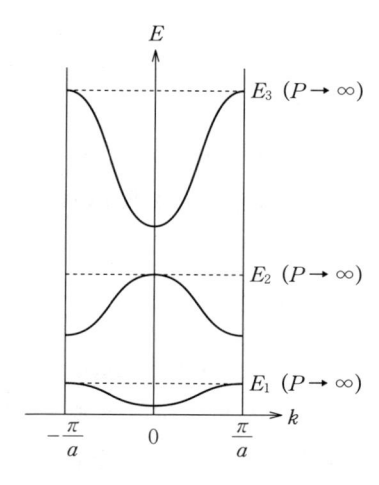

図 8.4 第 1 ブリルアンゾーンへの還元表示

的に反転させられ，実空間のある限られた範囲を往復運動し続ける．この現象を**ブロッホ振動**（Bloch oscillation）という（付録 A）．残念ながら実際の結晶では，電子がブリルアンゾーンの端に到達する前に欠陥や散乱によって再び $k=0$ の点に戻ってしまうためブロッホ振動は観測されない．格子という周期性があるにもかかわらずブロッホ振動が起こらないのは，バンド幅が大き過ぎて散乱効果が強いためである．そこで，超格子のようにポテンシャルの周期を大きくしてバンド幅を狭くすることができれば，ブロッホ振動が観測できるようになると考えたのが Esaki と Tsu である[7]．二人はブロッホ振動が起こると超格子の速度-電界特性に負性抵抗が現れると予言し，実際に 1970 年の初期的な実験により，電流-電圧特性に負性抵抗を観測している．半導体超格子の研究は，このブロッホ振動の予言が始まりである．

8.2.2　$P \to 0$ および $P \to \infty$ の場合

周期ポテンシャルの影響について定性的に理解するために，つぎの二つの極限を考えてみる．

〔1〕**$P \to 0$ の場合**　　このとき式(8.18)は $\cos \alpha a = \cos ka$ となるので，$\alpha = \sqrt{2mE}/\hbar = k$ より

$$E = \frac{\hbar^2 k^2}{2m} \tag{8.20}$$

が得られる．これは自由電子の分散関係である．

〔2〕 **$P \to \infty$ の場合**　この極限では，式(8.18)の両辺をPで割り$P \to \infty$とすると$\sin \alpha a = 0$となる．すなわち$\alpha a = n\pi$（n：自然数）の条件が得られるので，これより電子のエネルギーは

$$\alpha a = \frac{\sqrt{2mE}}{\hbar} a = n\pi \quad \Rightarrow \quad E_n = \frac{\hbar^2}{2m}\left(\frac{n\pi}{a}\right)^2 \tag{8.21}$$

と求められる．これは無限大の量子井戸に閉じ込められた電子の量子化エネルギーである（7.1節参照）．図8.4の破線に式(8.21)のエネルギー準位を書き込んでいる．この場合エネルギーは離散的になるが，それを敢えてバンド構造中に描くとE_1, E_2, E_3で示すような水平な直線になる．このようなバンドを**分散のないバンド**（dispersionless band）と呼び，原子の深い準位や不純物などに強く束縛された局在電子（つまり結晶中を伝搬しない電子波）の分散曲線として，実際のバンド構造でも出現することがある．分散のないバンドが現れた場合は，不純物や欠陥あるいは表面準位などに捕らわれた電子を疑うとよい．

8.3　平面波展開法

前節で述べたクローニッヒ・ペニーモデルでは，バンド構造を理解する上で重要な概念を学ぶことができた．ただしこの方法では，実際の物質のバンド構造を計算するのに必要な情報，例えば結晶構造や構成原子の種類などを取り扱うことはできない．また，実際の物質は3次元構造をもっているため第1ブリルアンゾーンも通常3次元となるが，そのときに結晶の対称性から出てくるブリルアンゾーンの特殊点についても学ぶことはできない．本節ではそのような実際のバンド構造を計算する手法の一つである**平面波展開法**（plane-wave expansion method）について説明する．

平面波展開法では，式(8.1)のシュレディンガー方程式にブロッホの定理を

直接適用した次式を用いてバンド構造を計算する（演習問題【3】）。

$$\left(\frac{\hbar^2|\boldsymbol{k}|^2}{2m} - \frac{i\hbar^2}{m}\boldsymbol{k}\cdot\nabla - \frac{\hbar^2}{2m}\nabla^2 + V(\boldsymbol{r})\right)u_{\boldsymbol{k}}(\boldsymbol{r}) = E_{\boldsymbol{k}} u_{\boldsymbol{k}}(\boldsymbol{r}) \tag{8.22}$$

ここで $u_{\boldsymbol{k}}(\boldsymbol{r})$ は式(8.3)を満たし，結晶格子と同じ周期 $\boldsymbol{R}$ をもつ周期関数である。したがって $u_{\boldsymbol{k}}(\boldsymbol{r})$ は，平面波基底を用いて次式のようにフーリエ展開することができる。

$$u_{\boldsymbol{k}}(\boldsymbol{r}) = \sum_{\boldsymbol{k}'} A_{\boldsymbol{k}'} e^{i\boldsymbol{k}'\cdot\boldsymbol{r}} \tag{8.23}$$

ここで $A_{\boldsymbol{k}'}$ は展開係数である。式(8.23)を平面波展開法と呼ぶ。

平面波展開法は，「ほとんど自由な電子の近似」の一般化に対応しており，周期ポテンシャルの影響が小さい場合に有効な方法といわれている。その周期ポテンシャル $V(\boldsymbol{r})$ は，原子核からのクーロン引力ポテンシャルに加えて，他の電子からのクーロン斥力ポテンシャルも考慮する必要がある。これらを求めるのは高度な内容を伴うため詳細は文献1)に譲るが，バンドギャップや有効質量などの値が実験値に合うように決める方法を経験的擬ポテンシャル法と呼び，それに対して構成原子の情報のみから非経験的に決める方法を**第一原理計算法**（first principles method）と呼んでいる。どちらの方法も結晶を構成する原子ごとに周期ポテンシャルの形状を与える必要があるが，内殻の電子状態を計算せずに固体の物性に重要な価電子状態のみを計算するように計算を効率化することが一般的である。

さて式(8.23)を見ると，展開する波数ベクトル $\boldsymbol{k}'$ は任意のベクトルを取り得るように思えるが，実際には次項以降で説明するように，結晶の並進対称性からくる特定の条件を満たす必要がある。

8.3.1　並進対称性

結晶は格子ベクトル $\boldsymbol{R}_n$ だけ座標を移動させると元の結晶とすべてが重なり合う性質をもっている。これを並進対称性または周期性と呼ぶ。このとき，格子ベクトル $\boldsymbol{R}_n$ は**図**8.5 の基本格子ベクトル $(\boldsymbol{a}_1, \boldsymbol{a}_2, \boldsymbol{a}_3)$ を用いて次式で与えら

(a) 単純立方格子　　(b) 面心立方格子　　(c) 体心立方格子

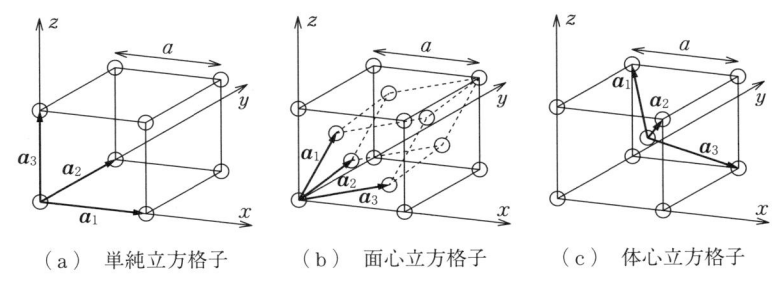

図8.5　立方格子の基本格子ベクトル

れる．
$$R_n = n_1 a_1 + n_2 a_2 + n_3 a_3 \tag{8.24}$$
ここで $n = (n_1, n_2, n_3)$ は整数組を表す．また図8.5中の a は格子定数である．式(8.24)のベクトルが示す座標の集まりを格子点という．三つの基本格子ベクトル a_1, a_2, a_3 がつくる平行六面体は3次元空間を隙間なく埋める単位として，**単位胞**（unit cell）と呼ばれる．その単位胞の体積は $\Omega = a_1 \cdot (a_2 \times a_3)$ で与えられる．ただし図8.6に示すように，単位胞はさまざまな形に選ぶことができる．体心立方格子や面心立方格子のように単位胞に一つの原子だけが含まれている場合は，ある原子とその周辺の原子とを結ぶ線分の2等分面からつくられる単位胞が最小体積になっており，これを**ウィグナー・ザイツ胞**（Wigner-

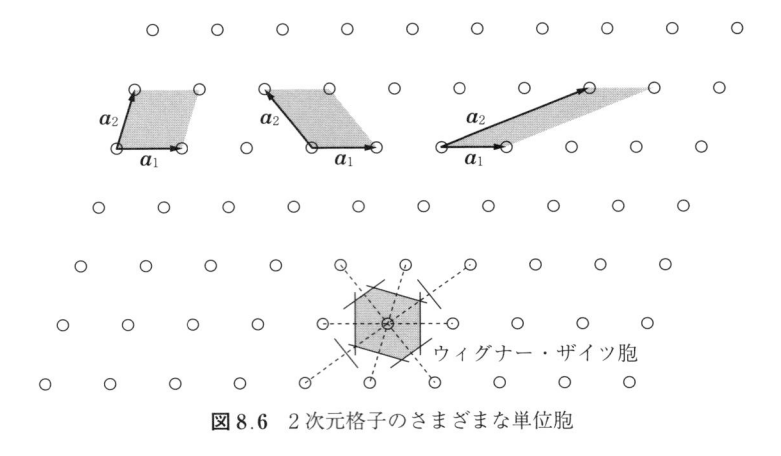

図8.6　2次元格子のさまざまな単位胞

Seitz cell）と呼んでいる。前節で述べたブリルアンゾーンは，逆格子空間におけるウィグナー・ザイツ胞に相当する。

8.3.2 逆格子ベクトル

ブロッホの周期関数 $u_k(r)$ も前項で述べた並進対称性を満たさないといけない。したがって平面波展開した式(8.23)は $u_k(r) = u_k(r+R_n)$ の条件を満たす必要がある。すなわち

$$u_k(r+R_n) = \sum_{k'} A_{k'} e^{ik' \cdot (r+R_n)} = \sum_{k'} A_{k'} e^{ik' \cdot r} e^{ik' \cdot R_n} = u_k(r) \tag{8.25}$$

となる必要がある。式(8.25)を満たすためには $e^{ik' \cdot R_n} = 1$ が成り立てばよい。これよりブロッホの周期関数を平面波展開する際の波数ベクトル k' は，つぎの条件を満たす必要があることがわかる。

$$k' \cdot R_n = 2\pi \times \text{整数} \tag{8.26}$$

式(8.26)の条件を満たす k' ベクトルは逆格子ベクトルと呼ばれる。つまりブロッホの周期関数 $u_k(r)$ は，次式のように逆格子ベクトル（K_m と表すことにする）を用いて展開すればよい。

$$u_k(r) = \sum_m A_{K_m} e^{iK_m \cdot r} \tag{8.27}$$

逆格子ベクトルについても式(8.24)の格子ベクトルと同様に，基本逆格子ベクトル（b_1, b_2, b_3）と任意の整数組 $m = (m_1, m_2, m_3)$ を用いて

$$K_m = m_1 b_1 + m_2 b_2 + m_3 b_3 \tag{8.28}$$

と表現することにする。このとき基本逆格子ベクトル（b_1, b_2, b_3）は，実空間の基本格子ベクトル（a_1, a_2, a_3）と

$$b_j \cdot a_i = 2\pi \delta_{ji} \tag{8.29}$$

の関係を満たす必要がある（演習問題【4】）。これより基本逆格子ベクトル b は基本格子ベクトル a から次式で計算することができる。

$$b_1 = 2\pi \frac{a_2 \times a_3}{a_1 \cdot (a_2 \times a_3)}, \quad b_2 = 2\pi \frac{a_3 \times a_1}{a_1 \cdot (a_2 \times a_3)}, \quad b_3 = 2\pi \frac{a_1 \times a_2}{a_1 \cdot (a_2 \times a_3)}$$

$$\tag{8.30}$$

8.3.3 面心立方格子の逆格子ベクトルと第1ブリルアンゾーン

面心立方格子（図8.5(b)）の基本格子ベクトルは

$$\boldsymbol{a}_1 = \frac{a}{2}(0, 1, 1), \quad \boldsymbol{a}_2 = \frac{a}{2}(1, 0, 1), \quad \boldsymbol{a}_3 = \frac{a}{2}(1, 1, 0) \tag{8.31}$$

となることから，式(8.30)より基本逆格子ベクトルはつぎのように求められる（演習問題【5】）。

$$\boldsymbol{b}_1 = \frac{2\pi}{a}(-1, 1, 1), \quad \boldsymbol{b}_2 = \frac{2\pi}{a}(1, -1, 1), \quad \boldsymbol{b}_3 = \frac{2\pi}{a}(1, 1, -1) \tag{8.32}$$

したがって式(8.32)を式(8.28)に代入すると

$$\boldsymbol{K}_m = \frac{2\pi}{a}(-m_1 + m_2 + m_3,\ m_1 - m_2 + m_3,\ m_1 + m_2 - m_3) \tag{8.33}$$

となる。上式の m_1, m_2, m_3 に実際に整数値を代入して，大きさの小さい順に並べると逆格子ベクトルはつぎのように求めることができる。

$$\boldsymbol{K}_0 = \frac{2\pi}{a}(0, 0, 0) \quad :1個 \tag{8.34}$$

$$\boldsymbol{K}_3 = \frac{2\pi}{a}(\pm 1, \pm 1, \pm 1) \quad :8個 \tag{8.35}$$

$$\boldsymbol{K}_4 = \frac{2\pi}{a}(\pm 2, 0, 0),\ \frac{2\pi}{a}(0, \pm 2, 0),\ \frac{2\pi}{a}(0, 0, \pm 2) \quad :6個 \tag{8.36}$$

$$\boldsymbol{K}_8 = \frac{2\pi}{a}(\pm 2, \pm 2, 0),\ \frac{2\pi}{a}(\pm 2, 0, \pm 2),\ \frac{2\pi}{a}(0, \pm 2, \pm 2) \quad :12個 \tag{8.37}$$

$$\boldsymbol{K}_{11} = \frac{2\pi}{a}(\pm 3, \pm 1, \pm 1),\ \frac{2\pi}{a}(\pm 1, \pm 3, \pm 1),$$

$$\frac{2\pi}{a}(\pm 1, \pm 1, \pm 3) \quad :24個 \tag{8.38}$$

$$\boldsymbol{K}_{12} = \frac{2\pi}{a}(\pm 2, \pm 2, \pm 2) \quad :8個 \tag{8.39}$$

$$\boldsymbol{K}_{19} = \frac{2\pi}{a}(\pm 3, \pm 3, \pm 1),\ \frac{2\pi}{a}(\pm 3, \pm 1, \pm 3),$$

$$\frac{2\pi}{a}(\pm 1, \pm 3, \pm 3) \quad :24個 \tag{8.40}$$

上記の K に付けた添字は $2\pi/a$ 単位でのベクトルの大きさの2乗を表している。例えば，$K_3 = 2\pi/a(\pm 1, \pm 1, \pm 1)$ の添字3は $\sqrt{1^2+1^2+1^2} = \sqrt{3}$ を表す。式(8.33)で記した K_m の m ではないことに注意しよう。

さて本項で述べたように，第1ブリルアンゾーンは逆格子空間におけるウィグナー・ザイツ胞である。ウィグナー・ザイツ胞は，ある（逆）格子点とその周辺の（逆）格子点とを結ぶ線分の2等分面からつくられるので，式(8.34)～(8.36)の逆格子ベクトルを使って面心立方格子のウィグナー・ザイツ胞を求めると図8.7のような形になる。したがって，図中に記した特殊点の座標についても式(8.34)～(8.36)の逆格子ベクトルから理解することができる。

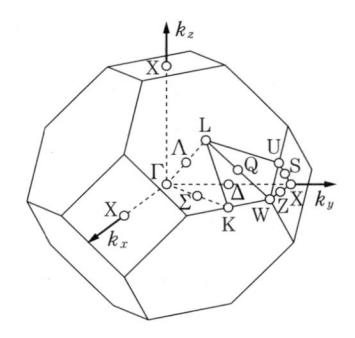

代表的な特殊点

$\Gamma : (0, 0, 0)$， $X : \dfrac{2\pi}{a}(0, 1, 0)$

$L : \dfrac{2\pi}{a}\left(\dfrac{1}{2}, \dfrac{1}{2}, \dfrac{1}{2}\right)$， $W : \dfrac{2\pi}{a}\left(\dfrac{1}{2}, 1, 0\right)$

$K : \dfrac{2\pi}{a}\left(\dfrac{3}{4}, \dfrac{3}{4}, 0\right)$， $U : \dfrac{2\pi}{a}\left(\dfrac{1}{4}, 1, \dfrac{1}{4}\right)$

上記は第1象限での座標を示す。
他の象限も等価であり，同じ特殊点記号が使われる

図8.7　面心立方格子の第1ブリルアンゾーン

8.3.4　シュレディンガー方程式の平面波展開表示

つぎに，シュレディンガー方程式を実際に解く。平面波基底で展開したブロッホの周期関数(8.27)をシュレディンガー方程式(8.22)に代入し，左から $e^{-iK_m \cdot r}$ を掛けて結晶の体積 V_c で積分すると，つぎの固有値方程式が得られる（演習問題【6】）。

$$\frac{\hbar^2}{2m}|k + K_m|^2 A_{K_m} + \sum_n V(K_m - K_n) A_{K_n} = E_k A_{K_m} \tag{8.41}$$

ここで

$$V(\bm{K}_m - \bm{K}_n) = \frac{1}{V_c}\int_{V_c} V(\bm{r}) e^{-i(\bm{K}_m - \bm{K}_n)\cdot \bm{r}} d\bm{r} \tag{8.42}$$

はポテンシャルの行列要素である．式(8.41)は平面波展開されたシュレディンガー方程式とも呼ばれ，これを解くことで求まる固有値 E_k が結晶のバンド構造になる．物質の結晶構造の情報は逆格子ベクトル $\bm{K}_m$, $\bm{K}_n$ に含まれており，一方，構成原子の種類はポテンシャルの行列要素 $V(\bm{K}_m - \bm{K}_n)$ に考慮されている．式(8.41)を実際の物質に適用し数値計算により解く方法については8.4節で述べる．本節の残りでは，式(8.41)を解析的に解くことができる**空格子バンド法**と**二波近似法**を説明し，3次元構造物質のバンド構造の基本を述べることにする．

8.3.5 空格子バンド法

本項では物質の結晶構造を反映したバンド構造を学ぶために空格子バンドについて説明する．実際のバンド構造の大まかな傾向は，この空格子バンドで表現されることを理解してほしい．

空格子とは，式(8.41)のポテンシャル行列要素をゼロとした極限 ($V(\bm{K}_m - \bm{K}_n) = 0$) を意味する．このときのエネルギー固有値 E_k は式(8.41)より

$$E_k = \frac{\hbar^2}{2m}|\bm{k} + \bm{K}_m|^2 \tag{8.43}$$

となる．したがって，各逆格子ベクトル $\bm{K}_m$ に対応してエネルギー分散関係が決まることがわかる．それでは実際に，面心立方格子の L-Γ-X 方向の空格子バンドを求めてみよう．

(a) Γ-X ($\langle 100 \rangle$) 方向では $k_y = k_z = 0$ となるので，式(8.43)は k_x のみの関数として

$$E_{k_x} = \frac{\hbar^2}{2m}(k_x + K_m^x)^2 + \frac{\hbar^2}{2m}(K_m^y)^2 + \frac{\hbar^2}{2m}(K_m^z)^2 \tag{8.44}$$

となる．上式に8.3.3項の逆格子ベクトルを順次代入すると，逆格子ベクトル $\bm{K}_0$, $\bm{K}_3$, $\bm{K}_4$ に対してそれぞれ，つぎの分散関係式が得られる．

$$\boldsymbol{K}_0: \quad E^0_{k_x}(\Gamma\text{-X}) = \frac{\hbar^2 k_x^2}{2m} \equiv E^0_{k_x} \tag{8.45}$$

$$\boldsymbol{K}_3: \quad E^3_{k_x}(\Gamma\text{-X}) = \frac{\hbar^2}{2m}\left(k_x \pm \frac{2\pi}{a}\right)^2 + \frac{\hbar^2}{2m}\left(\pm\frac{2\pi}{a}\right)^2 + \frac{\hbar^2}{2m}\left(\pm\frac{2\pi}{a}\right)^2$$

$$= \begin{cases} \dfrac{\hbar^2}{2m}\left(k_x + \dfrac{2\pi}{a}\right)^2 + 2 \times \dfrac{\hbar^2}{2m}\left(\dfrac{2\pi}{a}\right)^2 \equiv E^{3(1)}_{k_x} \\ \dfrac{\hbar^2}{2m}\left(k_x - \dfrac{2\pi}{a}\right)^2 + 2 \times \dfrac{\hbar^2}{2m}\left(\dfrac{2\pi}{a}\right)^2 \equiv E^{3(2)}_{k_x} \end{cases}$$

$$\tag{8.46}$$

$$\boldsymbol{K}_4: \quad E^4_{k_x}(\Gamma\text{-X}) = \begin{cases} \dfrac{\hbar^2}{2m}\left(k_x \pm 2\dfrac{2\pi}{a}\right)^2 \equiv E^{4\,(1+)}_{k_x},\, E^{4\,(1-)}_{k_x} \\ \dfrac{\hbar^2 k_x^2}{2m} + \dfrac{\hbar^2}{2m}\left(\pm 2\dfrac{2\pi}{a}\right)^2 = \dfrac{\hbar^2 k_x^2}{2m} + 4E_0 \equiv E^{4(2)}_{k_x} \\ \dfrac{\hbar^2 k_x^2}{2m} + \dfrac{\hbar^2}{2m}\left(\pm 2\dfrac{2\pi}{a}\right)^2 = \dfrac{\hbar^2 k_x^2}{2m} + 4E_0 \equiv E^{4(2)}_{k_x} \end{cases}$$

$$\tag{8.47}$$

ここでエネルギーの単位を

$$E_0 = \frac{\hbar^2}{2m}\left(\frac{2\pi}{a}\right)^2 \tag{8.48}$$

とおいた。

(b) Γ-L $(\langle 111 \rangle)$ 方向では，式(8.43)は k_x, k_y, k_z の関数となり

$$E_{\boldsymbol{k}} = \frac{\hbar^2}{2m}\left(k_x + K_m^x\right)^2 + \frac{\hbar^2}{2m}\left(k_y + K_m^y\right)^2 + \frac{\hbar^2}{2m}\left(k_z + K_m^z\right)^2 \tag{8.49}$$

と表される。(a)と同様に逆格子ベクトル $\boldsymbol{K}_0, \boldsymbol{K}_3, \boldsymbol{K}_4$ を代入すると

$$\boldsymbol{K}_0: \quad E^0_{\boldsymbol{k}}(\Gamma\text{-L}) = \frac{\hbar^2}{2m}\left(k_x^2 + k_y^2 + k_z^2\right) \equiv E^0_{\boldsymbol{k}} \tag{8.50}$$

$$\boldsymbol{K}_3: \quad E^3_{\boldsymbol{k}}(\Gamma\text{-L}) = \frac{\hbar^2}{2m}\left(k_x \pm \frac{2\pi}{a}\right)^2 + \frac{\hbar^2}{2m}\left(k_y \pm \frac{2\pi}{a}\right)^2 + \frac{\hbar^2}{2m}\left(k_z \pm \frac{2\pi}{a}\right)^2$$

$$\equiv E^{3(+)}_{\boldsymbol{k}},\, E^{3(-)}_{\boldsymbol{k}} \tag{8.51}$$

$$\boldsymbol{K}_4: \quad E^4_{\boldsymbol{k}}(\Gamma\text{-L}) = \begin{cases} \dfrac{\hbar^2}{2m}\left(k_x \pm \dfrac{4\pi}{a}\right)^2 + \dfrac{\hbar^2 k_y^2}{2m} + \dfrac{\hbar^2 k_z^2}{2m} \equiv E_{\boldsymbol{k}}^{4(+)},\, E_{\boldsymbol{k}}^{4(-)} \\[4pt] \dfrac{\hbar^2 k_x^2}{2m} + \dfrac{\hbar^2}{2m}\left(k_y \pm \dfrac{4\pi}{a}\right)^2 + \dfrac{\hbar^2 k_z^2}{2m} \equiv E_{\boldsymbol{k}}^{4(+)},\, E_{\boldsymbol{k}}^{4(-)} \\[4pt] \dfrac{\hbar^2 k_x^2}{2m} + \dfrac{\hbar^2 k_y^2}{2m} + \dfrac{\hbar^2}{2m}\left(k_z \pm \dfrac{4\pi}{a}\right)^2 \equiv E_{\boldsymbol{k}}^{4(+)},\, E_{\boldsymbol{k}}^{4(-)} \end{cases}$$

(8.52)

となる。式(8.45)～(8.52)をL-Γ-X方向に描くと**図8.8**の分散関係が得られる（演習問題【7】）。周期ポテンシャルをゼロとしているためバンドギャップは存在しないが，8.4節で紹介する実際のバンド構造と比較すると，その大まかな傾向は表現されていることが確認できる。

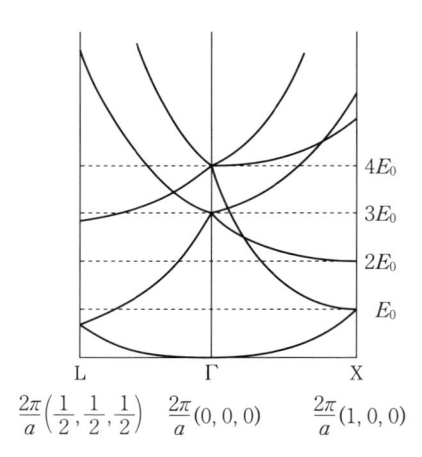

図8.8 面心立方格子の空格子バンド

8.3.6 二波近似法

一般的に，式(8.41)は $V(\boldsymbol{K}_m - \boldsymbol{K}_n) \neq 0$ のときには解析的に解くことができない。ただし，曲線が交わる所で二波近似を用いるとつぎのように解析的に解くことができる。例として，**図8.9**に示すような二つのバンドが交わるX点（白丸印）に注目する。まず，X点を考えるので $\boldsymbol{k} = (2\pi/a)(1, 0, 0)$ である。ここで，$m = 0, 4$ の二波近似を式(8.41)に適用すると，つぎの二つの式が得られる。

8.3 平面波展開法

$$K_4 = \frac{2\pi}{a}(-2, 0, 0)$$

$$K_0 = \frac{2\pi}{a}(0, 0, 0)$$

Γ　　　　　　　　X

$\frac{2\pi}{a}(0, 0, 0)$　　　$\frac{2\pi}{a}(1, 0, 0)$　　**図 8.9** 二波近似

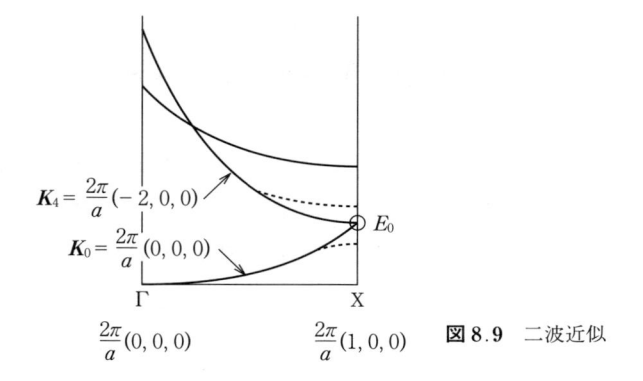

$$K_m = K_0 = \frac{2\pi}{a}(0, 0, 0)：\quad \frac{\hbar^2}{2m}\left(\frac{2\pi}{a}\right)^2 A_{K_0} + V(K_0 - K_4)A_{K_4} = E_k A_{K_0} \tag{8.53}$$

$$K_m = K_4 = \frac{2\pi}{a}(-2, 0, 0)：\quad \frac{\hbar^2}{2m}\left(-\frac{2\pi}{a}\right)^2 A_{K_4} + V(K_4 - K_0)A_{K_0} = E_k A_{K_4} \tag{8.54}$$

ここで $V(K_0 - K_0) = V(K_4 - K_4) = V(0) = 0$ とおいた。これらを行列方程式で表すと

$$\begin{bmatrix} E_0 - E_k & V_{04} \\ V_{40} & E_0 - E_k \end{bmatrix} \begin{bmatrix} A_{K_0} \\ A_{K_4} \end{bmatrix} = 0 \tag{8.55}$$

となる。さらに $V_{04} = V(K_0 - K_4)$ に $V_{40} = (V_{04})^*$ の関係があることを用いると，式(8.55)よりエネルギー固有値はつぎのように二つの異なる値をもつことが示される。

$$E_k = E_0 \pm |V_{40}| \tag{8.56}$$

すなわち X 点において，ポテンシャル行列要素の絶対値の 2 倍で決まるバンドギャップが開くことがわかる。この様子を図 8.9 に破線で模式的に描いた。このように原子がつくる周期的ポテンシャルの影響を取り入れると，エネルギーの縮退が解け分散曲線にバンドギャップが開くことが説明できる。L 点ではどうなるか各自で試してみよ（演習問題【8】）。

8.4 経験的擬ポテンシャル法

ここからは二波近似ではなく，ポテンシャル行列要素 $V(K_m - K_n)$ に経験的擬ポテンシャルを導入し，実際のバンド構造を計算する手法について詳述する。いま，**図 8.10** に示すように格子ベクトル R_l の位置に原子が配置されているとし，各原子がもつクーロンポテンシャル（他の電子からの影響が入った）を $v(r)$ とおくと，すべての原子でつくられる結晶中の周期ポテンシャル $V(r)$ は

$$V(r) = \sum_l v(r - R_l) \tag{8.57}$$

と表される。ここで r は電子の座標ベクトルを表している。これをポテンシャルの行列要素(8.42)に代入すると

$$\begin{aligned} V(K_m - K_n) &= \frac{1}{V_c} \int_{V_c} \sum_l v(r - R_l) e^{-i(K_m - K_n) \cdot r} dr \\ &= \frac{1}{V_c} \sum_l e^{-i(K_m - K_n) \cdot R_l} \int_{V_c} dr e^{i(K_m - K_n) \cdot R_l} v(r - R_l) e^{-i(K_m - K_n) \cdot r} \\ &= \frac{1}{V_c} \sum_l e^{-i(K_m - K_n) \cdot R_l} \int_{V_c} dr e^{-i(K_m - K_n) \cdot (r - R_l)} v(r - R_l) \end{aligned} \tag{8.58}$$

となる。本節では Si を取り上げることにする。Si は**図 8.11** に示すダイアモン

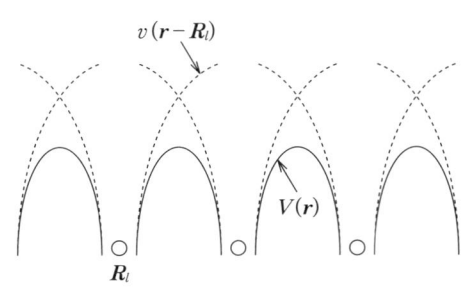

図 8.10 周期ポテンシャルの表現

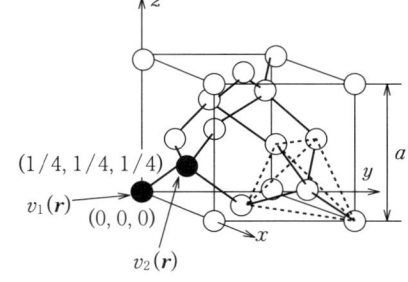

図 8.11 ダイアモンド構造（Si 原子を結ぶ結合枝は各原子に共有された 2 個の電子を意味する）

ド構造をとることが知られている。ダイアモンド構造は図8.5(b)の面心立方格子と，それらの原子から $(a/4, a/4, a/4)$ ずれた位置にあるもう一つの面心立方格子からなる。その結果，どのSi原子をとってもその周囲には必ず4個のSi原子が正四面体の頂点の位置に，すなわち中心の原子から等距離の位置に立体的に配置されている。シリコン原子を結ぶ結合枝は各原子にたがいに共有された2個の電子を意味する。これを共有結合と呼ぶ。このように二つの面心立方格子からなるダイアモンド構造の場合，$(0, 0, 0)$ と $(a/4, a/4, a/4)$ に位置する二つの原子を囲む単位胞で考えることができる。

表現を簡単にするために，この単位胞の中の二つの原子の中点を位置座標の原点にとることにする。このとき，二つの原子の格子ベクトルは

$$R_l^1 = a\left(\frac{1}{8}, \frac{1}{8}, \frac{1}{8}\right) \equiv \tau, \quad R_l^2 = -a\left(\frac{1}{8}, \frac{1}{8}, \frac{1}{8}\right) = -\tau \tag{8.59}$$

とおけるので，これらを式(8.58)に用いると

$$\begin{aligned} V(K_m - K_n) &= \sum_{l'} \frac{1}{V_c} \Bigl[e^{-i(K_m - K_n)\cdot\tau} \int_\Omega dr\, e^{-i(K_m - K_n)\cdot(r - \tau)} v_1(r - \tau) \\ &\quad + e^{i(K_m - K_n)\cdot\tau} \int_\Omega dr\, e^{-i(K_m - K_n)\cdot(r + \tau)} v_2(r + \tau) \Bigr] \\ &= e^{-i(K_m - K_n)\cdot\tau} \frac{N}{V_c} \int_\Omega dr'\, e^{-i(K_m - K_n)\cdot r'} v_1(r') \\ &\quad + e^{i(K_m - K_n)\cdot\tau} \frac{N}{V_c} \int_\Omega dr'\, e^{-i(K_m - K_n)\cdot r'} v_2(r') \\ &= e^{-i(K_m - K_n)\cdot\tau} \frac{1}{\Omega} \int_\Omega dr'\, e^{-i(K_m - K_n)\cdot r'} v_1(r') \\ &\quad + e^{i(K_m - K_n)\cdot\tau} \frac{1}{\Omega} \int_\Omega dr'\, e^{-i(K_m - K_n)\cdot r'} v_2(r') \end{aligned} \tag{8.60}$$

となる。ここで $\sum_{l'}$ は単位胞の和を意味しており，上式の3行目では単位胞の体積 Ω とその数 N が結晶の体積 V_c と $N\Omega = V_c$ の関係があることを利用している。また，各原子によるポテンシャルであることを明示するためにポテンシャル変数に添字1, 2を付けている。ここで

$$V_1(\boldsymbol{K}_m - \boldsymbol{K}_n) = \frac{1}{\Omega}\int_\Omega d\boldsymbol{r}'\, e^{-i(\boldsymbol{K}_m - \boldsymbol{K}_n)\cdot \boldsymbol{r}'} v_1(\boldsymbol{r}'),$$

$$V_2(\boldsymbol{K}_m - \boldsymbol{K}_n) = \frac{1}{\Omega}\int_\Omega d\boldsymbol{r}'\, e^{-i(\boldsymbol{K}_m - \boldsymbol{K}_n)\cdot \boldsymbol{r}'} v_2(\boldsymbol{r}') \tag{8.61}$$

とおいて式(8.60)を展開し整理すると

$$\begin{aligned}
V(\boldsymbol{K}_m - \boldsymbol{K}_n) &= e^{-i(\boldsymbol{K}_m - \boldsymbol{K}_n)\cdot \boldsymbol{\tau}} V_1(\boldsymbol{K}_m - \boldsymbol{K}_n) + e^{i(\boldsymbol{K}_m - \boldsymbol{K}_n)\cdot \boldsymbol{\tau}} V_2(\boldsymbol{K}_m - \boldsymbol{K}_n) \\
&= \bigl[V_1(\boldsymbol{K}_m - \boldsymbol{K}_n) + V_2(\boldsymbol{K}_m - \boldsymbol{K}_n)\bigr] \cos\bigl[(\boldsymbol{K}_m - \boldsymbol{K}_n)\cdot \boldsymbol{\tau}\bigr] \\
&\quad - i\bigl[V_1(\boldsymbol{K}_m - \boldsymbol{K}_n) - V_2(\boldsymbol{K}_m - \boldsymbol{K}_n)\bigr] \sin\bigl[(\boldsymbol{K}_m - \boldsymbol{K}_n)\cdot \boldsymbol{\tau}\bigr]
\end{aligned} \tag{8.62}$$

となる。ここで式(8.62)の各因子の物理的意味をわかりやすくするために、各因子をつぎのような記号で表すことにする。

$$\begin{aligned}
F^s(\boldsymbol{K}_m - \boldsymbol{K}_n) &\equiv V_1(\boldsymbol{K}_m - \boldsymbol{K}_n) + V_2(\boldsymbol{K}_m - \boldsymbol{K}_n), \\
F^a(\boldsymbol{K}_m - \boldsymbol{K}_n) &\equiv V_1(\boldsymbol{K}_m - \boldsymbol{K}_n) - V_2(\boldsymbol{K}_m - \boldsymbol{K}_n)
\end{aligned} \tag{8.63}$$

$$S^s(\boldsymbol{K}_m - \boldsymbol{K}_n) \equiv \cos\bigl[(\boldsymbol{K}_m - \boldsymbol{K}_n)\cdot \boldsymbol{\tau}\bigr], \quad S^a(\boldsymbol{K}_m - \boldsymbol{K}_n) \equiv \sin\bigl[(\boldsymbol{K}_m - \boldsymbol{K}_n)\cdot \boldsymbol{\tau}\bigr] \tag{8.64}$$

このとき、解くべき固有値方程式はつぎのようにまとめられる。

$$\frac{\hbar^2}{2m}|\boldsymbol{k} + \boldsymbol{K}_m|^2 A_{\boldsymbol{K}_m} + \sum_n V(\boldsymbol{K}_m - \boldsymbol{K}_n) A_{\boldsymbol{K}_n} = E_{\boldsymbol{k}} A_{\boldsymbol{K}_m} \tag{8.65}$$

ここで

$$V(\boldsymbol{K}_m - \boldsymbol{K}_n) = S^s(\boldsymbol{K}_m - \boldsymbol{K}_n) F^s(\boldsymbol{K}_m - \boldsymbol{K}_n) - i S^a(\boldsymbol{K}_m - \boldsymbol{K}_n) F^a(\boldsymbol{K}_m - \boldsymbol{K}_n) \tag{8.66}$$

である。S^s, S^a は逆格子ベクトル $\boldsymbol{K}_m$, $\boldsymbol{K}_n$ と原子の座標 $\boldsymbol{\tau}$ で決まることから**構造因子**（structure factor）と呼ばれ、計算しようとする物質の結晶構造がわかれば与えることができる。一方、F^s, F^a は式(8.63)と式(8.61)で定義したように各原子のポテンシャルで決まるポテンシャル形状因子となっており、通常、擬ポテンシャルと呼ばれる。これは他の電子からの影響や多体的な交換相関効果によるポテンシャル成分も含んでいるため、厳密な値を与えることは難し

8.4 経験的擬ポテンシャル法

い。そこで，バンドギャップや有効質量などの計算結果が実験値に合うように擬ポテンシャルを決める方法が用いられ，これを経験的擬ポテンシャル法と呼ぶ。代表的な半導体の擬ポテンシャルを**表**8.1 に示している[8),9)]。ここで $F_3^{s(a)} = F^{s(a)}(\boldsymbol{K}_3 - \boldsymbol{K}_0)$, $F_4^{s(a)} = F^{s(a)}(\boldsymbol{K}_4 - \boldsymbol{K}_0)$, $\cdots$ を意味する。$F_0^{s(a)} = F^{s(a)}(\boldsymbol{K}_0 - \boldsymbol{K}_0)$ が含まれない理由は後ほど述べる。

表8.1 代表的な半導体の擬ポテンシャル

	F_3^s	F_4^s	F_8^s	F_{11}^s	F_3^a	F_4^a	F_8^a	F_{11}^a
Si	-0.211	0	0.04	0.08	0	0	0	0
Ge	-0.230	0	0.01	0.06	0	0	0	0
GaAs	-0.230	0	0.01	0.06	0.07	0.05	0	0.01
GaP	-0.249	0	0.017	0.083	0.081	0.055	0	0.003
InAs	-0.270	0	0.02	0.041	0.078	0.038	0	0.036
InSb	-0.250	0	0.01	0.044	0.049	0.038	0	0.01
ZnSe	-0.230	0	0.01	0.06	0.18	0.12	0	0.03
CdTe	-0.245	0	-0.015	0.073	0.089	0.084	0	0.006

（単位：〔Ry〕（リュードベリ，Rydberg）= 13.6 eV）

つぎに，擬ポテンシャルの下で式(8.65)を具体的に解く方法を説明する。Siの結晶構造を表すときの単位格子は面心立方格子なので，8.3.3項の逆格子ベクトルで式(8.65)を展開する。このとき F^s および F^a は大きな $\boldsymbol{K}$ に対して値が減少するので，擬ポテンシャルのうち $|\boldsymbol{K}|^2 > (2\pi/a)^2 \times 11$ のものは無視してよい。したがって，ここではつぎの51個の逆格子ベクトルを用いて展開する。

$$\boldsymbol{K}_0 = \frac{2\pi}{a}(0, 0, 0) \tag{8.67}$$

$$\boldsymbol{K}_3^1 = \frac{2\pi}{a}(1, 1, 1), \quad \boldsymbol{K}_3^2 = \frac{2\pi}{a}(1, 1, -1), \quad \boldsymbol{K}_3^3 = \frac{2\pi}{a}(1, -1, 1),$$

$$\boldsymbol{K}_3^4 = \frac{2\pi}{a}(1, -1, -1), \quad \boldsymbol{K}_3^5 = \frac{2\pi}{a}(-1, 1, 1), \quad \boldsymbol{K}_3^6 = \frac{2\pi}{a}(-1, 1, -1),$$

$$\boldsymbol{K}_3^7 = \frac{2\pi}{a}(-1, -1, 1), \quad \boldsymbol{K}_3^8 = \frac{2\pi}{a}(-1, -1, -1) \tag{8.68}$$

$$\boldsymbol{K}_4^1 = \frac{2\pi}{a}(2, 0, 0), \quad \boldsymbol{K}_4^2 = \frac{2\pi}{a}(-2, 0, 0), \quad \boldsymbol{K}_4^3 = \frac{2\pi}{a}(0, 2, 0),$$

$$\boldsymbol{K}_4^4 = \frac{2\pi}{a}(0, -2, 0), \quad \boldsymbol{K}_4^5 = \frac{2\pi}{a}(0, 0, 2), \quad \boldsymbol{K}_4^6 = \frac{2\pi}{a}(0, 0, -2) \tag{8.69}$$

136   8. バンド理論

$$K_8^1 = \frac{2\pi}{a}(2,2,0), \quad K_8^2 = \frac{2\pi}{a}(2,-2,0), \quad \cdots, \quad K_8^{12} = \frac{2\pi}{a}(0,-2,-2) \tag{8.70}$$

$$K_{11}^1 = \frac{2\pi}{a}(3,1,1), \quad K_{11}^2 = \frac{2\pi}{a}(3,1,-1), \quad \cdots, \quad K_{11}^{24} = \frac{2\pi}{a}(-1,-1,-3) \tag{8.71}$$

このときの行列方程式を示すとつぎのようになる。

$$\begin{bmatrix} \frac{\hbar^2}{2m}|k+K_0|^2 & V(K_0-K_3^1) & V(K_0-K_3^2) & \cdots & V(K_0-K_4^1) & \cdots & V(K_0-K_{11}^{24}) \\ V(K_3^1-K_0) & \frac{\hbar^2}{2m}|k+K_3^1|^2 & V(K_3^1-K_3^2) & \cdots & V(K_3^1-K_4^1) & \cdots & V(K_3^1-K_{11}^{24}) \\ V(K_3^2-K_0) & V(K_3^2-K_3^1) & \frac{\hbar^2}{2m}|k+K_3^2|^2 & \cdots & V(K_3^2-K_4^1) & \cdots & V(K_3^2-K_{11}^{24}) \\ \vdots & \vdots & \vdots & \ddots & \ddots & \ddots & \vdots \\ V(K_4^1-K_0) & V(K_4^1-K_3^1) & V(K_4^1-K_3^2) & \cdots & \frac{\hbar^2}{2m}|k+K_4^1|^2 & \cdots & V(K_4^1-K_{11}^{24}) \\ \vdots & \vdots & \vdots & \ddots & \ddots & \ddots & \vdots \\ V(K_{11}^{24}-K_0) & V(K_{11}^{24}-K_3^1) & V(K_{11}^{24}-K_3^2) & \cdots & V(K_{11}^{24}-K_4^1) & \cdots & \frac{\hbar^2}{2m}|k+K_{11}^{24}|^2 \end{bmatrix} \begin{bmatrix} A_{K_0} \\ A_{K_3^1} \\ A_{K_3^2} \\ \vdots \\ A_{K_4^1} \\ \vdots \\ A_{K_{11}^{24}} \end{bmatrix}$$

$$= E_k \begin{bmatrix} A_{K_0} \\ A_{K_3^1} \\ A_{K_3^2} \\ \vdots \\ A_{K_4^1} \\ \vdots \\ A_{K_{11}^{24}} \end{bmatrix} \tag{8.72}$$

ただし,ポテンシャルの対角要素 $V(K_m - K_m)$ はエネルギーの基準を与えるのでここではゼロとした。このため式(8.66)より $F^{s(a)}(K_0 - K_0) = F_0^{s(a)}$ は必要なくなり表8.1から除いている。Siの場合,K_{12}, K_{19} と増やすと伝導帯底(X谷付近)のバンド構造の不具合が改善される。

さらに擬ポテンシャルについてはつぎのような対称性があることがわかる(演習問題【9】)。

8.4 経験的擬ポテンシャル法

$$F^s\left(\boldsymbol{K}_3^1-\boldsymbol{K}_0\right)=F^s\left(\boldsymbol{K}_3^2-\boldsymbol{K}_0\right)=\cdots=F^s\left(\boldsymbol{K}_3^8-\boldsymbol{K}_0\right)=\cdots\equiv F_3^s \quad (8.73)$$

$$F^s\left(\boldsymbol{K}_3^1-\boldsymbol{K}_3^2\right)=F^s\left(\boldsymbol{K}_3^1-\boldsymbol{K}_3^3\right)=\cdots=F^s\left(\boldsymbol{K}_4^5-\boldsymbol{K}_0\right)=\cdots\equiv F_4^s \quad (8.74)$$

$$F^s\left(\boldsymbol{K}_3^1-\boldsymbol{K}_3^4\right)=F^s\left(\boldsymbol{K}_4^1-\boldsymbol{K}_4^3\right)=\cdots=F^s\left(\boldsymbol{K}_8^1-\boldsymbol{K}_0\right)=\cdots\equiv F_8^s \quad (8.75)$$

$$F^s\left(\boldsymbol{K}_3^5-\boldsymbol{K}_4^1\right)=F^s\left(\boldsymbol{K}_3^6-\boldsymbol{K}_4^1\right)=\cdots=F^s\left(\boldsymbol{K}_{11}^1-\boldsymbol{K}_0\right)=\cdots\equiv F_{11}^s \quad (8.76)$$

$$\vdots$$

例えば式(8.73)からは，式(8.68)で与えられる $(2\pi/a)(\pm 1, \pm 1, \pm 1)$ の形をもち $(2\pi/a)\times\sqrt{3}$ の大きさをもった同等な逆格子ベクトルに対する擬ポテンシャルは対称性によってすべて等しいことが導ける。これを F_3^s で表すことにする。同様に考えていけば，擬ポテンシャルは $F_3^s, F_4^s, F_8^s, F_{11}^s$ と $F_3^a, F_4^a, F_8^a, F_{11}^a$ の8個しか必要ないことがわかる。これらの具体的な値が表8.1に示されている。さらに表8.1で $F_4^s=F_8^a=0$ となっているが，これは例えば

$$S^s\left(\boldsymbol{K}_4^1-\boldsymbol{K}_0\right)=\cos\left[\frac{2\pi}{a}(2,0,0)\times a\left(\frac{1}{8},\frac{1}{8},\frac{1}{8}\right)\right]=\cos\left(\frac{\pi}{2}\right)=0 \quad (8.77)$$

$$S^a\left(\boldsymbol{K}_8^1-\boldsymbol{K}_0\right)=\sin\left[\frac{2\pi}{a}(2,2,0)\times a\left(\frac{1}{8},\frac{1}{8},\frac{1}{8}\right)\right]=\sin(\pi)=0 \quad (8.78)$$

となるためそれらに対応する構造因子がゼロであることから，F_4^s と F_8^a を考える必要がないことを意味している。図8.12に，上述した経験的擬ポテンシャル法を用いて計算した GaAs と Si のバンド構造を示す。またバンド計算に用

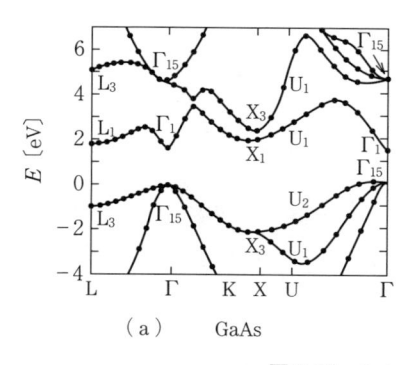

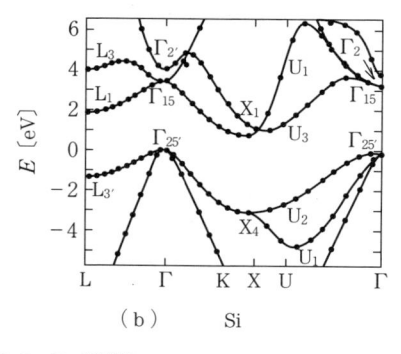

(a) GaAs (b) Si

図8.12 GaAs, Si のバンド構造

いたプログラム（Matlabプログラム）をコロナ社Webページの本書のページに掲載しているので，経験的擬ポテンシャル法の理解の一助にしていただきたい。

8.5 伝導帯最下端のバンド構造と有効質量近似

図8.12からわかるように，GaAsの伝導帯最下端はΓ点に，SiのそれはX点付近に現われる。これらの分散曲線は下に凸の形状をしていることから，バレー（谷）と呼ばれる。すなわち，Γバレー，Xバレーなどと呼ばれている。一方の価電子帯最上端はどちらもΓ点にあるため，GaAsは直接遷移型，Siは間接遷移型となる。図8.12のバンド構造は，L-Γ-X-U-Γの特殊点に沿ったエネルギー分散関係を描いているが，半導体中の電子はさまざまな散乱を受けて運動量とエネルギーを失うため，多くの電子は上で述べた伝導帯最下端付近に分布することになる。そのとき電子は3次元の波数ベクトルをもつため，第1ブリルアンゾーン内を3次元分布するが，バンド構造がもつ異方性のために複雑な分布を示すことになる。このような3次元電子状態の特徴を示す方法として，等エネルギー面表示が用いられる。**図8.13**にGaAsとSiの伝導帯最下端バレーの等エネルギー面を示す。GaAsはΓ点に球状の等エネルギー面をもっていることから，その伝導帯最下端は等方的なバンド構造であることがわかる。このエネルギー分散関係は，1種類の質量m^*を用いて次式のように放物線関数で近似することができる。

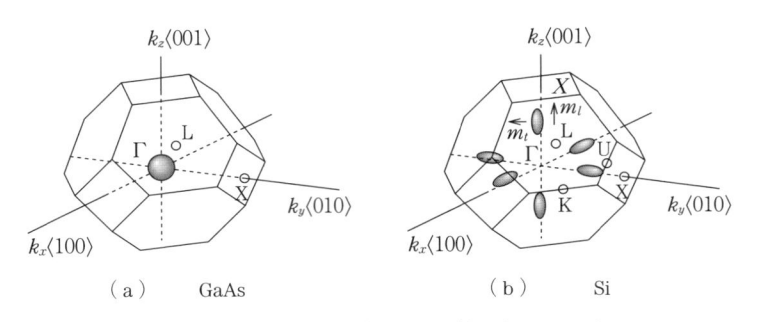

(a) GaAs　　　　(b) Si

図8.13　伝導帯最下端バンドの等エネルギー面

8.5 伝導帯最下端のバンド構造と有効質量近似

$$E(\boldsymbol{k}) = \frac{\hbar^2}{2}\left(\frac{k_x^2}{m^*}+\frac{k_y^2}{m^*}+\frac{k_z^2}{m^*}\right) = \frac{\hbar^2 k^2}{2m^*} \tag{8.79}$$

これを**有効質量近似**(effective mass approximation)と呼び，m^*は電子の静止質量m_0とは異なる値をもつ有効質量となる。GaAsの場合$m^* = 0.067 m_0$である。これに対してSiでは，X点付近に六つの回転楕円体構造の等エネルギー面をもっており，非等方的な多谷バンド構造であることがわかる。このときのエネルギー分散関係は次式のように，2種類の有効質量(m_l, m_t)を用いて近似することができる。

$$E(\boldsymbol{k}) = \frac{\hbar^2}{2}\left[\frac{(k_x \pm k_0)^2}{m_l}+\frac{k_y^2}{m_t}+\frac{k_z^2}{m_t}\right] \quad (k_x\text{軸上の二つの回転楕円体}) \tag{8.80}$$

ここでk_0は回転楕円体の中心で，Siの場合は$k_0 \approx 0.85 \times (2\pi/a)$になる。2種類の有効質量の値は，$m_t = 0.19 m_0$と$m_l = 0.98 m_0$で与えられる。$m_t$を横有効質量，$m_l$を縦有効質量と呼ぶ。バルクの場合，$m_t$と$m_l$の平均を表す導電率質量$m_c = [1/3(2/m_t + 1/m_l)]^{-1} = 0.26 m_0$が用いられることも多い。$k_y$軸上および$k_z$軸上の回転楕円体に対しても式(8.80)と同様の式で記述することができる。

以上は伝導帯最下端バレーに対するもので，それよりも高いエネルギーに位置する上位のバレーに対しては，異なる分散関係が成立する。例えばGaAsの上位バレーはL点とX点付近にあることが図8.12(a)からわかるが，そのX点の分散関係は式(8.80)で与えられる。ただし，m_tとm_lの値はSiとは異なる。L点の分散関係も回転軸方向をk_xに選ぶと式(8.80)で表すことができる。

上で述べたようにSiの伝導帯は非等方的で多谷構造(マルチバレー構造)をとる。このためSi-MOSFETはチャネル方向や基板の面方位により性能が大きく変化する。先端MOSFET研究では，このSiのバンド構造を巧みに制御してLSIの性能向上を実現させている。それらは**テクノロジーブースター**(technology booster)とも呼ばれており，10章で紹介する。

付録A　ブロッホ振動

図8.4のバンド構造で，仮に電子が散乱を受けずに $k=0$ からブリルアンゾーンの端まで運動するとどうなるであろうか。**図A.1**には，こうした場合の電子の運動を描いている。電子は最もエネルギーの低い状態から分布し始めるため，ここでは基底バンドにある電子に注目する。

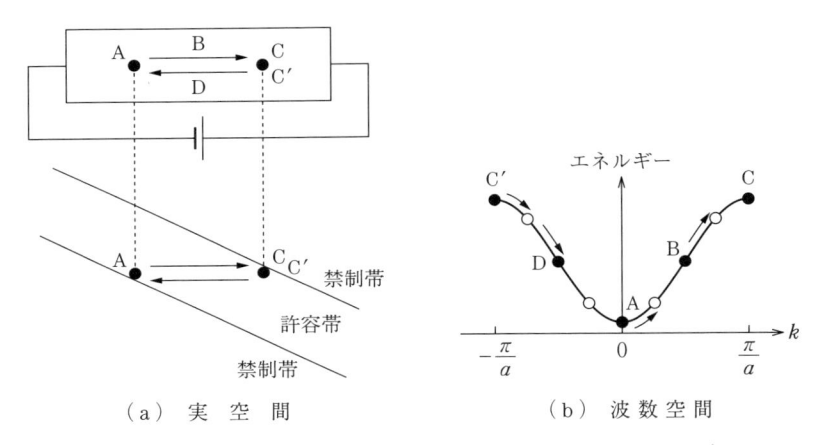

（a）　実空間　　　　　　　　　　（b）　波数空間

図A.1　散乱がないと仮定した場合の電子の運動（ブロッホ振動）

バンド構造（E-k 分散関係）から電子の群速度 v_g が次式で定義される。

$$v_g = \frac{1}{\hbar}\frac{\partial E(k)}{\partial k} \tag{A.1}$$

群速度は電子波束の確率密度が移動する速度を表す。いま，外力 F がかかっているとする。このとき F によって電子が得たエネルギーの増加量 dE は，式(A.1)を用いると

$$dE = F v_g dt = \frac{F}{\hbar}\frac{\partial E(k)}{\partial k} dt \tag{A.2}$$

となる。上式を整理すると，ニュートンの運動方程式によく似た次式を得る。

$$\frac{dk}{dt} = \frac{F}{\hbar} \tag{A.3}$$

あるいは

$$\frac{d(\hbar k)}{dt} = F \tag{A.4}$$

式(A.4)の左辺に現れる $\hbar k$ は結晶中では運動量に対応しないが（$p \neq \hbar k$, 後述），ニュートンの運動方程式との類似性から $\hbar k$ を**結晶運動量**（crystal momentum）と呼んでいる．

つぎに，外力 F による加速度 a を求める．

$$a = \frac{dv_g}{dt} = \frac{dv_g}{dk}\frac{dk}{dt} = \frac{1}{\hbar}\frac{\partial^2 E(k)}{\partial k^2}\frac{dk}{dt}$$

$$= \frac{1}{\hbar^2}\frac{\partial^2 E(k)}{\partial k^2}F \equiv \frac{F}{m^*} \tag{A.5}$$

上式で定義した m^* が有効質量である．

$$m^* = \hbar^2 \left(\frac{\partial^2 E(k)}{\partial k^2}\right)^{-1} \tag{A.6}$$

上式からわかるように，有効質量は格子の周期性を反映したバンド構造の曲率で決まり，通常，自由電子質量（m_0）とは異なる値を示す．有効質量を式(A.6)で定めれば，結晶の周期ポテンシャル中を運動する電子を，ニュートンの法則に当てはめて議論することができるようになる．

以上の運動論に基づいて，電子が散乱を受けずに $k=0$ からブリルアンゾーンの端まで運動する場合を考察する．まず式(A.3)より，波数 k の値は時間とともに大きくなる．ところが図 A.1(b) からわかるように，k が $\pi/2a$ を過ぎた辺りから有効質量が負になり減速が始まり，ブリルアンゾーンの端に達すると群速度はゼロになる．その後さらに電界をかけ続けると，今度は，電子は負の方向（反対方向）に動き始める．なぜならば，$k = \pi/a$ の点と $k = -\pi/a$ の点は等価でありブリルアンゾーンの右端が左端につながるからである（図8.3）．これを電子がブラッグ反射を受けたと表現する．結局，図 A.1(a) にも示されているように電子は元の位置に戻ってくることになり，実空間の限られた範囲を往復運動する．これを**ブロッホ振動**という．

結晶運動量 結晶中の電子の運動量期待値を計算してみよう．結晶中では電子の波動関数はブロッホ関数（式(8.2)）で与えられることに注意すると

$$\langle p_x \rangle = \int \varphi_k^*(x) p_x \varphi_k(x) dx = \int e^{-ikx} u_k^*(x) \frac{\hbar}{i}\frac{\partial}{\partial x}\left(e^{ikx} u_k(x)\right) dx$$

$$= \int e^{-ikx} u_k^*(x) \frac{\hbar}{i}\left(ike^{ikx} u_k(x) + e^{ikx}\frac{\partial u_k(x)}{\partial x}\right) dx$$

$$= \hbar k \underbrace{\int |u_k(x)|^2 dx}_{1} + \int u_k^*(x) \frac{\hbar}{i}\frac{\partial u_k(x)}{\partial x} dx$$

$$= \hbar k + \int u_k^*(x) \frac{\hbar}{i} \frac{\partial u_k(x)}{\partial x} dx \neq \hbar k \tag{A.7}$$

となる．このように一般には $\langle p_x \rangle \neq \hbar k$ であり，結晶中では $\hbar k$ は運動量に対応しない．ちなみに自由空間中（真空中）では $u_k(x)=$ 定数となるため $\langle p_x \rangle = \hbar k$ が成り立つ．

演 習 問 題

【1】 $\varphi_k(r+R) = e^{ik\cdot R}\varphi_k(r)$ が成り立つことを証明せよ．

【2】 図8.4の第1ブリルアンゾーンの端（$k = \pm \pi/a$）でブラッグ反射の条件が成立していることを確認せよ．

【3】 式(8.22)を導出せよ．

【4】 式(8.29)の下で，$K_m \cdot R_n = 2\pi \times$ 整数 が成り立つことを確認せよ．

【5】 図8.5の3種類の立方格子に対する基本逆格子ベクトルを求めなさい．

【6】 式(8.41)を導出せよ．

【7】 図8.8の各曲線が式(8.45)～(8.52)のどの式に対応するか図中に記入せよ．また，曲線がX点およびL点と交わる点のエネルギー値を E_0 単位で求めよ．

【8】 L点の最低バンドに二波近似を適用したときのエネルギー固有値を求めよ．

【9】 式(8.73)～(8.76)に示す擬ポテンシャルの対称性を証明せよ．

9 ナノ構造の電子物理

　量子井戸や量子細線（ナノワイヤ）などのナノ構造では，電子が物理的にあるいはポテンシャルにより閉じ込められるため，電子のエネルギーは離散的になる．その場合，電子の運動できる自由度が減るために，状態密度が低下し，電子密度の表現も4章のバルク結晶中のものから変化する．また，電子は閉込めにより空間的に一様でなくなるため，電子密度や電流密度は位置依存性を示すようになる．さらにナノ構造デバイスでは電極間の距離が短くなるため，電子の走行距離が平均自由行程に近づいてくる．本章では，このようなナノ構造特有の電子物理現象について考えていく．

9.1 ナノ構造の電子密度

　4.2節では，電子は空間的に均一に分布していると考えて，電子密度は式(4.4)のように定数として定義した．一方，量子井戸や量子細線では，空間的な閉込めにより電子の確率密度 $|\varphi_i(r)|^2$ が位置によって変化するようになる．したがって電子密度の定義は，この確率密度の位置依存性を考慮した次式で与えるのが自然である．

$$n(r) = \sum_i f(E_i) |\varphi_i(r)|^2 \tag{9.1}$$

$\varphi_i(r)$ は規格化されたシュレディンガー方程式の解を与えることになる．$f(E_i)$ は熱平衡状態ではフェルミ・ディラック分布関数が用いられる．

　ちなみにバルク構造の3次元電子ガスに対しては，波動関数 $\varphi_i(r)$ にすべての方向で平面波を与えると $|\varphi_i(r)|^2 = V^{-1}$ となることから，式(9.1)で与えた電子密度の定義は4.2節の定義に一致する．

9.1.1 量 子 井 戸

式(9.1)を用いて量子井戸の電子密度を具体的に求めてみる。**図 9.1** に量子井戸に閉じ込められた電子の状態を模式的に示す。いま，z 方向が閉込め方向であり，その次数を j とし，さらに閉込め方向の波動関数を $\zeta_j(z)$ と表すことにする。電子は z 方向に垂直な 2 方向には自由に運動できるため，このような電子を **2 次元電子ガス** と呼んでいる。このとき，自由運動をする (k_x, k_y) 空間の状態密度は $\rho = 2S/(2\pi)^2$ となることより，状態和を波数の積分に書き直すと次式のようになる。

$$\sum_i \Rightarrow \sum_j \frac{2S}{(2\pi)^2} \int_{-\infty}^{\infty} dk_x \int_{-\infty}^{\infty} dk_y = \sum_j \frac{2S}{(2\pi)^2} \int_{-\infty}^{\infty} d\boldsymbol{k}_t \tag{9.2}$$

ここで S は量子井戸の (x, y) 面内の断面積である。

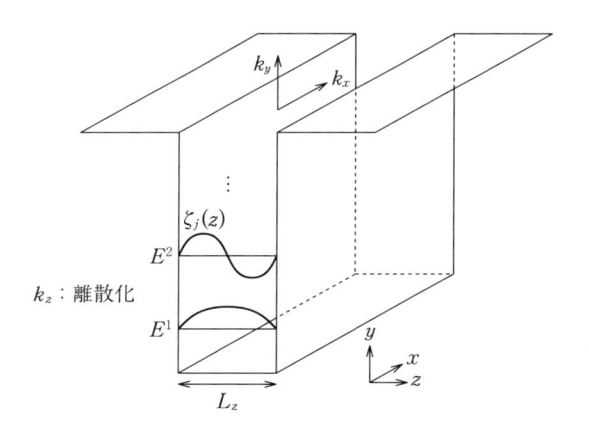

図 9.1 量子井戸内の電子状態

以上で定義した変数を用いると，電子の波動関数 $\varphi_i(\boldsymbol{r})$ と全エネルギー E_i は以下のように表現することができる。

$$\varphi_i(\boldsymbol{r}) = \frac{1}{\sqrt{S}} e^{i\boldsymbol{k}_t \cdot \boldsymbol{r}_t} \zeta_j(z) \tag{9.3}$$

$$E_i = \frac{\hbar^2 k_x^2}{2m} + \frac{\hbar^2 k_y^2}{2m} + E^j = \frac{\hbar^2 k_t^2}{2m} + E^j \equiv E \tag{9.4}$$

式(9.2)～(9.4)を電子密度の定義式(9.1)に代入して計算を行うと，最終的につぎのような式が導かれる（演習問題【1】）。

9.1 ナノ構造の電子密度

$$n_{2D}(z) = \sum_j \frac{2S}{(2\pi)^2} \int_{-\infty}^{\infty} d\boldsymbol{k}_t f(\boldsymbol{k}) \frac{1}{S} \left| e^{i\boldsymbol{k}_t \cdot \boldsymbol{r}_t} \right|^2 \left| \zeta_j(z) \right|^2$$

$$= \sum_j \left| \zeta_j(z) \right|^2 \frac{1}{2\pi^2} \int_0^{\infty} \frac{2\pi k_t dk_t}{\exp\left[\left(\hbar^2 k_t^2/2m + E^j - E_F\right)/k_B T\right] + 1}$$

$$= \sum_j \left| \zeta_j(z) \right|^2 \int_{E^j}^{\infty} dE \frac{m}{\pi \hbar^2} \frac{1}{\exp\left[(E - E_F)/k_B T\right] + 1} \tag{9.5}$$

上式の第2の等号では円筒座標系積分を用いた．式(9.5)より，2次元電子ガスのエネルギー状態密度は

$$\rho_{2D}(E) = \frac{m}{\pi \hbar^2} \tag{9.6}$$

となることがわかる．このように2次元の状態密度はエネルギーに依存せずに一定の値をとり，有効質量に関しては m に比例することが特徴である．式(9.5)の最後の行の積分は簡単に計算することができ，次式のように表すことができる．

$$n_{2D}(z) = \sum_j \left| \zeta_j(z) \right|^2 \frac{mk_B T}{\pi \hbar^2} \ln \left[1 + e^{(E_F - E^j)/k_B T} \right] \tag{9.7}$$

また2次元電子の問題では，閉込め方向の空間で積分した**面電子密度**（sheet electron density）が重要であり，式(9.7)より

$$n_s = \int dz\, n_{2D}(z) = \sum_j \int dz \left| \zeta_j(z) \right|^2 \frac{mk_B T}{\pi \hbar^2} \ln \left[1 + e^{(E_F - E^j)/k_B T} \right]$$

$$= \sum_j \frac{mk_B T}{\pi \hbar^2} \ln \left[1 + e^{(E_F - E^j)/k_B T} \right] \tag{9.8}$$

と表される．ここで波動関数の規格化を用いた．面電子密度の単位は $[\mathrm{m}^{-2}]$ である．

9.1.2 量子細線

つぎに量子細線の電子密度を求める．**図9.2**に量子細線に閉じ込められた電子の状態を模式的に示す．いま，y 方向と z 方向が閉込め方向であり，その次数をそれぞれ i と j とし，さらに閉込め方向の波動関数を $\xi_i(y)$ と $\zeta_j(z)$ と表す

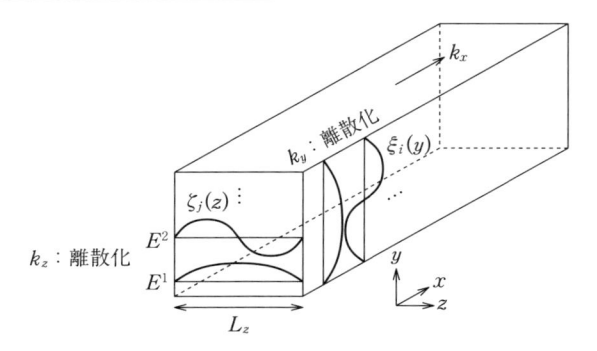

図 9.2 量子細線内の電子状態

ことにする。電子は x 方向には自由に運動できるため，このような電子を**1次元電子ガス**と呼んでいる。このとき，自由運動をする k_x 空間の状態密度は $\rho = 2L/2\pi$ となることより，状態和を波数の積分に書き直すと次式のようになる。

$$\sum_i \Rightarrow \sum_i \sum_j \frac{2L}{2\pi} \int_{-\infty}^{\infty} dk_x \tag{9.9}$$

ここで，L は量子細線の x 方向の長さを表す。

したがって，電子の波動関数と全エネルギーは以下のように表現することができる。

$$\varphi_i(\boldsymbol{r}) = \frac{1}{\sqrt{L}} e^{ik_x x} \xi_i(y) \zeta_j(z) \tag{9.10}$$

$$E_i = \frac{\hbar^2 k_x^2}{2m} + E^i + E^j \equiv E \tag{9.11}$$

式 (9.9)～(9.11) を電子密度の定義式 (9.1) に代入し計算を行うと，最終的につぎのような式が導かれる（演習問題【2】）。

$$\begin{aligned}
n_{1D}(y, z) &= \sum_i \sum_j \frac{2L}{2\pi} \int_{-\infty}^{\infty} dk_x f(\boldsymbol{k}) \frac{1}{L} \left| e^{ik_x x} \right|^2 \left| \xi_i(y) \right|^2 \left| \zeta_j(z) \right|^2 \\
&= \sum_i \sum_j \left| \xi_i(y) \right|^2 \left| \zeta_j(z) \right|^2 \\
&\quad \times \frac{2}{\pi} \int_0^{\infty} dk_x \frac{1}{\exp\left[\left(\hbar^2 k_x^2 / 2m + E^i + E^j - E_F \right) / k_B T \right] + 1}
\end{aligned}$$

$$= \sum_i \sum_j |\xi_i(y)|^2 |\zeta_j(z)|^2$$
$$\times \int_{E^i+E^j}^{\infty} dE \frac{\sqrt{2m}}{\pi\hbar} \frac{1}{\sqrt{E-E^i-E^j}} \frac{1}{\exp[(E-E_F)/k_B T]+1}$$
(9.12)

したがって，1次元電子ガスのエネルギー状態密度は

$$\rho_{1D}(E) = \frac{\sqrt{2m}}{\pi\hbar} \frac{1}{\sqrt{E-E^i-E^j}} \quad (9.13)$$

となることがわかる。1次元の状態密度はエネルギーに関して $1/\sqrt{E}$ に比例し，有効質量に関して $m^{1/2}$ に比例することが特徴である。y 空間と z 空間で積分した**線電子密度**（line electron density）は式（9.13）より

$$n_l = \int dz \int dy \, n_{1D}(r) = \sum_i \sum_j \int_{E^i+E^j}^{\infty} dE \, \rho_{1D}(E) f_{FD}(E) \quad (9.14)$$

となる。線電子密度の単位は〔m^{-1}〕である。

9.1.3 フェルミ・ディラック積分

2次元電子密度はエネルギー状態密度が一定であるためエネルギー積分が実行でき，式（9.7）のように簡単な表現を導くことができた。3次元電子密度と1次元電子密度は解析的に積分を行うことができないが，数値計算を簡単にするために，以下に述べるような**フェルミ・ディラック積分**（Fermi-Dirac integral）の近似式がよく用いられる。

まず式（4.15）の3次元電子密度と式（9.12）の1次元電子密度をフェルミ・ディラック積分で表すと，それぞれつぎのようになる（演習問題【3】）。

$$n_{3D} = \int_0^{\infty} \frac{1}{\exp[(E-E_F)/k_B T]+1} \frac{m\sqrt{2m}}{\pi^2 \hbar^3} \sqrt{E} \, dE$$
$$= \frac{(2mk_B T)^{3/2}}{2\pi^2 \hbar^3} F_{1/2}(x_f) \quad (9.15)$$
$$n_{1D}(y,z) = \sum_i \sum_j |\xi_i(y)|^2 |\zeta_j(z)|^2$$

$$\times \int_{E^i+E^j}^{\infty} dE \frac{\sqrt{2m}}{\pi\hbar} \frac{1}{\sqrt{E-E^i-E^j}} \frac{1}{\exp\left[(E-E_F)/k_BT\right]+1}$$

$$= \sum_i \sum_j |\xi_i(y)|^2 |\zeta_j(z)|^2 \frac{\sqrt{2mk_BT}}{\pi\hbar} F_{-1/2}(x_f-x_i-x_j) \quad (9.16)$$

ここで，$F_{1/2}(x_f)$ と $F_{-1/2}(x_f-x_i-x_j)$ はフェルミ・ディラック積分を表し，その定義は

$$F_j(t) = \int_0^{\infty} dx \frac{x^j}{\exp(x-t)+1} \quad (9.17)$$

である。また，フェルミ・ディラック積分内の変数はそれぞれ

$$x_f = E_F/k_BT, \quad x_i = E^i/k_BT, \quad x_j = E^j/k_BT \quad (9.18)$$

を表す。ここで，フェルミ・ディラック積分はつぎのような近似式で計算できることが知られており[10]，これを用いると簡単な演算により電子密度を計算することが可能になる。

$$F_j(t) \approx \left\{ \frac{d \cdot 2^d}{\left[b+t+\left(|t-b|^c+a^c\right)^{1/c}\right]^d} + \frac{e^{-t}}{\Gamma(d)} \right\}^{-1} \quad (9.19)$$

$$a = \left[1+\frac{15}{4}(j+1)+\frac{1}{40}(j+1)^2\right]^{1/2} \quad (9.20)$$

$$b = 1.8+0.61j, \quad c = 2+\left(2-\sqrt{2}\right) \cdot 2^{-j}, \quad d = j+1 \quad (9.21)$$

$$\Gamma\left(\frac{1}{2}\right) = \sqrt{\pi}, \quad \Gamma\left(\frac{3}{2}\right) = \frac{1}{2}\sqrt{\pi} \quad (9.22)$$

9.1.4 閉込め次元とエネルギー状態密度

9.1.1項，9.1.2項で求めた量子井戸と量子細線のエネルギー状態密度の概形を，4.4節の結果と合わせて描くと**図9.3**のようになる。エネルギーが大きくなると高次の量子準位が現れてくるため，量子井戸では階段状に，量子細線ではノコギリ歯状の状態密度が形成されることになる。ナノ構造デバイスは，このような状態密度の特性を利用することでデバイス性能の向上や新機能の実現を目指している。**表9.1**はナノ構造デバイスを電子の自由度の次元で3種類

9.1 ナノ構造の電子密度

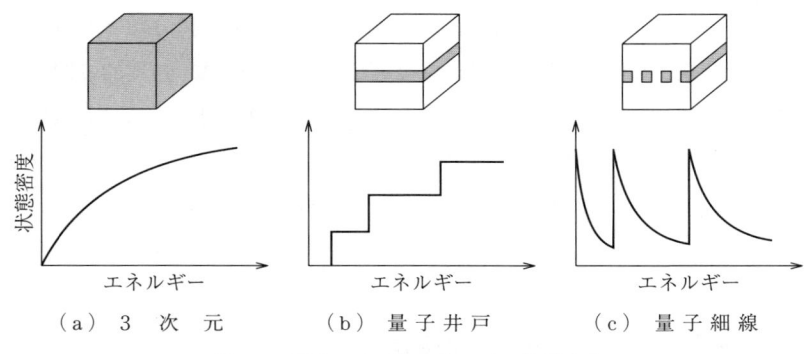

図9.3 閉込め次元とエネルギー状態密度

(a) 3次元　(b) 量子井戸　(c) 量子細線

表9.1 ナノ構造デバイスの分類[1]

分類	量子閉込め[1]	デバイス
2次元	$x \updownarrow$, $x \sim \lambda$ [2]	■MOSFET, HEMT, 超薄膜SOI ■量子ホール効果[3] ■共鳴トンネルダイオード ■量子井戸レーザ ■グラフェン
1次元	$x \updownarrow$, $x, y \sim \lambda$	■量子化コンダクタンス $2e^2/h$ ■ナノワイヤ（Fin FET） ■量子細線レーザ ■カーボンナノチューブ
0次元	$x, y, z \sim \lambda$	■単電子トランジスタ ■量子ドットレーザ ■量子ビット[4] ■C_{60} フラーレン

(1) 物理的あるいはポテンシャル閉込め　(2) ドブロイ波長 $= h/\sqrt{2mE}$
(3) $h/e^2 = 25.813\,\mathrm{k\Omega}$　(4) エキシトンのラビ振動など

に分類して整理したものである[1]。2次元電子を用いるデバイスは高電子移動度トランジスタ（HEMT）や金属-酸化膜-半導体電界効果トランジスタ（MOSFET）以外にも，共鳴トンネルダイオードやナノカーボン材料のグラフェンも含まれる。またグラフェンを巻いてチューブ状にしたカーボンナノチューブは1次元電子に分類される。9.2.2項で取り上げる量子化コンダクタンスも，1次元電子特有の量子輸送現象である。量子情報処理の基本単位であ

る量子ビットは，すべての方向を閉じ込めたゼロ次元電子に分類される。

電子の自由度を制限する量子閉込めを実現するためには，物理的に閉込め構造を形成するだけでなく，ポテンシャルによる電気的な閉込め効果も利用されている。HEMT や MOSFET などの電子デバイスは，もともとポテンシャルによる量子閉込め効果を利用して発展してきたデバイスである。詳細については文献1)を参考にされたい。

9.1.5 有効質量とエネルギー状態密度

式(4.16), (9.6), (9.13)からわかるように，エネルギー状態密度はキャリアの有効質量 m に依存する。具体的には，エネルギー状態密度は $m^{d/2}$（$d=3, 2, 1$，次元数）に比例する。したがって，有効質量の軽い材料はエネルギー状態密度が小さくなる。フォノンなどによる散乱確率は散乱後のキャリアの状態密度に比例するため，有効質量の軽い材料では散乱確率が減りバリスティック伝導性が高まることが期待できる。一方で，状態密度が小さくなるとデバイスの能動領域，例えば MOSFET の反転層に十分なキャリアを誘起するには，フェルミ準位をより大きく動かす必要が出てくる。これはゲート電圧をより大きく動かす必要があることを意味しており，その結果，相互コンダクタンスが低下したり低電圧化の障害になる可能性がある（10.5.2 項）。また，ゲート酸化膜の薄層化が進むと，状態密度の小さい材料では，状態密度容量（量子キャパシタンス）の影響でゲート容量が減少し，さらなるデバイス性能の劣化を引き起こす可能性がある（10 章付録 C）。ナノ構造デバイスではバンド構造が重要な役割を果たすが，有効質量と移動度の関係だけでなく，有効質量と状態密度の関係にも注意が必要である。

9.2 ナノ構造の電流密度

物質の電気伝導特性を表す重要な物性値に移動度がある。6 章で説明したように，移動度は電界をかけたときのキャリアの加速されやすさの目安を与えて

おり，高い値をもつ物質ほどキャリアが物質内を高速に走ることができる。この移動度を決める要因の一つが散乱現象である。散乱と散乱の間にキャリアが空間を移動する平均距離が平均自由行程であるが，**図9.4**(a)に示すように，キャリアが走行する距離 L が平均自由行程 λ よりも十分に長い場合を考える。このときには，キャリアは電極間を走行する間に数え切れないほどの散乱を受けて，ある定常値の速度に収束した状態で走行を行っている。このときの電界と速度の関係を支配するのが移動度である。図からわかるように，キャリアは電極間を拡散しながら伝導することから，この状況を**拡散的伝導**（diffusive transport）と呼ぶことにする。

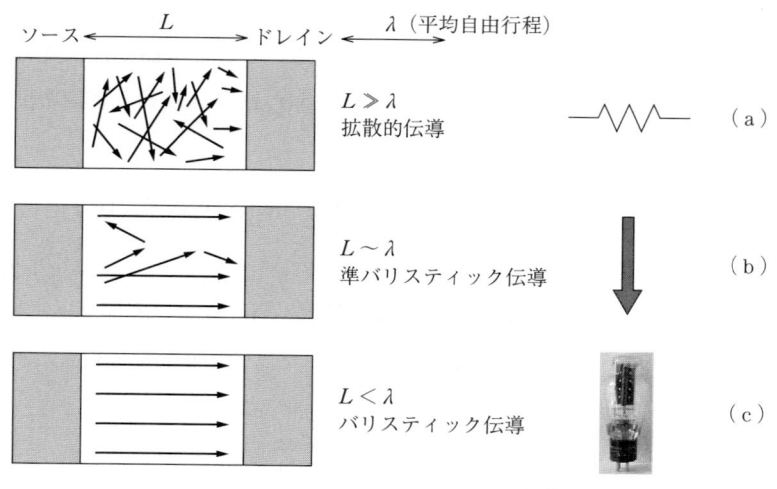

図9.4 チャネル長とキャリア伝導機構の関係[11]

一方，半導体微細加工技術の進歩に伴い，電子デバイスの微細化が進められている。最先端の LSI（大規模集積回路）に用いられる MOSFET では，すでにゲート長が数十ナノメートル以下（1ナノメートルは 10^{-9} メートル）にまで縮小されてきている。これは平均自由行程と同程度の大きさであることから，キャリアが電極間を走行する間に散乱される回数は，数回程度以下にまで減少することになる。これを**準バリスティック伝導**（quasi-ballistic transport）と呼び，図(b)にそのときの伝導の様子を模式的に描いている[11]。究極的に

は，すべてのキャリアが一度も散乱されない状況も予想されており，これを**バリスティック伝導**（ballistic transport）と呼んでいる。図(c)に示すようにバリスティック伝導は，いわゆる真空管を走る電子の振舞いに似ている。このように微細化された電子デバイスでは，従来のように十分なエネルギー緩和を前提とした移動度という概念は成立しなくなり，6章で定式化したドリフト・拡散伝導モデルからの見直しが迫られている。

具体的には，微細な構造中を伝搬するキャリアは散乱の影響が弱まるため，電子の波動性に起因する量子力学的効果が顔を出し，電子デバイスの特性を左右するようになる。本節では，そのような極微細電子デバイスで重要となるいくつかの量子力学的電流式について説明する。そのときの電流については，電子の波動性を表現する形に修正する必要がある。そこで本節では次式のように，量子力学の基本物理量である確率流密度 $S_i(r, t)$ の状態和で電流密度を定義することにする。

$$J(r, t) = e\sum_i f(E_i) S_i(r, t) = \frac{e\hbar}{m} \sum_i f(E_i) \operatorname{Im}\left[\varphi_i^*(r, t) \nabla \varphi_i(r, t)\right] \tag{9.23}$$

ここで $f(E_i)$ は電子の分布関数を表す。波動関数 $\varphi_i(r, t)$ は，本節では，1電子シュレディンガー方程式の解を与えることとし，以下で散乱を無視したバリスティック電流の表現を求めていく。

9.2.1 ツ・エサキの電流式

図9.5に示すようにポテンシャル障壁を二つの電極で挟んだ構造を考え，電極間に電圧 V を印加したときに流れるトンネル電流密度の表現を求める。両側の電極は3次元導体とする。電子波が左方から振幅1で障壁に入射し，振幅 r で反射され振幅 t で透過すると考えて，電極内の電子波の波動関数を図9.5中に記したように表現する。このときに左から右に流れる電流密度 J_{12} を求める。この方向を x とする。電流密度は定常状態では場所に関係なく一定となるので，どの位置で表現しても同じになるが（演習問題【4】），ここでは計算

9.2 ナノ構造の電流密度

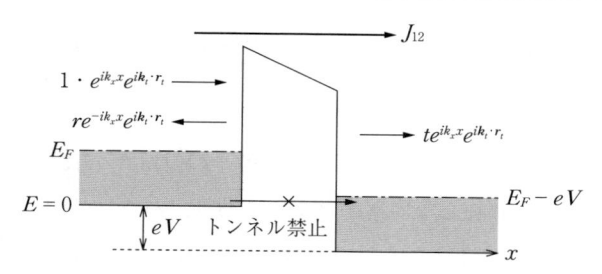

図 9.5 ポテンシャル障壁を流れるトンネル電流
(E_F は電極のフェルミエネルギーで，V は電極間にかけられた電圧を表す)

が簡単になる右側電極内で考える．

右側電極での波動関数は，電極の体積を Ω と表すと

$$\varphi_i(\boldsymbol{r}) = \frac{1}{\sqrt{\Omega}} t(k_x) e^{ik_x x} e^{i\boldsymbol{k}_t \cdot \boldsymbol{r}_t} \tag{9.24}$$

となるので，これを式(9.23)に代入する．左から右へ流れる電流は $k_x > 0$ の電子であるので

$$\begin{aligned}
J_{12} &= \frac{e\hbar}{m} \sum_{\boldsymbol{k}_t} \sum_{k_x > 0} f(E_{\boldsymbol{k}}) \,\mathrm{Im}\left(\varphi_{\boldsymbol{k}}^*(\boldsymbol{r}) \frac{\partial \varphi_{\boldsymbol{k}}(\boldsymbol{r})}{\partial x} \right) \\
&= \frac{e\hbar}{m\Omega} \sum_{\boldsymbol{k}_t} \sum_{k_x > 0} f(E_{\boldsymbol{k}}) \,\mathrm{Im}\left(t^*(k_x) e^{-ik_x x} e^{-i\boldsymbol{k}_t \cdot \boldsymbol{r}_t} \times ik_x t(k_x) e^{ik_x x} e^{i\boldsymbol{k}_t \cdot \boldsymbol{r}_t} \right) \\
&= \frac{e}{\Omega} \sum_{\boldsymbol{k}_t} \sum_{k_x > 0} \frac{\hbar k_x}{m} T(E_{k_x}, V) f(E_{\boldsymbol{k}}) \tag{9.25}
\end{aligned}$$

となる．ここで確率密度のトンネル確率を $T(E_{k_x}, V) = |t(k_x)|^2$ と表した．トンネル確率は電圧 V に依存する．ここで図 9.5 のように多数の電子が存在する二つの電極間を流れる電流を考える場合，厳密には右側電極でのパウリの排他律を考慮する必要がある．すなわち，右側のフェルミエネルギー以下のエネルギー領域にはすでに電子が存在しているため，たとえトンネル確率が有限であってもパウリの排他律が働きトンネリングが禁止される．これを考慮して式(9.25)を，波数空間の状態密度を用いて状態和を波数積分に変換すると

$$J_{12} = \frac{2e}{(2\pi)^3} \int_{-\infty}^{\infty} d\boldsymbol{k}_t \int_0^{\infty} dk_x \, T(E_{k_x}, V) \frac{\hbar k_x}{m} f^l(E_{\boldsymbol{k}}) \left(1 - f^r(E_{\boldsymbol{k}} + eV)\right)$$

(9.26)

となる。上式の被積分関数の因子 $\left(1 - f^r(E_{\boldsymbol{k}} + eV)\right)$ は，右側電極で該当するエネルギーに電子が存在しない確率となっており，パウリの排他律を表している。ここで分布関数に付けた上付き記号 (l, r) はそれぞれ，左電極と右電極を表す。一方，右から左へ逆向きに流れる電流密度 J_{21} ($k_x < 0$) も同様に求めることができ，それを加えた全電流密度は

$$J = J_{12} + J_{21} = \frac{2e}{(2\pi)^3} \int_{-\infty}^{\infty} d\boldsymbol{k}_t \int_0^{\infty} dk_x \, T(E_{k_x}, V)$$
$$\times \frac{\hbar k_x}{m} \left(f^l(E_{\boldsymbol{k}}) - f^r(E_{\boldsymbol{k}} + eV)\right) \quad (9.27)$$

となる。上式をさらにエネルギー積分に変換する。まず，分散関係に有効質量近似を用いて

$$E_x = \frac{\hbar^2 k_x^2}{2m}, \quad E_t = \frac{\hbar^2 k_t^2}{2m}, \quad E = E_x + E_t$$

と表すと

$$\frac{\hbar k_x}{m} dk_x = \frac{1}{\hbar} dE_x \quad (9.28)$$

および

$$k_t dk_t = \frac{m}{\hbar^2} dE_t \quad (9.29)$$

となることを利用すると

$$J = \frac{2e}{(2\pi)^3} \int_0^{\infty} 2\pi k_t dk_t \int_0^{\infty} \frac{\hbar k_x}{m} dk_x \, T(E_{k_x}, V) \left(f^l(E_{\boldsymbol{k}}) - f^r(E_{\boldsymbol{k}} + eV)\right)$$
$$= \frac{em}{2\pi^2 \hbar^3} \int_0^{\infty} dE_x \int_0^{\infty} dE_t \, T(E_x, V) \left(f^l(E) - f^r(E + eV)\right) \quad (9.30)$$

となる。さらに左右の電極は電子溜めと考えて，それらの分布関数 (f^l, f^r) を熱平衡状態のフェルミ・ディラック分布関数で近似する。そして横方向エネルギー E_t の積分を実行すると，最終的に次式が導かれる（演習問題【5】）。

9.2 ナノ構造の電流密度　　155

$$J = \frac{emk_B T}{2\pi^2 \hbar^3} \int_0^\infty dE_x T(E_x, V) \ln\left[\frac{1+e^{(E_F-E_x)/k_B T}}{1+e^{(E_F-E_x-eV)/k_B T}}\right] \quad (9.31)$$

これを**ツ・エサキの電流式**（Tsu-Esaki formula）と呼ぶ．透過確率を7章の方法で求め式(9.31)に代入することで，トンネル障壁の電流-電圧特性を解析することができる．ツ・エサキは実際に式(9.31)を用いて，2重障壁構造の共鳴トンネルダイオードの提案を行った[12]．

9.2.2　ランダウアー・ビュティカーの式

量子細線を流れる電流についても9.2.1項と同様に求めることができる．**図9.6**に電圧を印加した量子細線の解析モデルを示す．両側の電極も1次元導体と仮定すると，右側電極での波動関数は

$$\varphi_i(\boldsymbol{r}) = \frac{1}{\sqrt{L}} t_{i'j' \to ij}(k_x) e^{ik_x x} \xi_i(y) \zeta_j(z) \quad (9.32)$$

と表される．ここで，左右の電極のサブバンド指標をそれぞれ i', j' および i, j として，振幅透過確率を $t_{i'j' \to ij}(k_x)$ と表した．この波動関数を式(9.23)に代入し，左から右に流れる電流密度 $J_{12}(k_x > 0)$ を求めると

$$J_{12}(y, z) = \frac{e\hbar}{mL} \sum_i \sum_j |\xi_i(y)|^2 |\zeta_j(z)|^2 \sum_{k_x>0} f^l_{i'j'}(E_k)\left(1 - f^r_{ij}(E_k + eV)\right)$$

$$\times \mathrm{Im}\left(t^*_{i'j' \to ij}(k_x) e^{-ik_x x} \times ik_x t_{i'j' \to ij}(k_x) e^{ik_x x}\right)$$

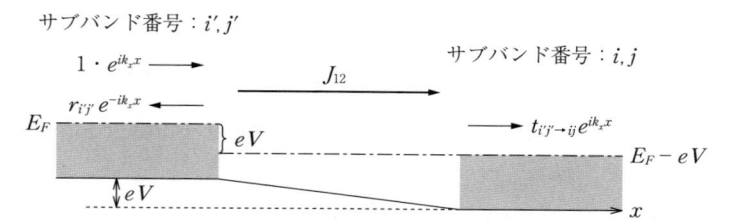

図9.6　量子細線を流れる電流（両側の電極も1次元導体とし，左電極のサブバンド番号を i', j'，右電極のそれを i, j とする）

$$= \frac{e}{L}\sum_i \sum_j |\xi_i(y)|^2 |\zeta_j(z)|^2 \sum_{k_x>0} \frac{\hbar k_x}{m} T_{i'j' \to ij}(E_{k_x}, V)$$
$$\times f_{i'j'}^l(E_{\bm{k}})\left(1 - f_{ij}^r(E_{\bm{k}} + eV)\right)$$
$$= \frac{2e}{2\pi}\sum_i \sum_j |\xi_i(y)|^2 |\zeta_j(z)|^2 \int_0^\infty dk_x \frac{\hbar k_x}{m} T_{i'j' \to ij}(E_{k_x}, V)$$
$$\times f_{i'j'}^l(E_{\bm{k}})\left(1 - f_{ij}^r(E_{\bm{k}} + eV)\right) \tag{9.33}$$

となる。

つぎに，右から左へ流れる電流密度 $J_{21}(k_x < 0)$ を同様に求め，それを加えた全電流密度を表すと

$$J(y, z) = \frac{2e}{2\pi}\sum_i \sum_j |\xi_i(y)|^2 |\zeta_j(z)|^2$$
$$\times \int_0^\infty dk_x \frac{\hbar k_x}{m} T_{i'j' \to ij}(E_{k_x}, V)\left(f_{i'j'}^l(E_{\bm{k}}) - f_{ij}^r(E_{\bm{k}} + eV)\right) \tag{9.34}$$

となる。9.2.1 項と同様に，x 方向の分散関係に有効質量近似を用いて

$$E_x = \frac{\hbar^2 k_x^2}{2m}, \qquad E = E_x + E^i + E^j$$

と表すと，式 (9.34) の k_x に関する積分変数に式 (9.28) の関係が利用できることから，最終的に量子細線を流れる全電流がつぎのように求められる。

$$I = \int dz \int dy J(y, z)$$
$$= \frac{2e}{h}\sum_i \sum_j \int_0^\infty dE_x T_{i'j' \to ij}(E_x, V)\left(f_{i'j'}^l(E) - f_{ij}^r(E_{\bm{k}} + eV)\right) \tag{9.35}$$

上式を**ランダウアー・ビュティカーの式**（Landauer–Büttiker formula）と呼ぶ[13),14)]。

ここで，絶対温度ゼロ近傍（$T \approx 0\,\mathrm{K}$）で電極間にかける電圧が非常に小さい場合（$eV \ll E_F$）を考える。このとき左右の電極の分布関数をフェルミ・ディラック分布関数で近似すると，式 (9.35) はつぎのように近似できる。

9.2 ナノ構造の電流密度

$$I \simeq \frac{2e}{h}\sum_i \sum_j \left(\int_0^{E_F - E^i - E^j} dE_x T_{i'j' \to ij}(E_x, V) - \int_0^{E_F - E^i - E^j - eV} dE_x T_{i'j' \to ij}(E_x, V) \right)$$

$$\simeq \frac{2e}{h}\sum_i \sum_j T_{i'j' \to ij}(E_F - E^i - E^j,\ V=0) \left(\int_0^{E_F - E^i - E^j} dE_x - \int_0^{E_F - E^i - E^j - eV} dE_x \right)$$

$$= V \frac{2e^2}{h}\sum_i \sum_j T_{i'j' \to ij}(E_F - E^i - E^j,\ V=0) \tag{9.36}$$

上式では，印加電圧が十分に小さいとして $V=0$ でのトンネル確率で近似している．したがって，量子細線のコンダクタンスが次式で与えられることがわかる．

$$G = \frac{2e^2}{h}\sum_i \sum_j T_{i'j' \to ij}(E_F - E^i - E^j,\ V=0) \tag{9.37}$$

これを**ランダウアー公式**（Landauer formula）と呼ぶ．量子細線内に障壁や散乱がまったくない完全導体（$T_{i'j' \to ij} = \delta_{i',i}\delta_{j',j}$）の場合には，式(9.37)は次式のように，基本物理定数と量子細線中を伝搬する電子波のモード数 N のみで表現される．

$$G = \frac{2e^2}{h}\sum_i \sum_j 1 = \frac{2e^2}{h} N \tag{9.38}$$

上式は量子細線中を伝搬するモード数 N，すなわち断面サイズによってコンダクタンスの値が $2e^2/h = 7.746 \times 10^{-5}$ S の単位で離散化されることを表している．これを**コンダクタンスの量子化**（quantized conductance）と呼び，実験においても観測されている物理現象である[15),16)]．**図 9.7** に実験で用いられた

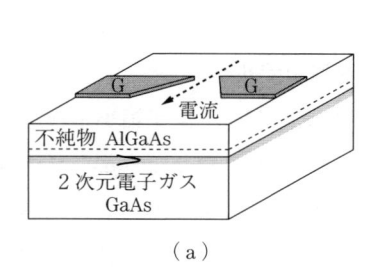

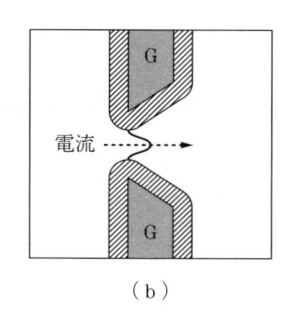

図 9.7 スプリットゲート HEMT 構造量子細線

HEMT構造量子細線の模式図を示す。HEMT（high-electron-mobility-transistor）構造では，不純物の位置から離れたところを2次元電子ガスが伝搬するため，極低温では非常に長い平均自由行程をもつ量子細線の作製が可能になる。いま，図9.7(a)のように絶縁体（AlGaAs）を隔てて二つのゲート電極をつける（スプリットゲート構造）。この電極に2次元電子ガスに対して負の電圧を加えると，電極の下およびその周辺には電子の空乏層ができる。その状況を上から見た様子を図(b)に示す。空乏層（斜線部分）の間の狭い隙間（量子細線）を通る電子のコンダクタンス G をゲート電極に加える電圧の関数として測定すると，**図9.8**のようにコンダクタンスは $2e^2/h$ を単位として階段状に変化した。すなわち式(9.38)のコンダクタンスの量子化が実際に観測されたということであり，量子細線内でバリスティック伝導が起こったと考えられている。量子化コンダクタンスの逆数（$h/(2e^2) = 12.91 \text{ k}\Omega$）は**量子抵抗**（quantum resistance）と呼ばれる。

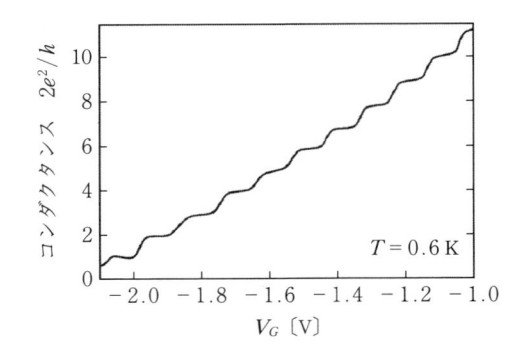

図9.8 量子化コンダクタンスの測定結果[15]

9.2.3 バリスティックMOSFETの名取モデル

Si-MOSFETの微細化によりトランジスタのゲート長が縮小され，キャリアの平均自由行程（電子：数nm～数十nm）よりも短くなると，ソースから注入されたキャリアがチャネル内で一度も散乱されずにドレインに到達するバリスティック輸送が起こると考えられている。バリスティック輸送が顕在化すると，MOSFETの電流駆動力（ドレイン飽和電流）が増大してLSIの動作速度

9.2 ナノ構造の電流密度

が向上すると期待されるため，その実現に向けた研究が進められている（10章）。本項では，すべてのキャリアがソースからドレインまでバリスティックに通過するときのドレイン電流の式を，名取モデルに従って導出してみる[17),18)]。

図 9.9 に高性能 MOSFET として期待されている SOI（Silicon-On-Insulator）構造 MOSFET を示す。チャネル方向を x，ゲート-基板方向を z，チャネルの奥行方向を y とする。SOI 構造では不純物を含まない真性チャネルが利用できるため，バリスティック MOSFET の実現に有効な構造と考えられている。ゲートとドレインに電圧を印加したオン状態では，各方向のポテンシャル分布は図 9.10 のようになる。ここで，$E_z^{i_s}$ と $E_z^{i_{ch}}$ はそれぞれ，ソース内およびチャネル内 2 次元電子ガスの z 方向の量子準位エネルギーを表す。このときチャネルとソースの接合付近に形成されるポテンシャルの最大点を**ボトルネック**（bottleneck）と呼ぶ。後で述べるようにバリスティック MOSFET では，ゲート電圧によってボトルネックの高さを調節することで，ソースからドレインに流れる電流が制御されるためそう呼ばれる。

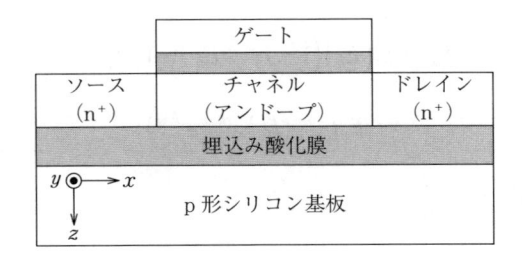

図 9.9 SOI-MOSFET の構造

いま，チャネルの奥行方向の幅 W は十分大きく，電子の波数 k_y は連続的であるとする。また，ソース内とドレイン内のサブバンド指標をそれぞれ i_s と i_d とすると，ドレイン内の波動関数は次式のように表すことができる。

$$\varphi_i(\mathbf{r}) = \frac{1}{\sqrt{S}} t_{i_s \to i_d}(k_x) e^{ik_x x} e^{ik_y y} \zeta_{i_d}(z) \tag{9.39}$$

ここで，$t_{i_s \to i_d}(k_x)$ はソースのサブバンド i_s からドレインのサブバンド i_d への振幅透過率を表す。このときにソースからドレインへ流れる電流密度 J_{12} は，波

(a) ソース-ドレイン方向

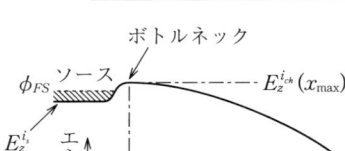

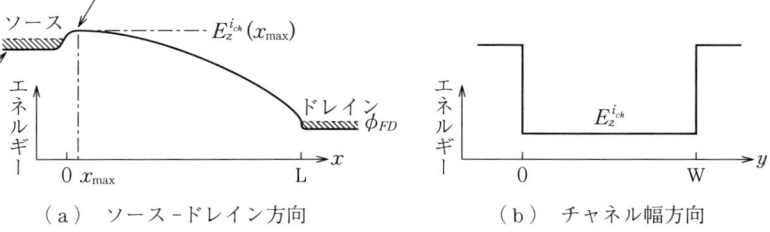

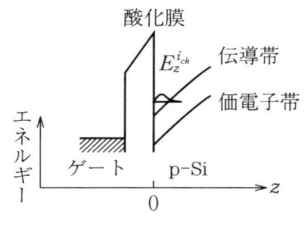

(b) チャネル幅方向

(c) ゲート-基板方向

図 9.10 MOSFET 内の各方向のポテンシャル分布 [17],[18]

動関数(9.39)を電流密度の定義式(9.23)に代入するとつぎのように書くことができる。

$$\begin{aligned}
J_{12}(z) &= \frac{e\hbar}{m_x S}\sum_{i_d}\left|\zeta_{i_d}(z)\right|^2\sum_{k_y}\sum_{k_x>0} f_{FD}^{i_s}(E_{\boldsymbol{k}})\left(1-f_{FD}^{i_d}(E_{\boldsymbol{k}}+eV_D)\right) \\
&\quad \times \operatorname{Im}\left(t_{i_s\to i_d}^*(k_x)e^{-ik_x x}e^{-ik_y y}\times ik_x t_{i_s\to i_d}(k_x)e^{ik_x x}e^{ik_y y}\right) \\
&= \frac{e}{S}\sum_{i_d}\left|\zeta_{i_d}(z)\right|^2\sum_{k_y}\sum_{k_x>0}\frac{\hbar k_x}{m_x}T_{i_s\to i_d}(E_{k_x},V_D,V_G) \\
&\quad\quad\quad\quad\quad\quad\quad\quad \times f_{FD}^{i_s}(E_{\boldsymbol{k}})\left(1-f_{FD}^{i_d}(E_{\boldsymbol{k}}+eV_D)\right) \\
&= \frac{2e}{(2\pi)^2}\sum_{i_d}\left|\zeta_{i_d}(z)\right|^2\int_{-\infty}^{\infty}dk_y\int_0^{\infty}dk_x\frac{\hbar k_x}{m_x}T_{i_s\to i_d}(E_{k_x},V_D,V_G) \\
&\quad\quad\quad\quad\quad\quad\quad\quad \times f_{FD}^{i_s}(E_{\boldsymbol{k}})\left(1-f_{FD}^{i_d}(E_{\boldsymbol{k}}+eV_D)\right)
\end{aligned}$$

$$(9.40)$$

ここで，V_D はドレイン電圧，V_G はゲート電圧を表す。また，左右の電極の分布関数はフェルミ・ディラック分布関数で近似している。図 9.10(a)のポテ

9.2 ナノ構造の電流密度

ンシャル変化が断熱的であり2次元電子ガスのサブバンド間遷移が起こらないと仮定すると（$i_d = i_s$），式(9.40)のサブバンド和はソース内の量子準位サブバンド指標 i_s の和で表すことができ

$$J_{12}(z) = \frac{2e}{(2\pi)^2} \sum_{i_s} |\zeta_{i_s}(z)|^2 \int_{-\infty}^{\infty} dk_y \int_{0}^{\infty} dk_x \frac{\hbar k_x}{m_x} T_{i_s}(E_{k_x}, V_D, V_G)$$
$$\times f_{FD}^{i_s}(E_k)\left(1 - f_{FD}^{i_s}(E_k + eV_D)\right) \quad (9.41)$$

となる。ここで確率密度の透過確率も $T_{i_s \to i_d} = T_{i_s}$ となる。したがって，MOSFETを流れる全ドレイン電流 I_D は

$$I_D = \int \left[J_{12}(z) + J_{21}(z)\right] dz$$
$$= \frac{2e}{(2\pi)^2} \sum_{i_s} \int_{-\infty}^{\infty} dk_y \int_{0}^{\infty} dk_x \frac{\hbar k_x}{m_x} T_{i_s}(E_{k_x}, V_D, V_G)$$
$$\times \left(f_{FD}^{i_s}(E_k) - f_{FD}^{i_s}(E_k + eV_D)\right) \quad (9.42)$$

となる。

つぎに，式(9.42)をエネルギー積分に変換する。有効質量近似を用いると，フェルミ・ディラック分布関数に含まれる電子のエネルギーは

$$E_x = \frac{\hbar^2 k_x^2}{2m_x}, \quad E_y = \frac{\hbar^2 k_y^2}{2m_y}, \quad E = E_x + E_y + E_z^{i_s} \quad (9.43)$$

となるので，式(9.28)と

$$dk_y = \frac{m_y}{\hbar^2 k_y} dE_y = \frac{m_y}{\hbar^2} \frac{\hbar}{\sqrt{2m_y E_y}} dE_y$$

の関係を式(9.42)に用いると

$$I_D = \frac{e}{\pi^2 \hbar^2} \sum_{i_s} \sqrt{\frac{m_y}{2}} \int_{0}^{\infty} dE_y \int_{0}^{\infty} dE_x \frac{1}{\sqrt{E_y}} T_{i_s}(E_x, V_D, V_G)$$
$$\times \left(f_{FD}^{i_s}(\phi_{FS}, E) - f_{FD}^{i_s}(\phi_{FS} - eV_D, E)\right)$$
$$(9.44)$$

となる。ここで，m_x と m_y はそれぞれ x 方向と y 方向の有効質量を表し，シ

リコン伝導帯の非等方性が考慮されている．また，ϕ_{FS}はソースのフェルミエネルギーを表し，このϕ_{FS}を用いるとソースおよびドレインのフェルミ・ディラック分布関数はそれぞれ

$$f_{FD}^{i_z}(\phi_{FS}, E) = \frac{1}{\exp\left[\left(E_x + E_y + E_z^{i_z} - \phi_{FS}\right)/k_B T\right] + 1} \tag{9.45}$$

$$f_{FD}^{i_z}(\phi_{FS} - eV_D, E) = \frac{1}{\exp\left[\left(E_x + E_y + E_z^{i_z} - \phi_{FS} + eV_D\right)/k_B T\right] + 1} \tag{9.46}$$

で与えられる．

　ここまではソース内の電子状態から電流を求めているが，実は，バリスティックMOSFETの本質を理解するには，上記の定式化は不十分である．MOSFETの特徴はゲート電極による電流制御にあるが，ソース内の電子分布は理想的な状況下ではゲート電圧に依存しないからである．そこで名取は，図9.10(a)の$x=x_{max}$の位置，すなわちボトルネック点で電流を表現することを考えた[17),18)]．その際，ソース内のキャリアはほぼ熱平衡状態にあると考えて，ボトルネック点では正の速度（すなわちソースからドレイン方向）をもつ熱平衡状態の電子がチャネルに向かって注入されると仮定する．ボトルネック点のエネルギー高さは，ゲート酸化膜を介した容量結合によってゲート電圧で制御されるため，その電子密度はゲート電圧で変化する．このボトルネック点の電子密度とドレイン電流から，チャネルへの**注入速度**（injection velocity）v_{inj}という概念が生まれた．そこでつぎに，ボトルネック点での電流の表現を求めることにする．

　いま，チャネル内のポテンシャル変化は十分になめらかで電子波の反射（量子反射）は無視でき，さらに散乱がないことを考えると，式(9.44)の透過確率は**図9.11**のように階段状の関数で与えることができる．これを式で表すとつぎのようになる．

9.2 ナノ構造の電流密度

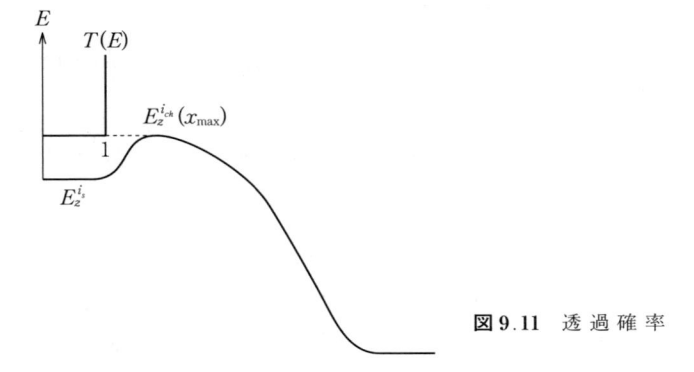

図 9.11 透過確率

$$T_{i_s}(E_x, V_D, V_G) = \begin{cases} 1 & (E_x + E_z^{i_s} \geqq E_z^{i_{ch}}(x_{\max})) \\ 0 & (その他の場合) \end{cases} \quad (9.47)$$

先述したとおり,ボトルネック点のエネルギー高さ $E_z^{i_{ch}}(x_{\max})$ はゲート電圧の影響を含んでいる.したがって,ゲート電圧はチャネルに流れ込む電子数を制御する役目をしているが,エネルギーの基準としているソースから見た場合には,透過確率 $T_{i_s}(E_x, V_D, V_G)$ を変調しているとみなすこともできる.そこで式 (9.47) を式 (9.44) に代入すると

$$\begin{aligned}
I_D &= \frac{e}{\pi^2 \hbar^2} \sum_{i_s} \sqrt{\frac{m_y}{2}} \int_0^\infty dE_y \int_{E_z^{ick}(x_{\max}) - E_z^{is}}^\infty dE_x \\
&\quad \times \frac{1}{\sqrt{E_y}} \left(f_{FD}^{i_s}(\phi_{FS}, E) - f_{FD}^{i_s}(\phi_{FS} - eV_D, E) \right) \\
&= \frac{e}{\pi^2 \hbar^2} \sum_{i_{ch}} \sqrt{\frac{m_y}{2}} \int_0^\infty dE_y \int_0^\infty dE_x \\
&\quad \times \frac{1}{\sqrt{E_y}} \left(f_{FD}^{i_{ch}}(\phi_{FS}, E) - f_{FD}^{i_{ch}}(\phi_{FS} - eV_D, E) \right) \quad (9.48)
\end{aligned}$$

と変形することができる.ここで上式の第 2 式では,ボトルネック点のサブバンド指標 i_{ch} で電流が表現されていることに注目していただきたい.特に,被積分関数のフェルミ・ディラック分布関数は,次式のように,ボトルネック点の量子準位サブバンドエネルギー $E_z^{i_{ch}}(x_{\max})$ で記述されることになる.

$$f_{FD}^{i_{ch}}(\phi_{FS}, E) = \frac{1}{\exp\left[\left(E_x + E_y + E_z^{i_{ch}}(x_{\max})(V_G) - \phi_{FS}\right)/k_B T\right] + 1} \quad (9.49)$$

$$f_{FD}^{i_{ch}}(\phi_{FS} - eV_D, E) = \frac{1}{\exp\left[\left(E_x + E_y + E_z^{i_{ch}}(x_{\max})(V_G) - \phi_{FS} + eV_D\right)/k_B T\right] + 1}$$
$$(9.50)$$

このように名取モデルでは,ボトルネック点においてもフェルミ・ディラック分布関数(熱平衡状態)が成り立つと仮定している.さらに透過確率が1であることから,散乱などによってキャリアがチャネル内からソースに戻ることはないため,結局,ボトルネック点の運動量分布関数はチャネル方向の速度成分のみをもつ**完全半形型のフェルミ・ディラック分布関数**(hemi-Fermi-Dirac distribution function)を仮定していることになる.この仮定はほぼ正しいことが,モンテカルロ計算による解析により確かめられている[19].そして式(9.48)のエネルギー積分を実行し結果を整理すると,バリスティック MOSFET のドレイン電流は最終的に次式で与えられる(付録 A).

$$I_D = \frac{\sqrt{2}\, e(k_B T)^{3/2}}{\pi^2 \hbar^2} \sum_{i_{ch}} \sqrt{m_y} \left[F_{1/2}\left(\frac{\phi_{FS} - E_z^{i_{ch}}(x_{\max})(V_G)}{k_B T}\right) \right.$$
$$\left. - F_{1/2}\left(\frac{\phi_{FS} - eV_D - E_z^{i_{ch}}(x_{\max})(V_G)}{k_B T}\right) \right]$$
$$(9.51)$$

ここで $F_{1/2}$ は式(9.17)で定義されるフェルミ・ディラック積分である.

一方,ボトルネック点における面電荷密度 Q は式(9.49)と式(9.50)から求めることができ,次式で与えられる(付録 B).

$$Q = 2e \sum_{i_{ch}} \frac{1}{(2\pi)^2} \int_{-\infty}^{\infty} dk_y \int_0^{\infty} dk_x f_{FD}^{i_{ch}}(\phi_{FS}, k_x, k_y)$$
$$+ 2e \sum_{i_{ch}} \frac{1}{(2\pi)^2} \int_{-\infty}^{\infty} dk_y \int_{-\infty}^0 dk_x f_{FD}^{i_{ch}}(\phi_{FS} - eV_D, k_x, k_y)$$

$$= \frac{ek_B T}{2\pi \hbar^2} \sum_{i_{ch}} \sqrt{m_x m_y} \, \ln \left\{ \left[1 + \exp\left(\frac{\phi_{FS} - E_z^{i_{ch}}(x_{\max})(V_G)}{k_B T} \right) \right] \right.$$

$$\left. \times \left[1 + \exp\left(\frac{\phi_{FS} - eV_D - E_z^{i_{ch}}(x_{\max})(V_G)}{k_B T} \right) \right] \right\} \quad (9.52)$$

したがって，注入速度 v_{inj} は式(9.51)と式(9.52)を計算することにより次式で求めることができる．

$$I_D = Q v_{inj} \quad (9.53)$$

絶縁膜厚・しきい値電圧・ゲート電圧一定の下では誘起電荷量は一定であるので，高電流駆動力化の本質はソース端での高いキャリア速度であることがわかる．なお，ドレイン電圧 V_D が十分に大きい場合，式(9.51)と式(9.52)の右辺第2項は無視できる．したがって，バリスティック MOSFET の電流駆動力はチャネル長やドレイン電圧には依存せず，MOSFET として得られる最大の電流値を与えている．このため名取モデルは，デバイス性能の観点で微細化の到達点を示す有用な理論モデルとなっている（10.4.4項 準バリスティック輸送 参照）．

付録 A 式(9.51)の導出

式(9.48)のエネルギー積分を省略しないで示すと以下のようになる．

$$I_0 = \int_0^\infty dE_y \int_0^\infty dE_x \frac{1}{\sqrt{E_y}} \left[f_{FD}^{i_{ch}}(\phi_{FS}, E) - f_{FD}^{i_{ch}}(\phi_{FS} - eV_D, E) \right]$$

$$= \int_0^\infty dE_y \frac{1}{\sqrt{E_y}} \int_0^\infty dE_x \left\{ \frac{1}{\exp\left[\left(E_x + E_y + E_z^{i_{ch}}(x_{\max}) - \phi_{FS} \right)/k_B T \right] + 1} - \cdots \right\}$$

$$= \int_0^\infty dE_y \frac{1}{\sqrt{E_y}} \int_0^\infty dE_x \left\{ \frac{\exp\left[-\left(E_x + E_y + E_z^{i_{ch}}(x_{\max}) - \phi_{FS} \right)/k_B T \right]}{\exp\left[-\left(E_x + E_y + E_z^{i_{ch}}(x_{\max}) - \phi_{FS} \right)/k_B T \right] + 1} - \cdots \right\}$$

$$= \int_0^\infty dE_y \frac{1}{\sqrt{E_y}} \left(-k_B T \left[\ln \left\{ \exp\left[-\left(E_x + E_y + E_z^{i_{ch}}(x_{\max}) - \phi_{FS}\right)/k_B T \right] + 1 \right\} \right]_0^\infty + \cdots \right)$$

$$= \int_0^\infty dE_y \frac{1}{\sqrt{E_y}} \left[k_B T \ln \left\{ \exp\left[-\left(E_y + E_z^{i_{ch}}(x_{\max}) - \phi_{FS}\right)/k_B T \right] + 1 \right\} - \cdots \right]$$

$$= k_B T \int_0^\infty dE_y \left(2\sqrt{E_y}\right)' \left[\ln \left\{ \exp\left[-\left(E_y + E_z^{i_{ch}}(x_{\max}) - \phi_{FS}\right)/k_B T \right] + 1 \right\} - \cdots \right]$$

$$= k_B T \Biggl(\left[\left(2\sqrt{E_y}\right) \ln \left\{ \exp\left[-\left(E_y + E_z^{i_{ch}}(x_{\max}) - \phi_{FS}\right)/k_B T \right] + 1 \right\} \right]_0^\infty$$

$$- \int_0^\infty dE_y \frac{2\sqrt{E_y}}{-k_B T} \frac{\exp\left[-\left(E_y + E_z^{i_{ch}}(x_{\max}) - \phi_{FS}\right)/k_B T \right]}{\exp\left[-\left(E_y + E_z^{i_{ch}}(x_{\max}) - \phi_{FS}\right)/k_B T \right] + 1} \Biggr)$$

$$\vdots$$

$$= 2\int_0^\infty dE_y \frac{\sqrt{E_y}}{\exp\left[\left(E_y + E_z^{i_{ch}}(x_{\max}) - \phi_{FS}\right)/k_B T \right] + 1}$$

$$- 2\int_0^\infty dE_y \frac{\sqrt{E_y}}{\exp\left[\left(E_y + E_z^{i_{ch}}(x_{\max}) - \phi_{FS} + eV_D\right)/k_B T \right] + 1}$$

ここで

$$E_y/k_B T = y, \quad \left[\phi_{FS} - E_z^{i_{ch}}(x_{\max})\right]/k_B T = u, \quad \left[\phi_{FS} - eV_D - E_z^{i_{ch}}(x_{\max})\right]/k_B T = u'$$

と変数変換すると

$$I_0 = 2\int_0^\infty dy \frac{k_B T \sqrt{k_B T y}}{1 + \exp(y - u)} - 2\int_0^\infty dy \frac{k_B T \sqrt{k_B T y}}{1 + \exp(y - u')}$$

$$= 2(k_B T)^{3/2} \int_0^\infty dy \frac{y^{1/2}}{1 + \exp(y - u)} - 2(k_B T)^{3/2} \int_0^\infty dy \frac{y^{1/2}}{1 + \exp(y - u')}$$

$$= 2(k_B T)^{3/2} \left[F_{1/2}\left(\frac{\phi_{FS} - E_z^{i_{ch}}(x_{\max})}{k_B T} \right) - F_{1/2}\left(\frac{\phi_{FS} - qV_D - E_z^{i_{ch}}(x_{\max})}{k_B T} \right) \right]$$

となる。ここでフェルミ・ディラック積分(9.17)を用いた。上式を式(9.48)に戻すと名取の電流式(9.51)が導かれる。

付録B 式(9.52)の導出

2次元電子ガスの全エネルギーをシリコン伝導帯の非等方性を考慮して次式で与える。

$$E_{\boldsymbol{k}} = \frac{\hbar^2 k_x^2}{2m_x} + \frac{\hbar^2 k_y^2}{2m_y} + E_z^{i_{ch}}$$

このように非等方性がある場合の積分には，つぎのHerring-Vogt変換を用いると便利である。

$$k_x' = \left(\frac{m_d}{m_x}\right)^{1/2} k_x, \qquad k_y' = \left(\frac{m_d}{m_y}\right)^{1/2} k_y$$

ここで m_d は任意の有効質量とする。このとき波数積分の変数は

$$dk_x dk_y = \left(\frac{m_x}{m_d}\right)^{1/2} dk_x' \cdot \left(\frac{m_y}{m_d}\right)^{1/2} dk_y'$$

と変換される。さらにエネルギー積分に変換する際には

$$E_{\boldsymbol{k}} = \frac{\hbar^2}{2m_x} \frac{m_x}{m_d} k_x'^2 + \frac{\hbar^2}{2m_y} \frac{m_y}{m_d} k_y'^2 + E_z^{i_{ch}}$$

$$= \frac{\hbar^2 k_x'^2}{2m_d} + \frac{\hbar^2 k_y'^2}{2m_d} + E_z^{i_{ch}}$$

$$= \underbrace{\frac{\hbar^2 k_t'^2}{2m_d}}_{E_t} + E_z^{i_{ch}}$$

となることから，横方向エネルギー E_t はHerring-Vogt変換後の波数 k_t' を用いて

$$E_t = \frac{\hbar^2 k_t'^2}{2m_d}$$

と表すことができる。これらを用いると

$$Q = 2e \sum_{i_{ch}} \frac{1}{(2\pi)^2} \frac{(m_x m_y)^{1/2}}{m_d} \int_{-\infty}^{\infty} dk_y' \int_{0}^{\infty} dk_x' f_{FD}^{i_{ch}}(\phi_{FS}, k_x', k_y')$$

$$+ 2e \sum_{i_{ch}} \frac{1}{(2\pi)^2} \frac{(m_x m_y)^{1/2}}{m_d} \int_{-\infty}^{\infty} dk_y' \int_{-\infty}^{0} dk_x' f_{FD}^{i_{ch}}(\phi_{FS} - eV_D, k_x', k_y')$$

となる。ここで円筒座標積分に変換するが，k_x' の積分範囲が $-\infty \leq k_x' \leq \infty$ の半分であることに注意すると

168   9. ナノ構造の電子物理

$$Q = 2e\sum_{i_{ch}} \frac{1}{(2\pi)^2} \frac{(m_x m_y)^{1/2}}{m_d} \int_0^\infty dk_t' k_t' \int_0^\pi d\theta\, f_{FD}^{i_{ch}}(\phi_{FS}, k_t') + \cdots$$

$$= 2e\sum_{i_{ch}} \frac{1}{(2\pi)^2} \frac{(m_x m_y)^{1/2}}{m_d} \pi \int_0^\infty k_t' dk_t' f_{FD}^{i_{ch}}(\phi_{FS}, k_t') + \cdots$$

となる.つぎに,横方向波数 k_t' の積分を式(9.29)の関係を用いて横方向エネルギーの積分に変えると

$$Q = \frac{e}{2\pi}\sum_{i_{ch}} \frac{(m_x m_y)^{1/2}}{m_d} \frac{m_d}{\hbar^2} \int_0^\infty dE_t\, f_{FD}^{i_{ch}}(\phi_{FS}, E_t) + \cdots$$

$$= \frac{e}{2\pi\hbar^2}\sum_{i_{ch}} (m_x m_y)^{1/2} \int_0^\infty dE_t \frac{1}{\exp\left[\left(E_t + E_z^{i_{ch}}(x_{\max}) - \phi_{FS}\right)/k_B T\right] + 1} + \cdots$$

$$= \frac{e}{2\pi\hbar^2}\sum_{i_{ch}} (m_x m_y)^{1/2}(-k_B T)\left[\ln\left\{\exp\left[-\left(E_t + E_z^{i_{ch}}(x_{\max}) - \phi_{FS}\right)/k_B T\right] + 1\right\}\right]_0^\infty + \cdots$$

$$= \frac{e k_B T}{2\pi\hbar^2}\sum_{i_{ch}} (m_x m_y)^{1/2}\left\{\ln\left[1 + \exp\left(\frac{\phi_{FS} - E_z^{i_{ch}}(x_{\max})(V_G)}{k_B T}\right)\right]\right.$$

$$\left. + \ln\left[1 + \exp\left(\frac{\phi_{FS} - eV_D - E_z^{i_{ch}}(x_{\max})(V_G)}{k_B T}\right)\right]\right\}$$

$$= \frac{e k_B T}{2\pi\hbar^2}\sum_{i_{ch}} \sqrt{m_x m_y}\, \ln\left\{\left[1 + \exp\left(\frac{\phi_{FS} - E_z^{i_{ch}}(x_{\max})(V_G)}{k_B T}\right)\right]\right.$$

$$\left.\times \left[1 + \exp\left(\frac{\phi_{FS} - eV_D - E_z^{i_{ch}}(x_{\max})(V_G)}{k_B T}\right)\right]\right\}$$

となり式(9.52)が導かれる.

演 習 問 題

【1】 式(9.5)を導出せよ.
【2】 式(9.12)を導出せよ.
【3】 式(9.15)と式(9.16)を導出せよ.
【4】 図9.5の左側電極内の波動関数を用いて J_{12} を表現し,式(9.25)と同じ電流密

度の式が得られることを確認せよ．ただし左側電極内の波動関数は，振幅反射率 r を用いて次式で表されるとする．

$$\varphi_k(\boldsymbol{r}) = \frac{1}{\sqrt{\Omega}}\left(e^{ik_x x} + r(k_x)e^{-ik_x x}\right)e^{i\boldsymbol{k}_t \cdot \boldsymbol{r}_t}$$

また確率密度の保存の関係（$|r(k_x)|^2 + |t(k_x)|^2 = 1$）を用いること．

【5】 式(9.31)を導出せよ．

【6】 8章で学んだように，Si の伝導帯最下端のバンド構造は X 点付近に六つの等価な回転楕円体形状の等エネルギー面をもっている（図8.13(b)）．このことを考慮して，図 9.12 に示す正方形断面をもつ Si 量子細線（$\langle 010 \rangle$ 方向）の量子化コンダクタンスの値（第1ステップ）を求めなさい．

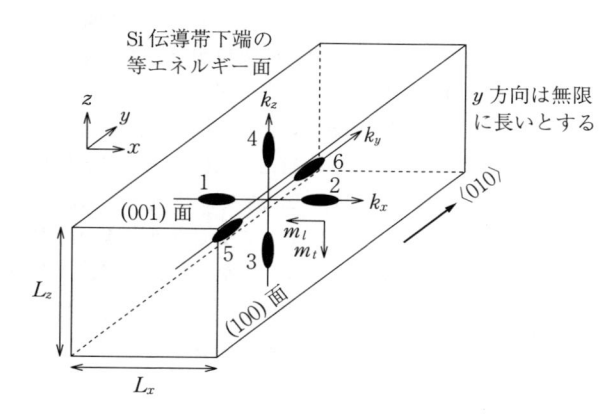

図 9.12 正方形断面をもつ $\langle 010 \rangle$ 方向 Si 量子細線の模式図

【7】 式(9.51)～(9.53)を用いて，ドレイン電圧 V_D が十分に大きい場合のドレイン飽和電流と注入速度の N_s（$Q = eN_s$）依存性を計算しグラフにせよ．温度依存性についても検討せよ．

10 ナノ MOS トランジスタ

　半導体集積回路（VLSI）は，高度情報化社会を支える上で最も基盤となるハードウェア技術である。パーソナルユースをベースに進展したコンピューティングネットワーク技術から，近未来での実現が予想されているユビキタス社会のインフラ，さらには省エネルギー社会（グリーン社会）や生体応用エレクトロニクスの実現に至るまで，VLSI は今後とも，その情報処理システムの根幹を担うキーテクノロジーとして高性能化・高機能化が引き続き強く求められている[20]。この VLSI の性能向上は，これまで基本的に，回路の最小構成ユニットである Si-MOSFET の高性能化によって支えられてきた。本章では，この Si-MOSFET の性能向上を長年支えてきたスケーリング則と，その微細化に伴い出現するさまざまな物理的限界を説明する。そして最近注目を集めているスケーリングに頼らない新しい性能向上技術を紹介する。

10.1　ムーアの法則

　Si-MOSFET の性能向上の指導原理は，ムーア（Moore）の法則，すなわち比例縮小（スケーリング）則であった。**図 10.1** に Si-MOSFET のスケーリングの様子を示している。アメリカ Texas Instruments 社の J. Kirby 氏によって集積回路が発明されたのが 1959 年であり，それ以降，Si-MOSFET のゲート長は 2010 年までに 3 桁以上縮小され，さらに 2018 年ごろには 7 nm になると予想されている。それに伴って VLSI への集積トランジスタ数は 2 年で 2 倍に増えるというムーアの法則が現在も続いており，将来は一つの VLSI 上に数百億個以上の Si-MOSFET が集積化される見通しである。

　しかしながら，ナノスケールにまで到達した微細化技術には，後節で述べる

図 10.1 MOSFET のスケーリング（ムーアの法則）

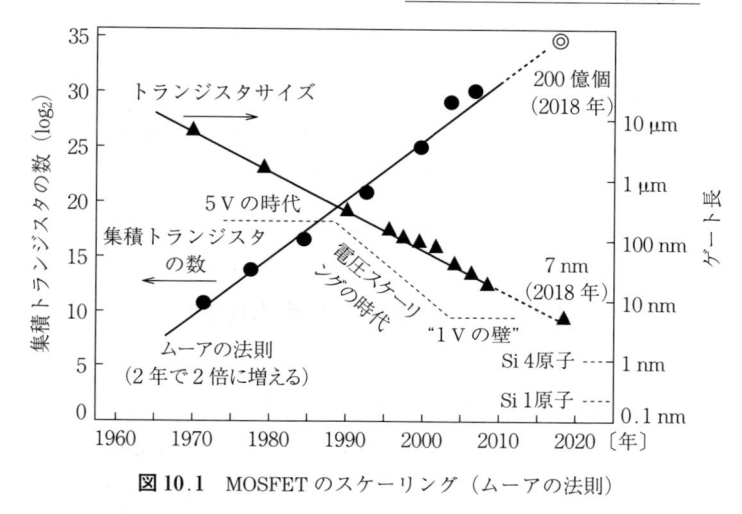

ようにさまざまな物理的限界が見え始めており，従来のスケーリング則のみでは Si-VLSI の性能を向上させることが難しくなってきた．さらに 2005 年以降，VLSI の消費電力が問題となってきた．スケーリングには Si-MOSFET の寸法を小さくするだけでなく，電源電圧もその寸法に応じて低減させる必要があるが，図 10.1 に示すように，2005 年以降，その電源電圧が種々の理由により 1 V 付近で下げ止まってしまった．これを"1 V の壁"と呼んでおり，このため近年の VLSI の消費電力は"うなぎのぼり"である．VLSI の消費電力を下げるには，低電圧駆動型の高速スイッチング素子の開発が不可欠となっており，高移動度半導体やカーボンナノチューブ，グラフェンなどの新材料の導入に加え，マルチゲート，立体構造などの新構造トランジスタの開発に期待が集まっている．さらに，新しい動作原理を導入して極低消費電力化を実現する試みが始まっており，インパクトイオン化現象や量子トンネル効果などの物理現象が注目されている．

　本章では，まず Si-MOSFET の基本動作を復習した後，従来のスケーリング則である **Dennard スケーリング**（Dennard scaling）について簡単にまとめる．そしてゲート長の微細化により現れるさまざまな物理現象を説明し，最後にス

ケーリングに頼らない新しい性能向上技術(テクノロジーブースター)について説明していく。なお,テクノロジーブースターについては基礎研究の段階にあるものが多く,それらが実用化されるには多くの課題が残っている。また,今後も新しいブースター技術が提案される可能性も十分にあり,是非とも,日本から新しいアイデアや概念が発信されることを望んでいる。

10.2 MOSFETの基本動作

　MOS(metal-oxide-semiconductor)の略からわかるように,MOSFETでは金属-酸化膜-半導体接合が基本構造である。本節では,MOSFETの基本動作を復習する。ただし詳細な動作理論については省略しているので,必要に応じて既刊の良書を参考にしていただきたい。それではまず,金属-半導体接合から復習する。

10.2.1　金属-半導体接触

　金属と半導体を接触させた場合の接合界面付近のポテンシャル分布を**図10.2**に示す。ここでは半導体はn形半導体を考えている。一般に,金属と半導体のフェルミエネルギーは異なっているため,両者が接触した後にはフェルミエネルギーの高いほうから低いほうへ電子の移動が生じ,最終的に両者のフェルミエネルギーが一致した状態で落ち着く(熱平衡状態)。したがって,金属の仕事関数 ϕ_m と半導体の電子親和力 χ_s の大小関係から,図(b)と図(c)に示すようにショットキー接触とオーミック接触の2通りに分けられる。ショットキー接触の場合は界面に $\phi_m - \chi_s$ の障壁ができるため,その電流-電圧特性は整流特性を示す。一方,オーミック接触の場合は通常の抵抗と同様にオームの法則に従った電流-電圧特性を示す[†]。両者の電流-電圧特性の比較を

[†] オーミック接触は不安定で実用に使われることは少ない。本文中で述べたように,ショットキー接触界面の半導体側に高濃度ドーピングを行いトンネル効果により実質的な抵抗を十分に下げる方法が,一般的なオーミック電極の形成方法である。

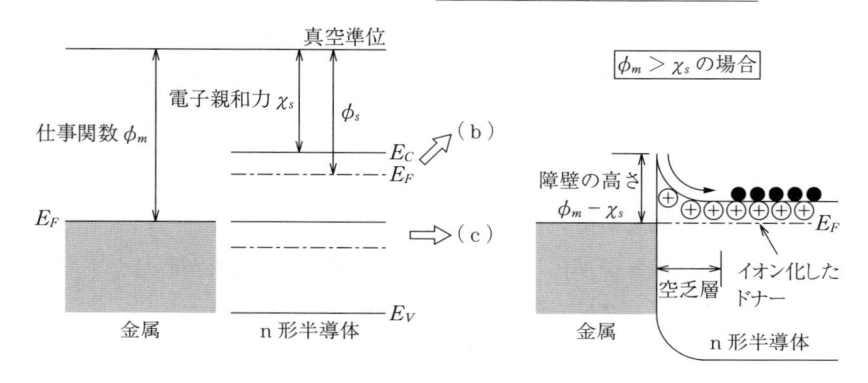

10.2 MOSFET の基本動作

(a) 接触前 — 真空準位、仕事関数 ϕ_m、電子親和力 χ_s、ϕ_s、E_C、E_F、E_V、金属、n形半導体

(b) 接触後の熱平衡状態(ショットキー接触) — $\phi_m > \chi_s$ の場合、障壁の高さ $\phi_m - \chi_s$、空乏層、イオン化したドナー、E_F、金属、n形半導体

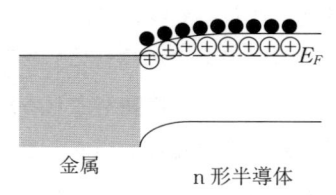

(c) 接触後の熱平衡状態(オーミック接触) — $\phi_m < \chi_s$ の場合、E_F、金属、n形半導体

図 10.2 金属-n形半導体接触

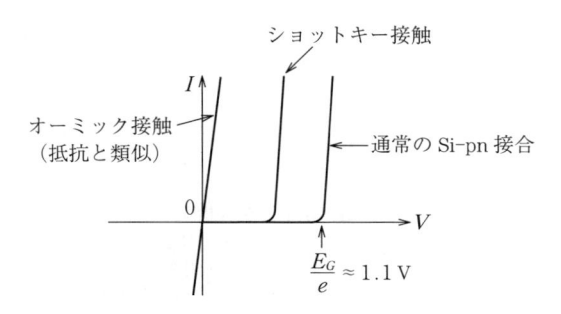

ショットキー接触、オーミック接触(抵抗と類似)、通常の Si-pn 接合、$\dfrac{E_G}{e} \approx 1.1\,\mathrm{V}$

図 10.3 金属-半導体接触の電流-電圧特性

図 10.3 に示す。ショットキー接触の順バイアスでの電流の立上りが通常の Si-pn 接合に比べて低電圧で起こる理由は各自で考えてみよ（演習問題【1】）。MOSFET をはじめ半導体デバイスでは，必ず外部端子との間に電極が設けられるが，金属-半導体間の接触抵抗を下げるために

- 仕事関数が最適となる金属材料を選ぶ
- ショットキー障壁が存在してもトンネル効果により電流が流れやすくなるように，ドーピング量の多い半導体を電極付近に用いる

などの工夫が施されている。

10.2.2 金属-酸化膜-半導体接合

つぎに金属と半導体の間に酸化膜（絶縁体）を挟んだ MOS 構造を考える。ここでは n チャネル MOSFET を想定して，図 10.4 に示すように半導体材料は p 形 Si とする。酸化膜はシリコン酸化膜（SiO_2）とし，その膜厚は十分に厚くトンネル効果などによるリーク電流はないと仮定する。この場合にも熱平衡状態では，金属と半導体をつなぐ外部回路を通して電子の移動が生じるため，金属と p 形 Si のフェルミエネルギーは一致した状態になっている。この MOS 構造の金属電極に加える電圧を負から正に変化させたときのポテンシャルエネルギー分布を，図 10.5 に示す。ただし p 形 Si はつねに接地した状態と

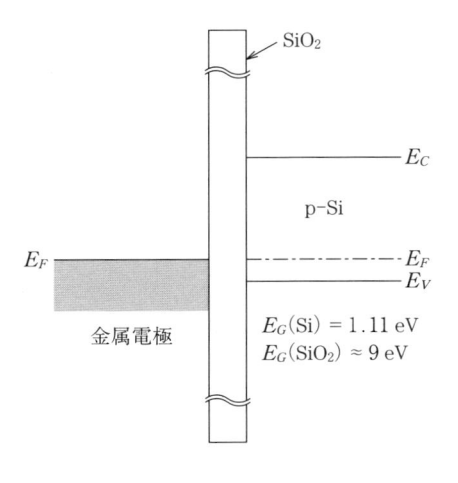

図 10.4 MOS 構造（フラットバンド電圧はゼロとしている。すなわち，酸化膜内電荷はゼロでかつ，金属-半導体間の仕事関数差もゼロ）

$E_G(Si) = 1.11$ eV
$E_G(SiO_2) \approx 9$ eV

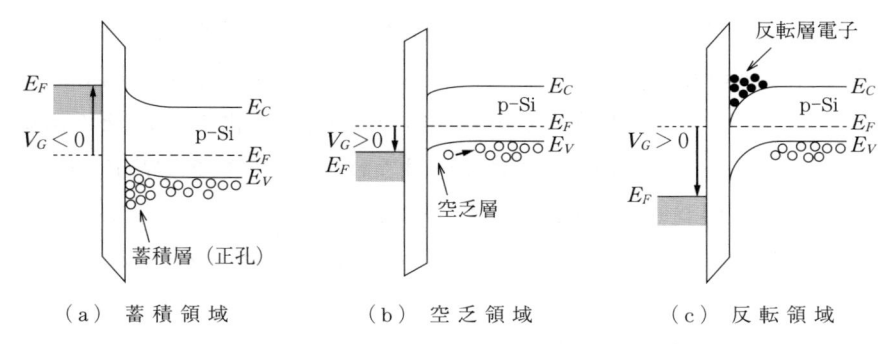

図 10.5 MOS 構造のポテンシャルエネルギー分布

する。まず $V_G < 0$ の場合は，Si/SiO$_2$ 界面付近の価電子帯に基板内よりも多くの正孔が集められることになり，これを蓄積層と呼ぶ。一方，比較的小さな正の電圧（$V_G > 0$）を加えると，界面付近の正孔が基板内に押しやられキャリアが存在しない空乏層が発生する。この空乏層は金属電極内の正の電荷量と空乏層内の負のアクセプタ電荷量が釣り合う必要があるために V_G の増加とともに広がっていく。さらに，十分に大きな正の電圧を加えると，今度は少数キャリアである電子が界面付近に誘起されることになる。これを反転層と呼ぶが，MOSFET では n 形ソース・ドレイン電極間の電流経路になるという意味から，チャネルとも呼ばれている。反転層が生じた後は V_G の上昇によって増加した金属電極内の正電荷との釣合いは反転層電子が担うことになるため，V_G の増加による空乏層の広がりは抑えられることになる。次項で述べる MOSFET の通常の動作では，図 10.5(b) の空乏領域がオフ状態に，図(c) の反転領域がオン状態に対応する。ソース電極およびドレイン電極をもたない，いわゆる MOS キャパシタでは，金属電極に正の電圧を与えて p 形 Si の表面に反転層電子を誘起するのに，通常 10〜100 ミリ秒程度の時間を要するといわれている。これは価電子帯の電子が伝導帯へ熱励起するための時間に相当する。これに対して LSI を動かしている MOSFET では，ソースからチャネルに電子が注入されて反転状態をつくるため，上記の時間よりもはるかに高速なオン・オフ動作（例えば 3 GHz を越えるクロック周波数の LSI）が実現されている。

このように半導体,特に Si のもつ優れた特性の一つに,ゲート電圧によって半導体表面の電子状態を自由に制御できることが挙げられる(この他にも,ドーピングにより Si の抵抗率を $10^{-4} \sim 10^4\,\Omega\cdot\text{cm}$ まで変化できることも他の材料にはない優れた性質の一つである)。すなわち,$V_G < 0$ では界面付近は p 形であるが,$V_G \gg 0$ では n 形に変化させることができる。この制御性こそが半導体の特徴であり,集積化デバイスとしての Si の優位性となっている。

10.2.3　MOSFET の動作原理

MOSFET の基本構造を図 10.6(a)に示す。ちなみに図 10.5 はこの図のゲート電極から p-Si 基板に向かってのポテンシャルエネルギー分布を描いたものである。実際の集積回路では,図(b)に示すように n チャネル MOSFET と p チャネル MOSFET をペアにして,スイッチング素子の基本構成として用いている。これを **CMOS**(complementary MOS)**構造**と呼んでいる。CMOS 構造

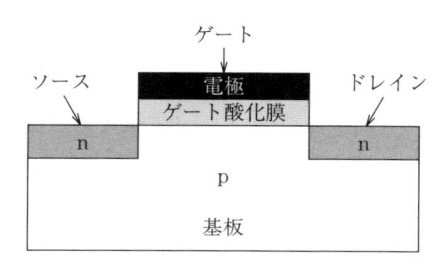

(a) n チャネル MOSFET

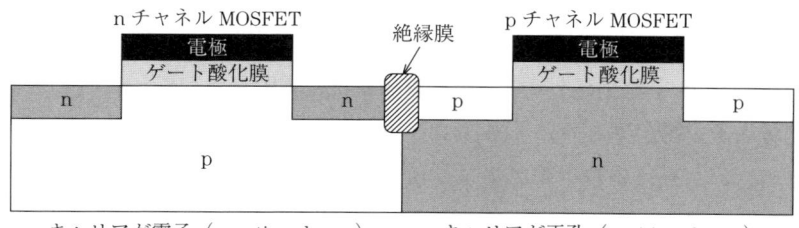

(b) CMOS

図 10.6　MOSFET の構造

を用いると回路のオン・オフ切換時にのみ電流が流れる仕組みをつくることができ，消費電力を大幅に抑制することが可能となる．

つぎにnチャネルMOSFETの動作原理を**図10.7**を用いて説明する[21]．まずゲート電圧をゼロにして，ドレイン電圧のみを印加した場合を図(a)に示す．この場合はいわゆるオフ状態に相当する．すなわちゲート直下のp形半導体表面には反転層が形成されておらずソースからドレインに流れる電子は存在しないため，電流はほぼゼロになる．ゲート電圧をしきい値付近まで大きくした場合が図(b)である．このときはp形半導体表面に反転層が形成され始めた段階にあり，わずかにソースからドレインに向かって電子が流れ始める．図(a)と図(b)の間を**サブスレショルド領域**（subthreshold region）と呼び，その電流変化の急峻さをサブスレショルド係数（$S = \partial V_G / \partial \log I_D = \log_e 10 \times$

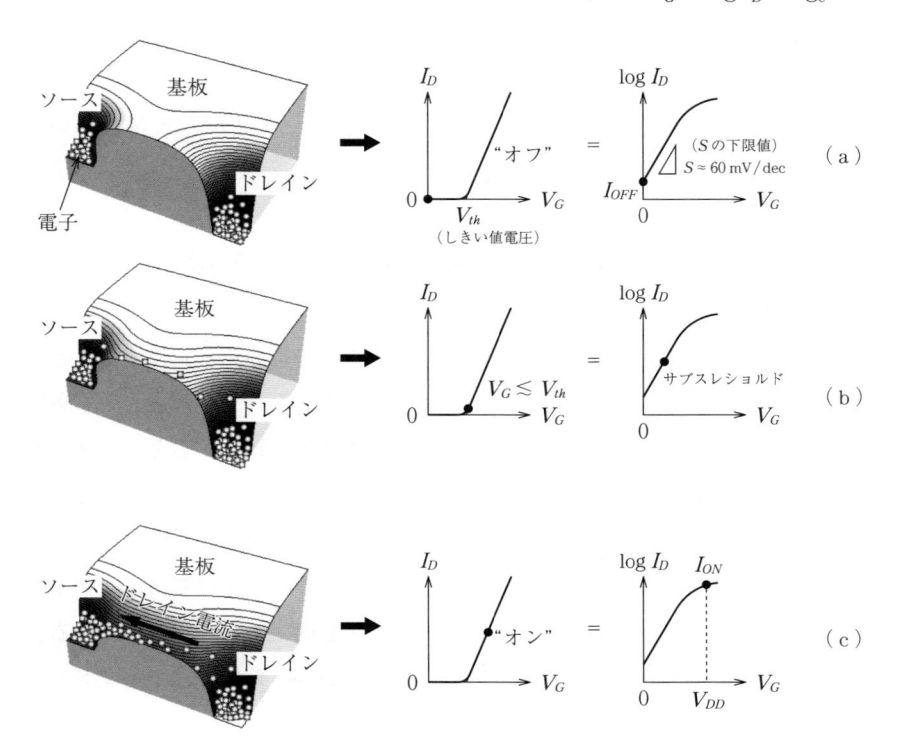

図10.7 nチャネルMOSFETの動作原理とI_D-V_G特性

$k_B T/q$) で表す.上記の動作原理では,ソースからチャネルに注入される電子数はソースからの熱放出過程で支配されるため,S 値には下限が存在し室温では約 60 mV/dec となる(mV/dec の意味は,ドレイン電流が 1 桁(decade)変化するのに必要なゲート電圧の値である.S 値はスケーリングできないパラメータであるため LSI の低電圧化の障害となっている.10.6 節を参照のこと).さらにゲート電圧を大きくすると,図(c)のように反転層が形成されオン電流が流れる.これが現在の MOSFET の動作原理である.このように MOSFET では,オフ電流値 I_{OFF},サブスレッショルド係数 S 値,オン電流値 I_{ON} と電源電圧 V_{DD} が重要な性能パラメータとなる.この点に留意しながら以下の節を読み進めていただきたい.なお,上記の動作原理では npn 接合が必須であるが,近年進展が著しいマルチゲート構造技術を用いることで npn 接合を必要としない,すなわち nnn 構造あるいは ppp 構造のトランジスタが実現可能となっている(ジャンクションレストランジスタ).微細化に適した構造であることに加えてさまざまな利点があることから,現在活発な研究が進められている(10.6.3 項 参照).

10.3 Dennard スケーリング(比例縮小則)

Dennard スケーリングはもともとは,チャネル内の電界を一定にすることを目的としたスケーリング則($1/k$ スケーリング)である.すなわち,ゲート電圧,ドレイン電圧をそのままにして単純にチャネル長を短くすると,チャネル中の縦方向,横方向電界がともに著しく高くなり,材料(SiO_2,Si)自体の絶縁破壊が生じる.また,ソースとドレインの空乏層が重なり,パンチスルー現象が生じゲートによる電流の制御が利かなくなる.これを避けるには,短チャネルデバイスにおける電界を長チャネルデバイスと同一にし,高電界によるデバイス特性の劣化を防ぐことである.以下に,Dennard らによって提案されたスケーリング則を述べる.

(1) MOSFET の平面方向(チャネル長,チャネル幅)および縦方向(ゲー

ト酸化膜厚,ソース・ドレイン接合深さ)のすべての寸法を一定の比率($k>1$)で縮小する。

(2) すべての電圧(ゲート電圧,ドレイン電圧,しきい値電圧)を $1/k$ にする。その結果,チャネルの平均電界 $E=V/L$ は一定に保たれる。

(3) チャネル領域のドーピング密度を k 倍にする。

図10.8に比例縮小の具体的な様子を示し,**表10.1**にデバイスパラメータの縮小係数をまとめて示す[22]。基板不純物密度を k 倍にする理由は,10.4節 短チャネル効果 のところで詳しく説明する。さらに**表10.2**に,Dennardスケーリングの結果得られる回路性能パラメータを示している。実はDennardスケーリングの重要な結論は,チャネル内の電界を一定にすることよりも,むしろデバイスを縮小することによって表10.2に示すように,遅延時間(スイッチング時間)が早くなり,かつ回路の消費電力密度を一定に保てるという点にあ

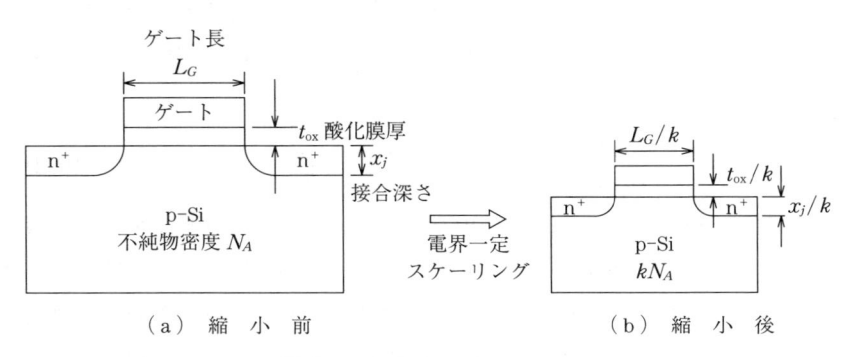

図10.8 Dennardスケーリング

表10.1 デバイスパラメータ

デバイスパラメータ	縮小係数
ゲート長 L_G	$1/k$
ゲート幅 W	$1/k$
ゲート酸化膜厚 t_{ox}	$1/k$
接合深さ x_j	$1/k$
基板不純物密度 N_A	k
電圧 V (V_G, V_D, V_{th})	$1/k$
電界強度 E	1

表10.2 回路性能パラメータ

回路性能	縮小係数
電流 I	$1/k$
ゲート容量 C	$1/k$
遅延時間 CV/I	$1/k$
消費電力 VI	$1/k^2$
消費電力密度 VI/A	1

る。すなわち，消費電力を増大させることなく，LSI の性能を向上させることが可能となっている。このことが指導原理となり，LSI の高速化・高機能化・高信頼化が推し進められてきた（図 10.1）。

ここで，回路性能パラメータについて少し詳しく説明する。表 10.2 の電流 I は図 10.7 で説明したオン電流値 I_{ON} 〔A〕のことであり，長チャネル MOSFET の場合は次式で与えられる（演習問題【2】）。

$$I_{ON} = \frac{W\mu}{2L_G} C_G (V_G - V_{th})^2 \tag{10.1}$$

ここで W：ゲート幅，L_G：ゲート長，μ：キャリア移動度，C_G：単位面積当りのゲート容量，V_G：ゲート電圧，V_{th}：しきい値電圧を表す。キャリア移動度 μ は MOSFET の反転層移動度であり，6.2 節の Si のバルク移動度（1 450 cm^2/(V・s)）とは異なることに注意が必要である。通常の Si-MOSFET では，反転層移動度はバルク移動度よりも小さな値を示す（付録 A）。さてデバイスパラメータを表 10.1 のようにスケーリングすると，$C_G = \varepsilon/t_{ox} \Rightarrow \varepsilon/(t_{ox}/k) = kC_G$ より

$$I_{ON} \Rightarrow \frac{(W/k)\mu}{2L_G/k} \cdot kC_G \cdot \left(\frac{V_G}{k} - \frac{V_{th}}{k}\right)^2 = \frac{I_{ON}}{k} \tag{10.2}$$

となることがわかる。つぎに，表 10.2 のゲート容量 C はゲートの全静電容量を表しており，$C = \varepsilon S/t_{ox} = \varepsilon(W \times L_G)/t_{ox}$ より $C \Rightarrow C/k$ となる。遅延時間は MOSFET のオン・オフ間のスイッチング時間を表しておりつぎのように求められる。チャネルを流れる電流を電子密度分布 $n(x)$ と電子速度分布 $v(x)$ を用いて $I = Sqn(x)v(x)$ と表すと，オン状態でチャネルに存在する電子がすべてドレイン電極に到達し，電流が流れなくなるまでに要する時間は

$$\tau = \int_0^{L_G} \frac{dx}{v(x)} = \frac{Sq}{I} \int_0^{L_G} n(x) dx = \frac{SqN_{channel}}{I} = \frac{Q}{I} \tag{10.3}$$

と表される。ここで，チャネル内の全電荷 Q をゲートの全静電容量 C を用いて表すと $\tau = CV/I$ が得られる。したがって，スケーリングによって $\tau \Rightarrow \tau/k$ になることがわかる。すなわちスイッチング時間が $1/k$ になる。

つぎに，消費電力について説明する。CMOS 回路の場合，図 10.6（b）で述

べたように回路のオン・オフ切換時にのみ電流が流れるため，消費電力 P は VI ではなく

$$P = fCV_{DD}^2 + I_{OFF} V_{DD} \tag{10.4}$$

と表される。ここで f は動作周波数を表す。右辺1項目の CV_{DD}^2 は MOS キャパシタを1回充放電するのに必要な電力（電力遅延積に対応する）で，2項目はオフ時に流れるリーク電流による電力を表す。最大限に性能を引き出した場合，動作周波数は遅延時間の逆数に比例するため，$P \Rightarrow (kf)(C/k)(V_{DD}/k)^2 + I_{OFF}(V_{DD}/k) = fCV_{DD}^2/k^2 + I_{OFF}V_{DD}/k$ となり，結局，オフリーク電流成分が無視できる場合には $P \Rightarrow P/k^2$ となる。したがって CMOS の消費電力密度は表10.2 と同様に一定となる。後の節で述べるように，先端の MOSFET では電源電圧が下げ止まっている上に，オフリーク電流も無視できなくなってきていることから，消費電力の増大は深刻になりつつある。

10.4 微細化に伴い出現するさまざまな物理現象

図 10.1 に示したように MOSFET は過去 40 年以上の間，指数関数的に微細化が進められてきた結果，その電気特性の劣化につながるさまざまな物理現象が現れ始めている。Dennard スケーリングは，そのような物理現象を制御し正常なトランジスタ動作を実現するための指針にもなっている。その一方で，Dennard スケーリングによって制御できない新しい物理現象も顔を出し始めている。したがって，Dennard スケーリングを理解しデバイス設計に応用するには，微細化に伴い出現するさまざまな物理現象を理解することが重要になる。本節では，そのような物理現象として代表的なものをいくつか紹介する。なお最先端の MOSFET では，本節で取り上げた現象以外にも考慮しなければならない多くの現象が現れてきている。それらについては文献 22) などを参照していただくこととして，本書では基本的な現象について定性的な説明を行っていく。

10.4.1 短チャネル効果

短チャネル効果は MOSFET のチャネル長を短くしたことから起こる効果の総称であり,代表的なものを以下に挙げておく。

① しきい値電圧の低下
② サブスレショルド特性の劣化
③ キャリアの速度飽和
④ ホットキャリア発生による特性変動やゲート絶縁膜の絶縁破壊,など

上記の中,最も重要な効果は「しきい値電圧の低下」と「サブスレショルド特性の劣化」である。チャネル長が短くなると,チャネル内の電界や電位分布に,ソースおよびドレインからの影響が強く現れてくる。そのため,電界や電位の1次元近似(グラデュアル近似)ができなくなり,本来の2次元(あるいは3次元)的な分布を考える必要が出てくる。短チャネル効果は,このような電界や電位の2次元分布の広がりから生じてくる。本項では図 10.9 に示す短チャネル MOSFET の構造で,しきい値電圧の低下から説明を始める[23]。

〔1〕 **しきい値電圧の低下**　　まず,しきい値電圧 V_{th} の式を復習しておく。

$$V_{th} = V_{FB} + 2\phi_F + \frac{Q_B}{C_G} \tag{10.5}$$

ここで,V_{FB} はフラットバンド電圧,ϕ_F は基板のフェルミ準位 E_F と真性フェルミ準位 E_i との電位差(図 B.1 参照),Q_B は単位面積当りの空乏電荷,C_G は単位面積当りのゲート容量である。フラットバンド電圧 V_{FB} は,ゲートと Si の仕事関数差 Φ_{MS} と酸化膜中の電荷 Q_{ox} (>0) によるポテンシャルの和で

$$V_{FB} = \Phi_{MS} - \frac{Q_{ox}}{C_{ox}} \tag{10.6}$$

と表される。ここで C_{ox} は酸化膜容量である。

ところで,式(10.5)の Q_B はゲートで制御可能なチャネル内の空乏電荷に相当する。**図 10.9** より,短チャネル MOSFET ではドレインおよびソースからの空乏層の影響によりゲートで制御可能な Q_B が減少し,しかもチャネル長が短くなるほど Q_B の減少が顕著になる。したがって,式(10.5)からわかるように

10.4 微細化に伴い出現するさまざまな物理現象

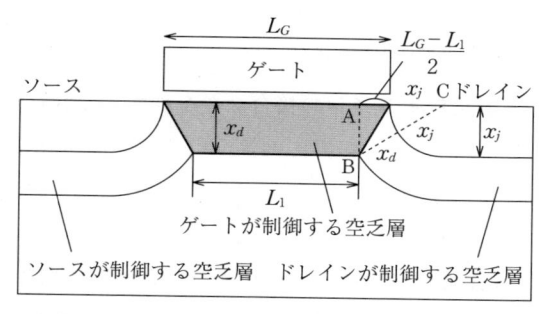

図 10.9 短チャネル MOSFET の断面模式図[23]

V_{th} が低下するのである。

もう少し詳細に V_{th} の低下を議論する。まず，チャネル長が十分に長いMOSFET の Q_B を $Q_{B,Long}$ と表すと，この場合はソースおよびドレインの影響が無視できるので

$$Q_{B,Long} = qN_A x_d \tag{10.7}$$

となる。ここで，q：電荷素量，N_A：基板不純物密度，x_d：最大空乏層幅，L_C：チャネル長，W_C：チャネル幅とする。このとき最大空乏層幅は次式で与えられる。

$$x_d = \sqrt{\frac{2\varepsilon_s \varepsilon_0 (2\phi_F)}{qN_A}} \tag{10.8}$$

つぎに，短チャネル MOSFET を考える。図 10.9 のように空乏層を三つの領域に分け，各領域の空乏電荷がそれぞれソース，ゲート，ドレインで制御されるとする（チャージシェアモデル）。ここでドレイン電圧 $V_D = 0$ および基板電圧 $V_B = 0$ の最も簡単な場合について短チャネル MOSFET の Q_B を求めてみよう。ゲートで制御可能な空乏層領域は図のように台形となるので，台形内の空乏電荷は Q_B が単位面積当りであることに注意して

$$Q_B W_C L_C = qN_A x_d W_C (L_C + L_1)/2 \tag{10.9}$$

となる。さらにドレインおよびソース領域の端を円で近似すると，三角形 ABC に対して三平方の定理が適用でき，各変数間の関係がつぎのように求められる。

$$\left(\frac{L_C - L_1}{2} + x_j\right)^2 + x_d^2 = (x_j + x_d)^2 \tag{10.10}$$

ここで x_j はソースおよびドレインの接合深さを表す。これら三つの式(10.7), (10.9), (10.10)より

$$Q_B = Q_{B,Long}\left[1 - \frac{x_j}{L_C}\left(\sqrt{1 + \frac{2x_d}{x_j}} - 1\right)\right] \tag{10.11}$$

と求まる（演習問題【3】）。$Q_B/Q_{B,Long}$ はチャージシェア係数と呼ばれ，短チャネル効果による空乏電荷の減少の割合を表す。短チャネル MOSFET のしきい値電圧は，式(10.11)を式(10.5)に代入すると

$$V_{th} = V_{FB} + 2\phi_F + \frac{Q_{B,Long}}{C_G}\left[1 - \frac{x_j}{L_C}\left(\sqrt{1 + \frac{2x_d}{x_j}} - 1\right)\right] \tag{10.12}$$

となる。上式より，L_C が短くなるにつれて長チャネルに比べしきい値電圧が低下することがわかる。また，V_D を印加するとドレイン空乏層 x_d が伸びるためチャージシェア係数が減少し，しきい値電圧はさらに低下する。

さて式(10.12)より，しきい値電圧の低下を抑制する方法として，以下の三つが有効であることがわかる。

1. C_G を大きくする。すなわち，ゲート酸化膜 t_{ox} を薄くする，ゲート酸化膜の誘電率を高くする，あるいはゲートの数を増やす（マルチゲート化）。
2. 空乏層幅 x_d を小さくする。すなわち，基板の不純物密度 N_A を高くする（式(10.8)より）。
3. 接合深さ x_j を小さくする。

これらの方法により，ソースおよびドレイン空乏層のチャネル直下へのくい込みを抑えることができる。なお，ドレイン電圧を下げ，ドレイン空乏層の影響を小さくすることも有効である。表10.1を見ると，これらの方法はいずれもスケーリング則の方向と一致していることがわかる。したがってスケーリング則に沿って微細化を行えば，しきい値電圧の低下は抑えられることがわかる。

図10.10にしきい値電圧のゲート長依存性を示す。この図は，しきい値電圧が低下する様子から V_{th} ロールオフ特性とも呼ばれ，短チャネル効果の大きさ

10.4 微細化に伴い出現するさまざまな物理現象

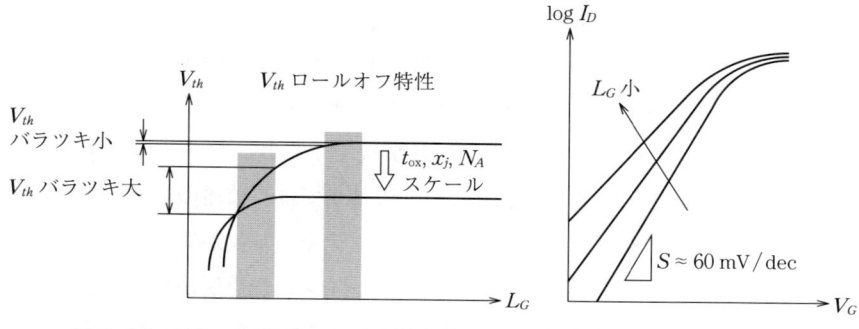

図 10.10 しきい値電圧のゲート長依存性

図 10.11 サブスレショルド特性のゲート長依存性

を定量的に評価する手段として用いられる。このようにゲート長が短くなると急激にしきい値電圧が低下するが，MOSFET の設計では，上で述べた t_{ox}, x_j, N_A をスケールすることにより，このロールオフ特性を短チャネル領域まで平坦に抑えている。なお，しきい値電圧の低下が起こっても，つぎに述べるサブスレショルド特性が劣化しないかぎり，MOSFET は単体デバイスとしては正常に動作する。ところが図 10.10 に示すように，しきい値電圧がゲート長に非常に敏感に依存するようになると，製造ばらつきの影響により回路としての動作が危うくなる。LSI を製造する場合，ゲート長の寸法精度は通常 10〜15% 程度である。したがって，製造段階でゲート長がばらつくとしきい値電圧も大きくばらつくことになり，正常な回路動作が得られなくなってしまう。このため，しきい値電圧の低下を抑制することが必須なのである。

〔2〕 **サブスレショルド特性の劣化**　　ゲート電圧がしきい値電圧以下のサブスレショルド特性はもともとスケールしない現象であるが，短チャネル MOSFET では，図 10.11 に示すように S 値が理想値の 60 mV/dec より大幅に増大してしまう。一般に，S 値が 100 mV/dec 以上になると論理回路としての使用は難しいといわれている。また，サブスレショルド電流の増加は式(10.4) の右辺 2 項目に含まれるオフリーク電流を増大させるため，消費電力の観点からも問題となってくる。特に携帯機器向けの超低消費電力デバイスでは，サブ

スレショルド特性の改善が大きな課題である。

サブスレショルド特性の劣化は，**DIBL**（drain induced barrier lowering）と呼ばれる現象が引き起こす。図 10.12 に示すチャネル内のポテンシャル分布を用いて説明する。MOSFET のチャネル長が短くなると，ソースの空乏層とドレインの空乏層がチャネル内に入り込む。ここまでは，前述のしきい値電圧の低下を引き起こす現象と同じであるが，さらにチャネル長が短くなったり，あるいは大きなドレイン電圧を印加すると，ドレインの空乏層がソース近傍まで到達し，ソースとチャネルの間に形成される障壁が低くなり大きなサブスレショルド電流が流れるようになる。すなわち，ドレイン電流をゲートで制御不能となり S 値が大幅に増大してしまう。これが DIBL であり，そのときの様子を図 10.12 に模式的に描いている。長チャネル MOSFET では S 値はドレイン電圧にほとんど依存しないが，短チャネル MOSFET では S 値がドレイン電圧に依存するようになる。S 値の劣化を防ぐ方法についても，しきい値電圧の低下と同様に t_{ox}, x_j, N_A をスケールする方法がとられている。

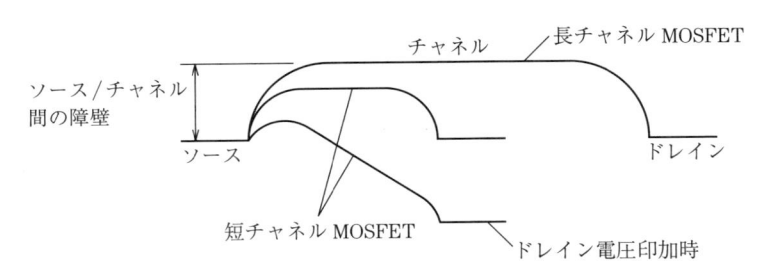

図 10.12 MOSFET における表面電位のチャネル方向分布の模式図（サブスレショルド領域）

〔3〕 **キャリアの速度飽和** 短チャネル MOSFET では，ドレイン電流がゲートオーバドライブ，すなわち $(V_G - V_{th})$ に比例するようになる。これはチャネル方向の電界が高くなりドリフト速度が飽和することによる（6.4 節）。このためオン電流の式は，長チャネル MOSFET の式(10.1)のように移動度ではなく，次式のように飽和速度を用いて与えられるようになる[24]。

$$I_{ON} = WC_G v_{sat}(V_G - V_{th}) \tag{10.13}$$

ここで v_{sat} はキャリアの飽和速度を表す。上式は $I_{ON}=Qv$ の関係に，単位長さ当りの電荷量 $Q=WC_G(V_G-V_{th})$ と飽和速度 v_{sat} を代入したものである。したがってオン電流の式は一般に，$I_{ON} \propto (V_G-V_{th})^\alpha$ と表すことができ，これを **α乗則**（alpha-power law）と呼ぶ。長チャネルでは速度飽和が起こらないため $\alpha=2$（式(10.1)参照）となる。一方，短チャネルでは飽和速度が (V_G-V_{th}) に依存しない場合には $\alpha=1$ になる。

参考：バリスティック輸送下のα乗則　チャネル長がキャリアの平均自由行程以下にまで微細化されると，チャネル内でキャリアが一度も散乱されないバリスティック輸送が起こると考えられている（9.2.3項）。このようなバリスティック極限では，移動度や飽和速度といった概念は成立しなくなり，代わりにチャネルへの注入速度 v_{inj} がオン電流を支配するようになる。したがってオン電流の式は，式(10.13)の飽和速度を注入速度に置き換えた次式で与えられる[25]。

$$I_{ON}=WC_G v_{inj}(V_G-V_{th}) \tag{10.14}$$

注入速度は注入されるキャリアのフェルミ・ディラック分布で決まるため，ゲート電圧を上げて注入キャリア密度を増やす（フェルミエネルギーを大きくする）と注入速度は増加する。詳しい理論計算によると $v_{inj} \propto (V_G-V_{th})^{0.5}$ で変化することがわかっている[25]。したがって，バリスティック極限では $\alpha=1.5$ になる。MOSFETで実際にバリスティック輸送が起こることを実験的に実証する手段として，α値の変化に注目した研究も進められている[26]。

〔4〕その他の効果　チャネル長が短くなると，I_D-V_D 特性のドレイン電流が強反転条件下で飽和しなくなることがある。ドレイン電流が飽和しない理由はさまざまな要因が複合的に絡み合った結果であるが，一つはしきい値電圧がドレイン電圧とともに低下すること，二つ目はピンチオフ点がドレインから離れることによるチャネル長変調効果が主な原因である。

10.4.2　離散不純物ゆらぎ

いまや1チップ上にはゲート長が数十nmのトランジスタが10億個以上も集積されている。ところが，微細化の進展に伴い，これまでに述べてきた物理現象に加えて新たな問題が発生している。トランジスタの「特性ばらつき」で

ある。特性ばらつきとは，設計上同じレイアウトで同じサイズのトランジスタであっても，製造された素子のしきい値電圧やドレイン電流などの特性が，個々のトランジスタごとに異なる値を示すという現象である。その結果，個々のトランジスタは正常に動作しているにもかかわらず，回路としては正常に動作しなかったり，回路の動作マージンが著しく減少したりして，製造歩留まりが急激に低下するなどの現象が引き起こされている[27]。

この特性ばらつきの問題は，微細化が進むとさらに顕在化する恐れがある。すなわち，特性ばらつきがトランジスタの微細化限界を決定する要因となる可能性がある。ところが，特性ばらつきにはさまざまな種類が存在し，その原因は，原子レベルの離散的不純物分布から半導体材料，製造装置に至るまで多岐にわたっている。ここでは，最も重要なばらつきの原因の一つとされている離散不純物ゆらぎを紹介する。

離散不純物ゆらぎは，MOSトランジスタのチャネル空乏層中に不純物がランダムに離散的に分布しており，個々のトランジスタごとに不純物の個数や位置が異なるために引き起こされる特性ばらつきである。一般に，ランダムに分布している不純物の数は統計的に決まり，ポアソン分布に従うことが知られている。ポアソン分布では，個数の平均をnとすると，その分布の標準偏差σは$\sqrt{n}$で与えられるという特徴がある。すなわち，デバイスサイズが小さくなってチャネル不純物の個数が減るほど，平均個数に対するばらつきの割合（$\sigma/n = 1/\sqrt{n}$）が大きくなり，その結果，特性ばらつきが大きくなる（**図10.13**および**図10.14**[28]）。

MOSトランジスタのしきい値電圧は式(10.5)と式(10.7)より

$$V_{th} = V_{FB} + 2\phi_F + \frac{qN_A x_d}{C_G} \tag{10.15}$$

と表される（ここではソースおよびドレインの影響を無視する）。$N_A x_d$は空乏層中の単位面積当りの不純物個数に相当するが，上述のとおりこの個数がトランジスタごとにばらつくため，しきい値電圧もばらつくことになる（演習問題【4】）。その様子を**図10.15**に示す。前にも述べたとおり，特性ばらつきの問

10.4 微細化に伴い出現するさまざまな物理現象　　　189

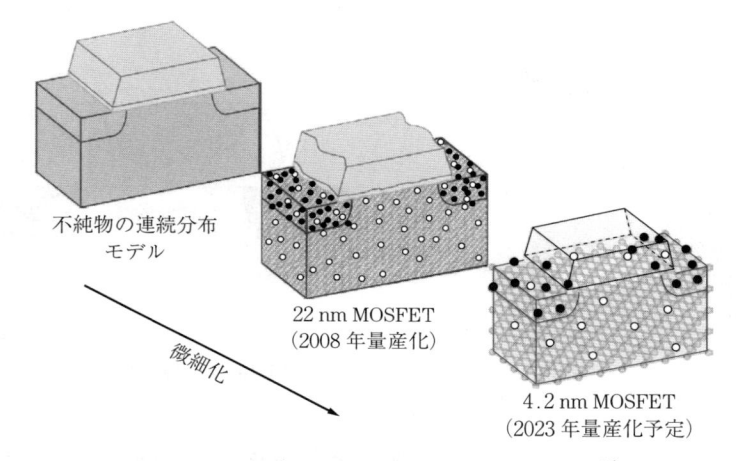

不純物の連続分布
モデル

微細化

22 nm MOSFET
（2008 年量産化）

4.2 nm MOSFET
（2023 年量産化予定）

図 10.13　微細化に伴う不純物分布の離散性の出現[28]

不純物密度が同じでも…

Si / SiO$_2$ 界面のポテンシャル分布

図 10.14　離散的不純物ゆらぎのポテンシャル分布への影響[28]

題はトランジスタの微細化限界を決定する要因となる可能性があるだけでなく，低電圧化の障害にもなっている．そもそも，しきい値電圧ばらつきの支配的要因はチャネル中の離散不純物であるため，チャネル中の不純物を極力減らしたデバイス構造が採用されれば，しきい値電圧ばらつきの問題はかなり解決されることになる．一般にバルク MOS トランジスタでは，チャネルに不純物を導入することによって短チャネル効果を抑制しているので，不純物密度を下げることは困難である．そこで，短チャネル効果を抑制しつつ不純物密度を下

図 10.15　離散不純物ゆらぎによる
しきい値電圧バラツキ

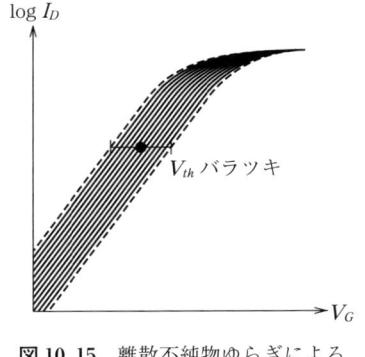

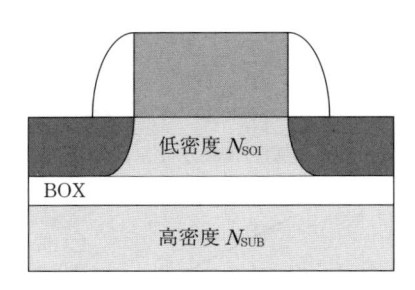

図 10.16　FD-SOI トランジスタ

げられるデバイス構造として，**完全空乏型 SOI**（fully-depleted silicon-on-insulator，**FD-SOI**）基板上のトランジスタが注目されている。

図 10.16 に FD-SOI トランジスタの模式図を示す。FD-SOI トランジスタでは，SOI 膜厚を空乏層幅よりも十分に薄くできるため，チャネル内の不純物数を極力減らすことができる。また，埋込酸化膜（buried oxide，BOX）の厚さを 10 nm 程度にまで薄くすると，チャネル不純物密度 N_{SOI} を小さくしたまま，基板不純物密度 N_{SUB} を変えることでしきい値電圧を調整することもできる。しかもこの構造では，基板バイアス効果によってしきい値電圧を調整することも可能である。

さらに，チャネル領域に不純物をまったく導入しないイントリンシックチャネルで短チャネル効果を抑制する構造として，3 次元的な構造を有する Fin FET やナノワイヤトランジスタが有望視されている。しかし，これらの 3 次元構造デバイスでは，ランダムな不純物ゆらぎの影響は抑えられるものの，わずかなデバイスサイズのばらつきによってきわめて敏感にしきい値電圧が変化することがわかっており，サイズばらつきを許さないプロセス技術の発展が不可欠となる。しきい値電圧の制御方法も重要な課題である。不純物を使わない別の方法，例えばゲート電極材料の仕事関数制御によって，しきい値電圧（直接的には式(10.15)のフラットバンド電圧 V_{FB}）を調整しなければならない。

さらに特性ばらつきを抑制して微細化を進めるためには，チャネルだけでなくソースとドレインの不純物もなくすことが望ましい。そこで，ショットキーソース・ドレイン MOSFET のように，ソース・ドレイン部分も金属とし不純物を一切含まない「ばらつかないトランジスタ」の研究も進められている[27]。10.5.4 項でも述べるように，ショットキーソース・ドレイン MOSFET はバリスティック輸送を促進するデバイス構造としても注目されている。

10.4.3 量子力学的効果

ナノスケールにまで微細化された MOSFET では，電子の波動性に起因する量子力学的効果が，その電気特性を左右するほどの大きな影響を与える。本項で述べる量子力学的効果は，MOSFET の特性を劣化させるものを取り上げているが，10.5 節 テクノロジーブースター で紹介するように，量子力学的効果を巧みに制御することで，MOSFET の性能を向上させる研究も進められている。

図 10.17 に，MOS ゲートスタック構造の模式的なバンド構造を示す[29]。これまで 40 年以上使われてきたゲート絶縁膜である SiO_2 は，2 nm 以下に薄層化されると量子力学的トンネル効果により反転層からゲートに大量の電流が流れ，オフ時の消費電力の著しい増加を引き起こす。これを避けるためにはゲート絶縁膜の物理膜厚を厚くする必要があるが，一方で，短チャネル効果を抑制したりオン電流を大きくしたりするには，ゲート絶縁膜を薄くしてゲート容量を増大させることが不可欠である。そこでこれらの要求を同時に達成するために，SiO_2 よりも誘電率の高い材料をゲート絶縁膜として用い，ゲート容量を低下させることなく SiO_2 よりも数倍以上厚い絶縁膜を導入する技術が開発された（演習問題【5】）。いわゆる high-k ゲート絶縁膜であり，すでに実用化されて実際の LSI 製品に搭載され始めている。

さて，上で述べたようにゲート絶縁膜がきわめて薄くなってきた結果，反転層キャリアの量子化（付録 B）による反転層の厚さそのものがデバイス性能に重要な影響を及ぼすようになってきた。ゲート容量は，絶縁膜容量 C_{ox} とゲー

192   10. ナノ MOS トランジスタ

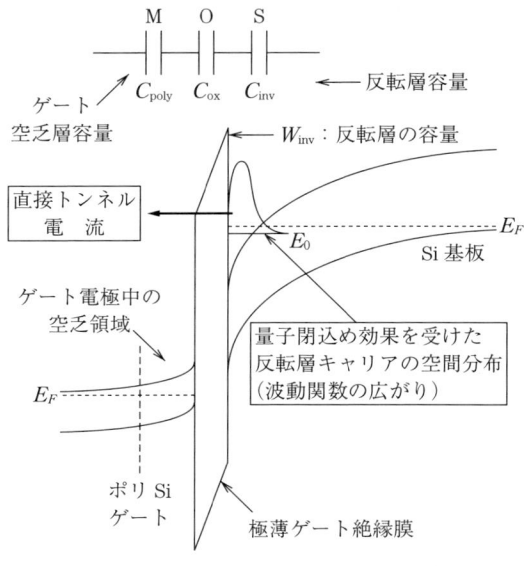

図 10.17 MOS ゲートスタック構造[29]

ト電極の容量 C_poly，反転層自身の容量 C_inv の直列接続で表される（付録 C）。絶縁膜が薄層化されると C_ox のみが絶縁膜厚に反比例して大きくなるため，反転層容量の影響が相対的に大きくなる。その結果，トータルとしてのゲート容量は絶縁膜容量よりもかなり低下してしまう。SiO_2 膜厚に換算した反転層の厚さは，電源電圧付近で，電子で 0.55 nm，正孔で 0.7 nm 程度と見積もられるので[29]，絶縁膜厚と比較しても大きな影響となりつつある。反転層の厚みの影響が見えてきたことは，ゲート容量がその物理的極限に近づいていることを表している。また，反転層容量の存在は，反転層キャリアを誘起するためには有限のポテンシャル変化が必要であることを意味している（付録 C）。このため，一定のキャリア数を確保するための表面ポテンシャルの変化量が，電源電圧の下限値を与えることになる。さらに，オフ時のチャネル電流を抑えるためには，しきい値もスケーリングできない量である。これらの限界要因のため，実効膜厚ゼロの理想的な high-k ゲート絶縁膜が実現できたとしても，性能を落とすことなく 0.5 V 以下の電源電圧を実現することは難しいと考えられ

上で述べた現象は，MOSトランジスタの縦方向スケーリングに伴う量子力学的効果のデバイス特性への影響である。一方の横方向スケーリング，すなわちゲート長の縮小により，チャネル方向のトンネル効果も観測されるようになってきた。これには2種類あり，ソースの伝導帯（価電子帯）からドレインの伝導帯（価電子帯）へ直接トンネルする**ソース・ドレイン間直接トンネリング**（souce-drain direct tunneling）と，チャネルの価電子帯（伝導帯）からドレインの伝導帯（価電子帯）へトンネルする**バンド間トンネリング**（band-to-band tunneling）である（**図10.18**）。両者ともサブスレショルド領域で発生するためオフリーク電流を増大させる（すなわちS値を増大させる）。バンド間トンネリングは短チャネル化や基板不純物密度の増加に伴うドレイン端の高電界化が原因で発生するが，その電流の大きさはバンドギャップに指数関数的に依存するため，バンドギャップの小さなGeやInAsなどの高移動度材料では特に深刻になる。バンド間トンネリングを抑制するには電源電圧の低減が有効である。一方，ソース・ドレイン間直接トンネリングはSi-MOSFETの場合，チャネル長が6～8 nm以下になると顕在化すると報告されており[30),31)]，それ以下のチャネル長ではソース・ドレイン間直接トンネリングを抑制することは

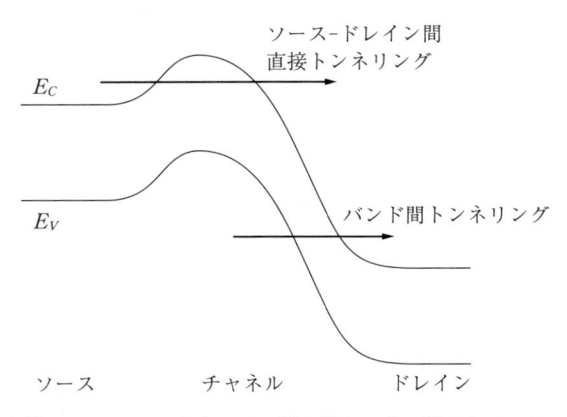

図10.18 ソース-ドレイン間直接トンネル電流とバンド間トンネル電流（n-MOSFETの場合）

難しいと予想される。

10.4.4 準バリスティック輸送

9.2節や10.4.1項で述べたように，電子デバイスの微細化とともに，従来の移動度や飽和速度といった概念は成立しなくなり，準バリスティック輸送を記述する新しい伝導モデルが必要となってきている。9.2.3項では，チャネル内の散乱がまったく起こらない完全バリスティックMOSFETの電流式を，名取モデルに従って導出を行った。しかし有限のチャネル長を有するMOSFETでは，少なくとも室温では完全バリスティック輸送の実現は難しく[19]，散乱回数が数回程度以下となる準バリスティック輸送を考える必要がある[32]。本項では，準バリスティック輸送下にあるMOSFETのドレイン電流を記述する一つの概念モデルを紹介する。準バリスティックMOSFETの電流値を正確に計算するには，6.1節で導出したボルツマン方程式を直接解く「モンテカルロ法」や量子力学的効果を厳密に考慮した「非平衡グリーン関数法」を用いる必要がある[1],[33]。それらは正確な電流値を計算できる一方で，準バリスティック電流がどのような物理メカニズムで決定されるかを理解するには，熟練した高度な計算技術が必要になる。その点については文献1),33)に譲ることとして，ここでは，電荷量と電子速度というマクロな物理量を用いて準バリスティックMOSFETの振舞いを説明することにする。

MOSFETの準バリスティック輸送モデルを**図10.19**に示す。準バリスティック輸送下ではチャネル内で散乱されたキャリアの一部が後方に進み，図に示すポテンシャル障壁（ボトルネック）を越えてソースまで戻されると，ドレイン電流は完全バリスティック極限の値から減少すると考える。その確率を**後方散乱係数**（backscattering coefficient）と呼び，次式で定義する。

$$R = \frac{Q_b v_{back}}{Q_f v_{inj}} \tag{10.16}$$

ここで，Q_fとQ_bはそれぞれ前方および後方に進む電荷量で，v_{inj}とv_{back}はそれらの電荷量の平均速度を表す。このときドレイン飽和電流I_{sat}は後方散乱係

10.4 微細化に伴い出現するさまざまな物理現象

$$Q = Q_f + Q_b$$
$$R = \frac{Q_b v_{back}}{Q_f v_{inj}}$$
$$I_{sat} = Q v_s = Q_f v_{inj} - Q_b v_{back}$$

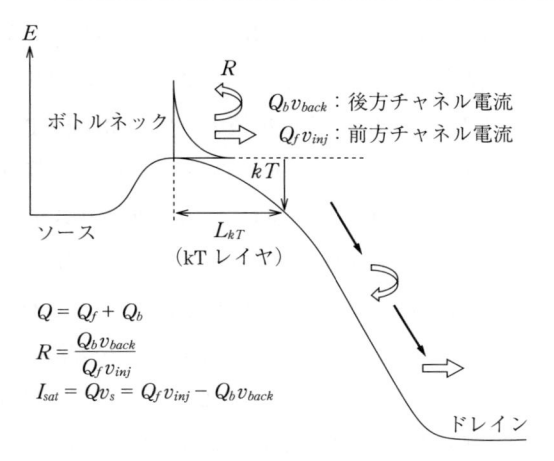

図 10.19 MOSFET の準バリスティック輸送モデル

数 R を用いて次式で与えられる[18]。

$$I_{sat} = Q v_s = Q v_{inj} \times \frac{1-R}{1+R(v_{inj}/v_{back})} \tag{10.17}$$

上式は式 (10.16) の定義と $Qv_s = Q_f v_{inj} - Q_b v_{back}$ および $Q = Q_f + Q_b$ の関係から導かれる一般式である（演習問題【6】）。上式で注入速度 v_{inj} と後方チャネル速度 v_{back} が等しいと近似すると

$$I_{sat} \approx Q v_{inj} \times \frac{1-R}{1+R} \tag{10.18}$$

となり，Lundstrom の式が導かれる[32]。ここで，式 (10.18) の右辺の $(1-R)/(1+R)$ の項の物理的意味を考察しておく。まず分子の $(1-R)$ は，チャネル内で散乱されボトルネック点まで戻ってきたキャリアによる電流の減少分を表している。一方，分母の $(1+R)$ は，後方散乱によって $Q_f + Q_b$ に増えた電荷量をゲート容量とゲート電圧で決まる誘起電荷密度（$Q = C_G V_G$）に戻すために，注入電荷量 Q_f が減らされることによる電流の減少分を表している。つまり分母の $(1+R)$ はゲート電極の効果を考慮した因子であり，MOSFET の準バリスティック輸送の議論では重要な項となる。

それでは式 (10.18) に戻り，準バリスティック輸送の説明を続ける。バリス

ティック極限では $R=0$ なので，式(10.18)は $I_{sat}^{ballistic} = Qv_{inj}$ となる。名取の電流式(9.51)はこの $I_{sat}^{ballistic}$ を与えている[17),18)]。このようにバリスティック輸送下での MOSFET のドレイン飽和電流は，短チャネル MOSFET でいわれてきた飽和速度に代わり，ソースからチャネルへの注入速度 v_{inj} で律速されると考えられている（10.4.1項の式(10.14)参照）。一方，準バリスティック輸送下でのドレイン飽和電流は，式(10.18)が示すように誘起キャリア密度 Q が一定の下では注入速度 v_{inj} と後方散乱係数 R で決定されることがわかる。注入速度は名取モデルの式(9.53)から計算することができるが，後方散乱係数はチャネル内でのキャリア散乱によるものであり，正確な値を見積もるにはさまざまな散乱機構を考慮した詳細な数値計算が必要となる。ただし付録 D で説明するように，チャネル内で散乱されて実際にソースまでキャリアが戻される確率 R は，主にチャネルのソース端付近で発生する散乱が支配的になると考えられている。この領域を **kTレイヤ**（kT-layer）と呼ぶ[32)]。ここで kT は熱エネルギーを意味している。この関係はシリコンの散乱が等方性散乱であるという性質から導かれるもので，この kT レイヤの長さを L_{kT}，平均自由行程を λ とすると，ドレイン電流の飽和領域では

$$R = \frac{L_{kT}}{L_{kT} + \lambda} \tag{10.19}$$

と表すことができる[32)]。上式は，チャネル内の散乱確率が同じ場合（$\lambda =$ 一定。例えば同一材料・同一電源電圧など），後方散乱係数はチャネル長ではなく kT レイヤ長で決まることを表している。すなわち，kT レイヤを短くすることがバリスティック効率を向上させる，という指針が得られる[34)]。式(10.19)の理論的な導出については付録 E を参照のこと。

10.5　テクノロジーブースター

前節で述べたように微細化に伴うさまざまな物理的要因により，MOSFETの性能向上を維持し続けることがきわめて難しくなってきた。このような状況

に対し，スケーリング則という従来の微細化に頼らない新材料および新構造の導入によって MOSFET の高性能化を実現するテクノロジーブースターが近年脚光を浴びている．具体的には，high-k ゲート絶縁膜，ひずみ Si/Ge/Ⅲ-Ⅴ族チャネル材料，超薄膜 SOI 構造，ダブルゲート構造，3 次元 Fin 構造/ナノワイヤ構造，メタルゲート電極，メタルソース-ドレイン接合など，きわめて多彩なブースター技術が考えられている．現在はこれらブースター技術を投入しながら性能向上を促進する Booster Scaling（あるいは Post Scaling）の時代に入っている．本節では，代表的なブースター技術について説明する．

10.5.1 ひずみ Si/超薄膜 SOI 構造

10.3 節 Dennard スケーリング の重要な結論の一つは遅延時間が $\tau = CV/I$ で与えられることであった．ここで，絶縁膜厚・しきい値電圧・電源電圧一定の下では，上式の分子の電荷量 $Q = CV$ は一定であるので，遅延時間を短くするにはオン電流を増大させることが有効である．長チャネル MOSFET のオン電流式 (10.1) を見ると，スケーリングをしないでオン電流を増大させるには移動度を向上させる必要があることがわかる．移動度 μ はキャリアの有効質量 m と散乱による緩和時間 τ を用いて $\mu = e\tau/m$ で定義される．一方，準バリスティック輸送下でのオン電流は式 (10.17) あるいは式 (10.18) で記述される．このときオン電流を増大させるには，注入速度の向上に有効な軽い有効質量をもつことに加え，後方散乱係数の低下に有効な長い緩和時間をもつことが必要となる．これらはすなわち，高い移動度のチャネル材料が要求されるということであり，準バリスティック輸送下においても移動度の向上が依然として重要であることがわかる[20]．

MOS の反転層移動度はバルク移動度とは異なり，動作条件によって，クーロン散乱，フォノン散乱，表面ラフネス散乱の役割が変化する．詳しくは付録 A を参照されたい．ひずみ Si 技術は，チャネル層の Si に引張りひずみ，あるいは圧縮ひずみを加えることで移動度を向上させる技術である．一方，超薄膜チャネル技術は，反転層の厚さよりも薄い SOI 構造にキャリアを閉じ込める

ことで移動度を向上させる技術である．これら二つの技術による高移動度化の本質は，移動度のより高いサブバンドにキャリアを優先的に分布させるところにある．それでは，これら二つの技術によってどのように高移動度化が実現できるかを以下で説明する．

8.5 節で学んだように，Si の伝導帯最下端のバンド構造は X 点付近に六つの等価な回転楕円体形状の等エネルギー面をもっている（図 8.13(b)）．したがって Si(100) 面を MOS 界面とした場合，そこに閉じ込められた 2 次元電子ガスのバンド構造は，**図 10.20** に示すように 2 種類のサブバンド列を形成する

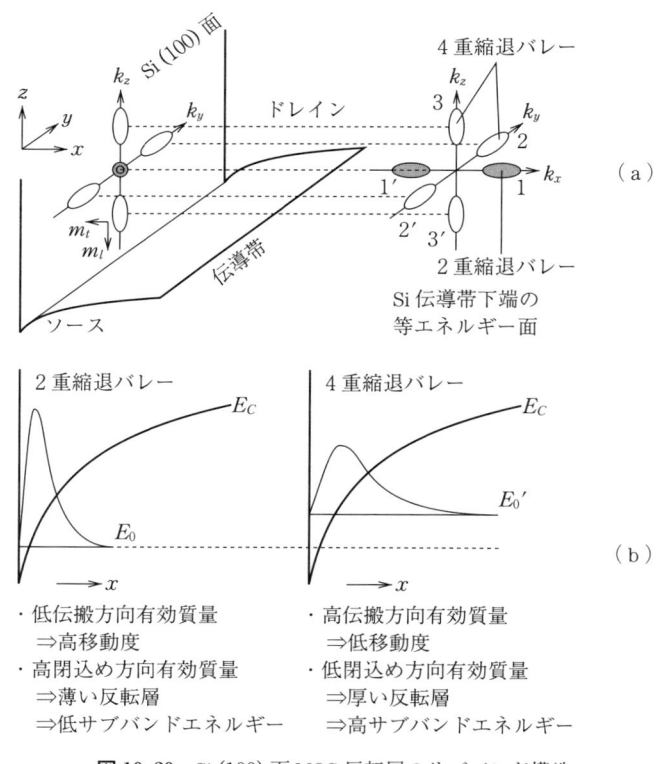

図 10.20 Si(100) 面 MOS 反転層のサブバンド構造

ことになる[†]．すなわちバレー 1, 1′ は縦有効質量 m_l で閉じ込められるのに対して，バレー 2, 2′ および 3, 3′ は横有効質量 m_t で閉じ込められる．それぞれの有効質量の値は $m_l = 0.98 m_0$ と $m_t = 0.19 m_0$ で与えられるので，重い縦有効質量をもつバレー 1, 1′ が基底サブバンドを構成する（付録 B 参照）．バレー 1, 1′ は同じサブバンド準位をもつことから，これらを **2 重縮退バレー**（2-fold valleys），同様にバレー 2, 2′ と 3, 3′ を **4 重縮退バレー**（4-fold valleys）と呼んでいる．各縮退バレー（基底準位）の波動関数とサブバンドエネルギーの大小関係を模式的に図 10.20(b) に示す．2 重縮退バレーは，電流方向に軽い有効質量をもつため高移動度特性が得られることに加え，閉込め方向には重い有効質量をもつため薄い反転層が形成され，反転層容量の影響が低減される．

　このように MOSFET の性能を向上させるには，2 重縮退バレーにできるだけ多くの電子を分布させる工夫を施せばよい．従来のバルク構造の MOSFET では，2 重/4 重縮退バレー間のエネルギー差が熱エネルギーに比べて十分に大きくとれないため（付録 B 参照），状態密度の大きな 4 重縮退バレーにも相当数の電子が分布してしまう．そこでサブバンド構造を人工的に変調し 2 重縮退バレーに優先的に電子を分布させる方法として 2 通りのアプローチが提案されている．一つはひずみを印加すること，もう一つは超薄膜 SOI 構造を導入することである．その概念図を **図 10.21** に示す[20]．

〔1〕 **ひずみ Si**　　上で述べたとおり，通常のバルク構造では，室温の場合，移動度の低い 4 重縮退バレーにも相当数の電子が分布してしまう．そこで MOS 界面に平行方向に引張りひずみ，あるいは垂直方向に圧縮ひずみを印加すると（2 軸性ひずみ），バルクで 6 重縮退していた伝導帯最下端のエネルギーが分裂し，2 重縮退バレーのバンド端が 4 重縮退バレーのそれよりも低下し，結果として，2 重縮退バレーと 4 重縮退バレーの基底サブバンドエネルギー差が広がる．このエネルギー分裂の増大は，つぎの二つの機構により移動度増大

[†] 現在の LSI は Si (100) 面を MOS チャネルの界面に採用している．(100) 面は他の面に比べて表面のダングリングボンド密度が少なく，MOS 界面に形成される欠陥やトラップ準位の密度を低くできることが主な理由である．

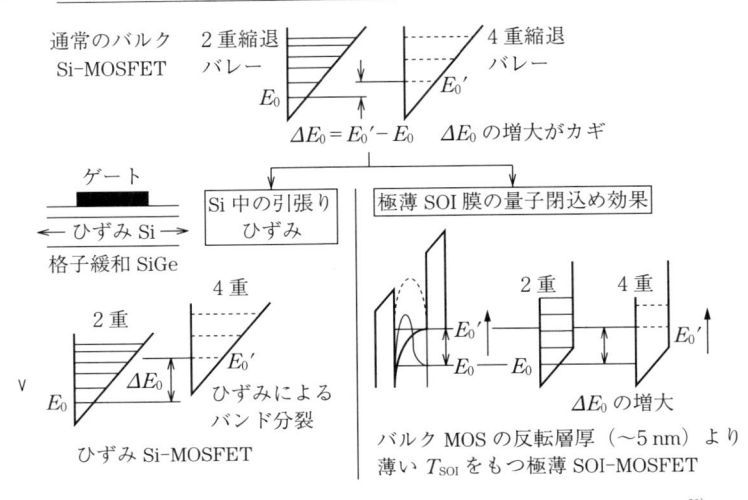

図 10.21 Si (100) 面反転層の電子サブバンド構造エンジニアリング[20]

をもたらす．一つは，移動度の高い2重縮退バレーの電子占有率が増大することによる平均移動度の増大である．もう一つは，2重縮退バレーと4重縮退バレーの間で発生するバレー間フォノン散乱の抑制である．両バレー間の基底サブバンドエネルギー差がバレー間散乱を引き起こすフォノンのエネルギーよりも大きくなれば，電子の遷移先がなくなるため散乱が抑制されることになる．

2軸性引張りひずみを用いたMOSFETの素子構造例を**図10.22**に示す．Siよりも格子定数の大きなSiGe層の上にSiチャネルを堆積(たいせき)することで，MOS界面に平行な2方向に引張りひずみが導入される仕組みになっている．一方，ひずみを上記と逆方向（MOS界面平行方向に圧縮あるいは垂直方向に引張りひずみ）に印加すれば，電子移動度は低下する傾向を示す．これは，移動度の低い4重縮退バレーの占有率増大が主に効いていると考えることができる．

以上は2軸性引張りひずみによる電子移動度向上技術であるが，1軸性引張りひずみによる電子移動度の大幅な向上が報告され注目を集めている．1軸性ひずみを用いたMOSFETの素子構造例を**図10.23**に示す．Si_3N_4 Cap 層が素子全体をチャネル方向に引っ張る構造となっており，ひずみの導入が簡単ですでに実用化されている．ただしこの手法では印加できるひずみ量が小さいため，

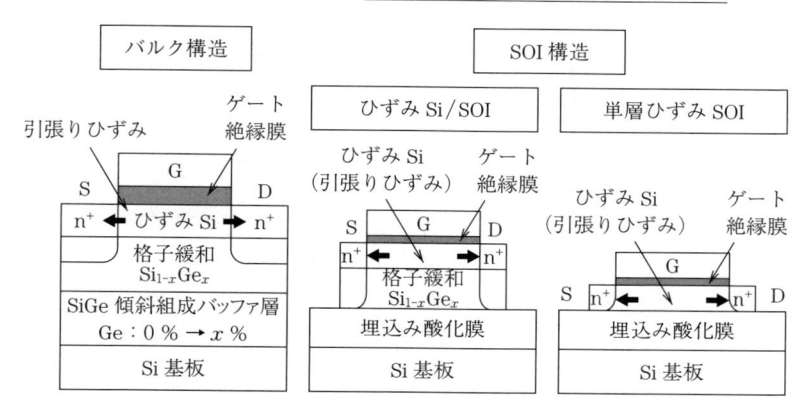

図 10.22 2軸引張りひずみを用いたひずみ Si-MOSEFT[20]

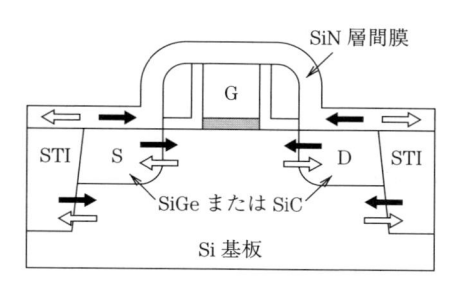

図 10.23 1軸性引張りひずみを用いたひずみ Si-MOSEFT[20]

より大きな1軸性ひずみを印加できるようにソース・ドレイン電極に Si と異なる格子定数をもつ材料を導入し，チャネルをソース・ドレイン方向に直接引っ張る，あるいは圧縮する方法が研究されている。1軸性ひずみの2軸性ひずみとの違いは，**図 10.24** に示すように $\langle 110 \rangle$ 方向に1軸性引張りひずみを印加すると，その方向の電子の有効質量が軽くなる点である[35),36)]。すなわち，1軸性 $\langle 110 \rangle$ 引張りひずみを印加した場合は，上述した2重縮退・4重縮退バレー間の基底サブバンドエネルギー差の増大に加えて，基底2重縮退バレーのチャネル方向の有効質量が軽くなるため，2軸性ひずみよりもさらなる移動度向上が期待できる。

n-MOSFET と比較して，ひずみが p-MOSFET の正孔移動度に与える影響は複雑であり，よく理解されていない点が多い。p-MOSFET の移動度を高める

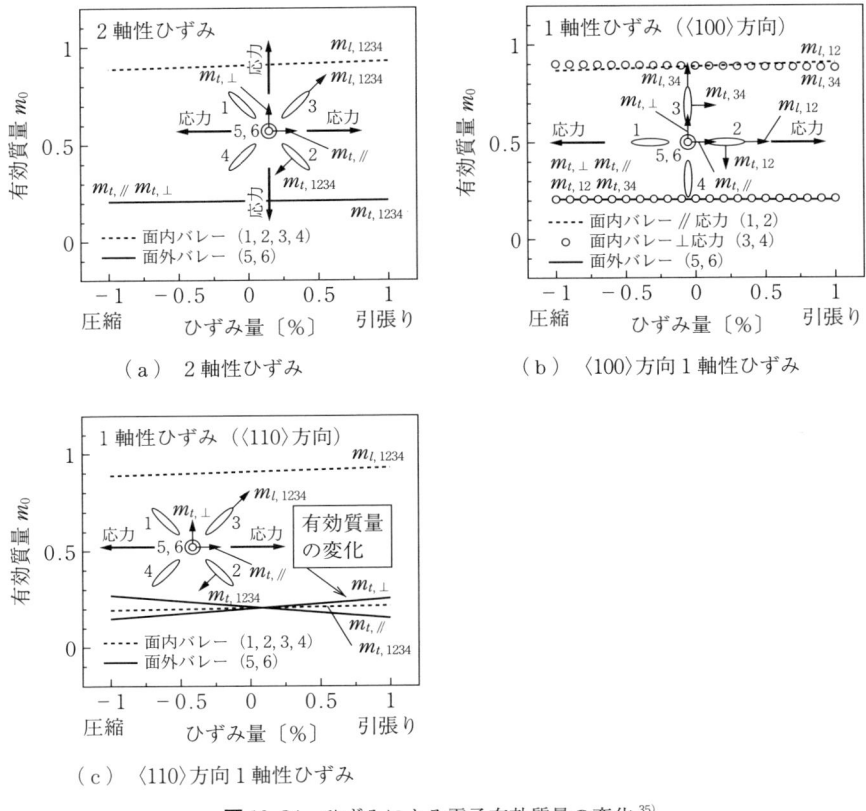

図 10.24 ひずみによる電子有効質量の変化 [35]

のに有効なひずみは，電流方向に平行な1軸性圧縮ひずみ，および2軸性引張りひずみであることが指摘されているが，価電子帯サブバンド構造はきわめて複雑でありさまざまな解釈も提案されている。このため今後さらに実験・理論の両面から MOS 界面の正孔輸送特性とサブバンド構造を明らかにしていく必要があると考えられている [20]。

〔2〕 **超薄膜 SOI 構造**　n-MOSFET の2重縮退・4重縮退バレー間の基底サブバンドエネルギー差の増大は，量子閉込め効果を利用することでも実現することができる。図 10.21 右図に示すように，バルク MOS の反転層厚より薄い SOI 層に電子を閉じ込めることによって，4重縮退バレーのサブバンドエ

ネルギーのみを上昇させ，2重縮退バレーとのエネルギー差を広げることができる。フォノン散乱で決まる電子移動度のSOI膜厚依存性の計算結果[37]を図10.25(a)に，実験結果[38],[39]を図(b)に示す。計算結果ではSOI膜厚が3 nm付近で移動度が最大値をとることがわかる。このように移動度が単調増加せず最大値をとる理由は，2重縮退バレーの電子占有率の増加による移動度向上効果と，反転層厚の減少に伴うフォノン散乱確率の増加がトレードオフの関係にあるためと説明されている。一方，実験で得られたピーク移動度の値は計算値よりも低く，またSOI膜厚の減少とともに移動度全体が減少する傾向を示している。これは図10.26に示すように，SOI膜厚のゆらぎによって生じた量子化サブバンドエネルギーの空間的ゆらぎによる散乱が原因である[38],[39]。このためSOI薄層化による移動度向上効果を享受するためには，SOI膜厚のゆらぎ

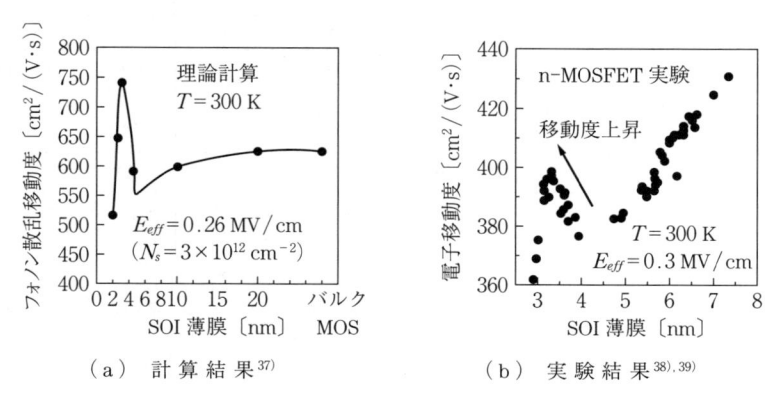

図10.25 極薄SOIの移動度とSOI膜厚の関係

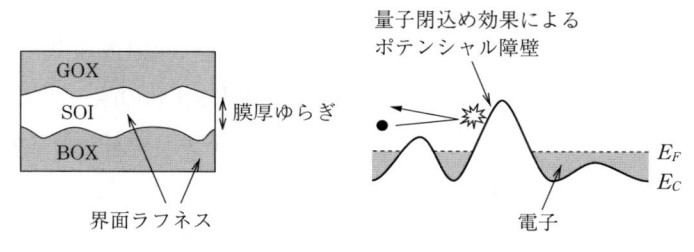

図10.26 極薄SOI固有の新散乱機構—サブバンドエネルギーゆらぎによる散乱[38],[39]

をきわめて小さく抑えることが不可欠になる。

10.5.2 高移動度チャネルMOSFET

ひずみSi技術に続くブースター技術として，GeやⅢ-V族半導体あるいはカーボンナノチューブやグラフェンなどの高移動度チャネルを用いたMOSFETが注目されている。表10.3に，代表的な半導体の移動度や有効質量の値を示す[40]。GeはSiよりも電子移動度，正孔移動度ともに高く，有効質量も軽い。特に，正孔移動度（有効質量）は他の半導体と比較して最も高く（軽く），p-MOSFETへの応用に適している。一方，Ⅲ-V族半導体は，高い電子移動度と軽い電子有効質量から，n-MOSFETへの応用が有望である。

表10.3　主要半導体の材料物性表[40]

	Si	Ge	GaAs	InP	InAs	InSb
電子移動度〔$cm^2/(V\cdot s)$〕	1 600	3 900	9 200	5 400	40 000	77 000
電子有効質量（m_0単位）	m_t：0.19 m_l：0.916	m_t：0.082 m_l：1.467	0.067	0.082	0.023	0.014
正孔移動度〔$cm^2/(V\cdot s)$〕	430	1 900	400	200	500	850
正孔有効質量（m_0単位）	m_{HH}：0.49 m_{LH}：0.16	m_{HH}：0.28 m_{LH}：0.044	m_{HH}：0.45 m_{LH}：0.082	m_{HH}：0.45 m_{LH}：0.12	m_{HH}：0.57 m_{LH}：0.35	m_{HH}：0.44 m_{LH}：0.016
禁制帯幅〔eV〕	1.12	0.66	1.42	1.34	0.36	0.17

m_t：横方向有効質量　m_l：縦方向有効質量　m_{HH}, m_{LH}：重い正孔，軽い正孔の有効質量

このようにⅢ-V族半導体は電子の有効質量が軽いという特徴から，電子の速度が高まることや，散乱確率が減りバリスティック伝導性が高まることで有利であると期待される（9.1.5項 参照）。しかしその反面，状態密度が小さいために十分な反転層キャリア数を得るためには，ゲート電圧をより大きく動かす必要があり，相互コンダクタンスが低下したり低電圧化の障害になる可能性がある[22),41)~43)]。また，Ⅲ-V族半導体は一般に，ドナーの固溶限界がSiに比べて1桁程度低いため（$N_D \approx 10^{19}\,cm^{-3}$），ソース・ドレイン電極の寄生抵抗がオン電流の増大を妨げるという指摘がある[44)~46)]。そのため，高濃度ソース・ドレイン電極の選択的再成長技術[47),48)]やメタルソース・ドレイン技術[49)]の導

入が検討されている。

　さらに，Ⅲ-Ⅴ族半導体は電子の有効質量が軽いために，ソース・ドレイン間直接トンネリングによるサブスレショルド電流の増大が懸念されている[50]。これは有効質量が軽いために，図 10.18 のポテンシャル障壁を高いトンネル確率で透過することによる（演習問題【7】）。このことはまた，Si-MOSFET よりも長いチャネル長でもソース・ドレイン間直接トンネリングの影響が顕在化しやすいことを示唆しており[51),52)]，Ⅲ-Ⅴチャネル MOSFET の短チャネル化に向けて対策が必要と思われる。トンネルリーク電流に関しては，有効質量の小さい半導体ではバンドギャップが小さくなる傾向があるため，バンド間トンネリングによるリーク電流の増大も懸念されている。以上のことから有効質量は軽ければよいということにはならず，応用先を含めてデバイス性能全体を総合的に見ながら，最適な材料を選択する必要がある。

　カーボンナノチューブやグラフェンという炭素系チャネル材料も期待されている。グラフェンは炭素原子が六角形のハニカム構造をとり，規則正しく平面上に繰り返し形成される原子シートである[53]。究極の 2 次元薄膜構造をしていることから，現在の CMOS プレーナ製造技術との親和性が高いと考えられている。また，グラフェン中の電子の移動度は $10^7 \mathrm{cm}^2/(\mathrm{V \cdot s})$ を越えるきわめて高い値を示すことが実験的に示されており[54]，FET チャネルへの応用が期待される。しかしグラフェンはバンドギャップがゼロの半金属であるため，Si-MOSFET のような電圧制御による電流オフ状態を実現することができない。このため LSI のスイッチ素子として使うことには無理がある。そこで，グラフェンにバンドギャップを発生させる方法がいくつか提案されている。**図 10.27** に代表的な方法を三つ紹介する。図（a）はバイレイヤ（2 層）グラフェン（bilayer grapheme, BLG）[55)〜57)] に層間非対称性を導入する方法，図（b）はグラフェンをリボン構造にしたグラフェンナノリボン（graphene nanoribbon, GNR）[58),59)]，そして図（c）は 2 次元グラフェンシートに周期的ナノホールを導入するグラフェンナノメッシュ（grapheme nanomesh, GNM）[60)] である。図 10.27 には，強束縛近似法を用いて計算したバンド構造も示している[61)]。GNR

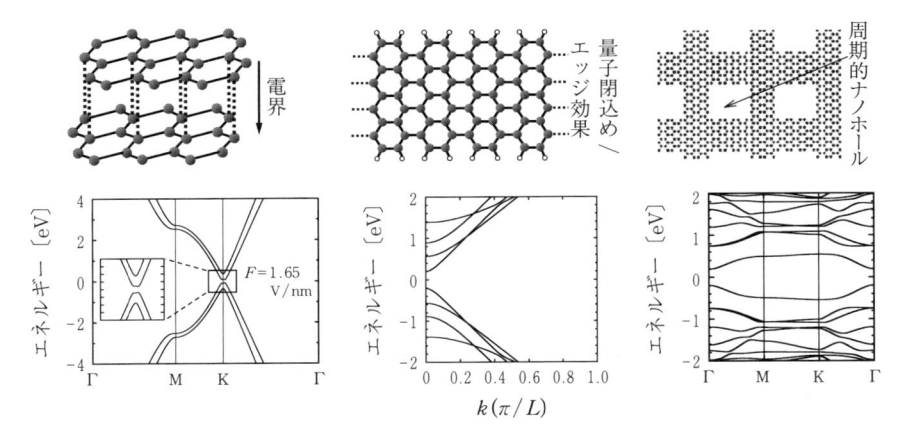

(a) バイレイヤグラフェン　　(b) グラフェンナノリボン　　(c) グラフェンナノメッシュ

図 10.27 グラフェンにバンドギャップを発生させる方法（各原子構造とバンド構造の計算例を示している）

や GNM では，量子閉込め効果とリボンのエッジ効果によりバンドギャップが発生する。GNM は，GNR に比べて作製と取扱いが容易であるなどの利点が指摘されている[60]。一方，BLG は，垂直方向に電界を印加することや[55]，あるいは基板からのひずみや不純物の配置による層間非対称を導入すること[56],[57]で，数百 meV のバンドギャップが開くことがわかっている。しかしバンドギャップが開くことにより，グラフェン特有の直線性の分散曲線が半導体と同様の放物線に変化したり[62],[63]，さらに BLG では K 点および K′ 点で有効質量が負になる Mexican hat 構造が現れるなど[63]～[66]，いずれの方法においても FET チャネルに応用するには解決すべき課題が多く残されている。

10.5.3 マルチゲート構造

短チャネル効果の抑制や「ばらつかないトランジスタ」を実現できる素子構造として，Fin FET やナノワイヤトランジスタなどのマルチゲート構造が有望視されている[67]。**図 10.28** に代表的なマルチゲート構造であるダブルゲート構造（図(a)）と Fin 構造（図(b)）を示している。構造の提案としてはダブルゲート構造のほうがかなり先ではあったが，図(b)で Fin（ヒレ）の高さを

(a) ダブルゲート構造　　　　　(b) Fin 構造

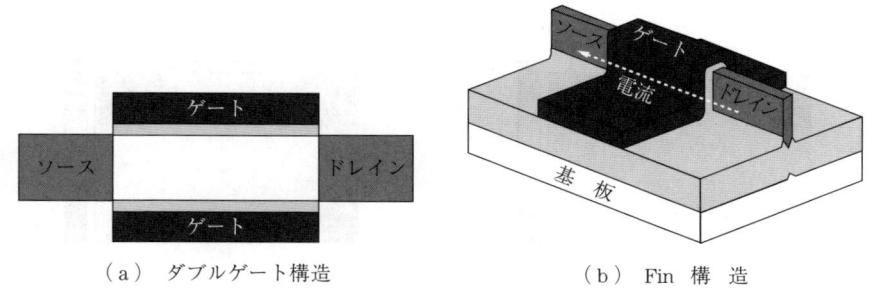

図 10.28　マルチゲート構造 MOSFET

低くするとトリプルゲートとして作用することや，実際の作製が比較的容易であるという点から，最近では Fin FET の研究が進んでいる．2012 年には米国インテル社が，Fin FET を用いた LSI の製造を初めて開始し大きな注目を集めた．

図 10.29 に，ダブルゲート構造を用いた場合の DIBL（短チャネル効果）の抑制効果をモンテカルロシミュレーションで実証した例を示す[1]．図(a)はチャネル長 10 nm のバルク構造 MOSFET でオン・オフ動作時の電子密度分布を示している．色が濃いほど電子密度が高く，薄いほど電子密度が低いことを表している．オフ時にもかかわらずチャネル内に電子が存在しており，DIBL によりサブスレショルド特性が劣化することが確認できる．一方，図(b)に示したダブルゲート構造では，ゲートの支配力が増した結果，良好なオフ状態が実現されている．

Fin FET の微細化が進展していくと，その究極形状はナノワイヤ MOSFET となる．ナノワイヤ MOSFET の構造を**図 10.30** に示す．ナノワイヤ MOSFET ではゲートがチャネルの周囲を囲む**ゲートオールアラウンド**（gate-all-around）**構造**をしているため短チャネル効果に強く，10 nm 以下のゲート長でも正常に動作するトランジスタの実現が期待できる．ただし，1 次元電子ガスとなるナノワイヤチャネルでは状態密度が減少するため，極薄ゲート酸化膜厚下では，量子キャパシタンスの影響によるゲート容量の低下が起こる可能性がある（付録 C 参照）．特に，有効質量の軽いⅢ-Ⅴ族ナノワイヤ MOSFET では，その影響は顕著に表れると予想されている[68)～70)]．また，ナノワイヤ MOSFET の微

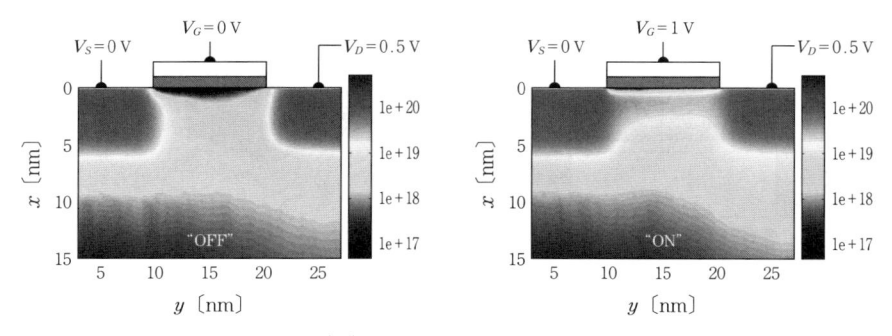

(a) バルク構造 MOSFET

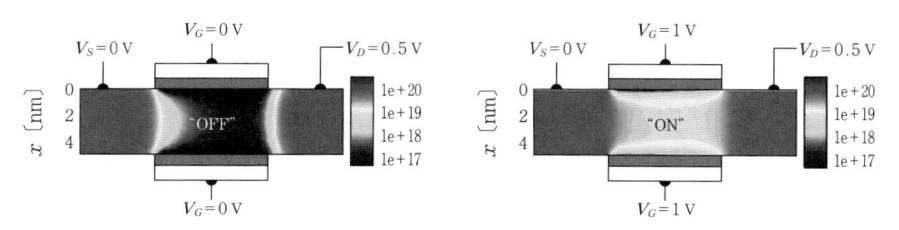

(b) ダブルゲート構造 MOSFET

図 10.29 バルク構造 MOSFET とダブルゲート構造 MOSFET のオン・オフ特性の比較[†]($L_G = 10$ nm)

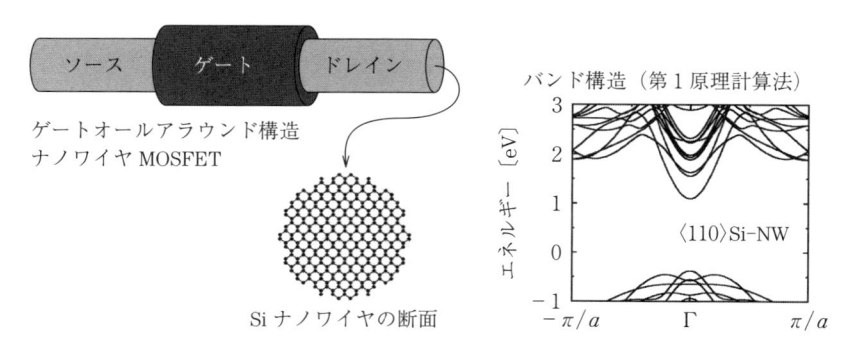

図 10.30 ナノワイヤ MOSFET の構造

[†] グレースケール表示では，電子密度が非常に小さいところも濃い色で表示されてしまう。電子密度分布の詳細については，コロナ社 Web ページの本書のページにカラー表示したものが掲載されているので，そちらを参照してほしい。

細化が進められると，図 10.30 に示すようにチャネル断面に存在する原子数は数えられる程度にまで減少する．したがって，原子一つ一つの特性がデバイス特性に顔を出すようになるため，従来の有効質量近似の枠組みを越えた原子論的な取扱いが不可欠になると考えられている[68)～75)]．

10.5.4 ショットキー MOSFET

微細化の進展に伴い，ソース・ドレイン電極の寄生抵抗がデバイス性能を向上させる際の障害となる可能性が出てきた．ソース・ドレイン接合深さ x_j も短チャネル効果の抑制のためにどんどん薄くなっており，その寄生抵抗の増大が無視できなくなってきたためである．また，ひずみ Si や Ⅲ-Ⅴ 族チャネルなどの高移動度チャネルでは，チャネル抵抗をできるかぎり低下させる構造となるため，電極の寄生抵抗の影響が顕在化する恐れがある．寄生抵抗を低減するには，ソース・ドレイン電極のキャリア密度を高くすればよいが，Si 中の固溶限界の制限があり，例えばボロンでは 2×10^{20} cm^{-3} といわれている[29)]．今後さらに微細化された MOSFET では，このキャリア密度では不十分であり，本格的に寄生抵抗を下げるために，ソース・ドレイン電極に金属を採用する研究が始まっている．

金属と半導体を接触させた場合，10.2.1 項で述べたように，ショットキー接触とオーミック接触の 2 通りが考えられる．良好なオフ特性を得るためにはショットキー接触のほうが好ましいが，逆にオン状態ではショットキーバリアをトンネルして電流が流れるため，従来の pn 接合型 MOSFET に比べて駆動力が劣ってしまう．そこで，ソースからの不純物偏析現象を利用して，トンネルバリアを低くして電流駆動力を向上させる DSS-MOSFET（dopant-segregated-schottky MOSFET）が提案されている[76),77)]．図 10.31 にショットキー MOSFET のチャネル方向のポテンシャル分布を模式的に示す．ソース・チャネル界面に急峻なショットキーバリアが形成されるが，ソースから偏析したドナー原子によるポテンシャル変調効果と鏡像効果によってバリア高さが低減され，オン状態の電流増大が期待されている．従来の pn 接合型 MOSFET

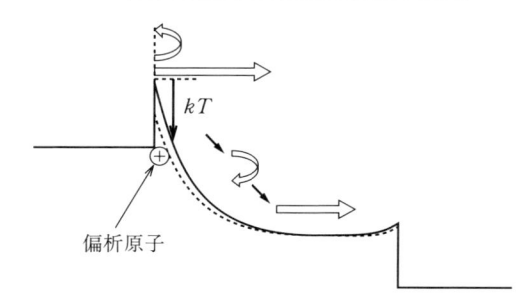

図 10.31 ショットキー MOSFET のポテンシャル分布

を上回るオン電流値を実現するには,等価的なバリア高さを 0.1 eV 以下にする必要があるとされており,そのような低いショットキーバリアを形成する技術の開発が進められている[78]。

一方,準バリスティック輸送の観点で見た場合,ショットキーバリアの形状は従来の pn 接合型に比べて狭い kT レイヤ (10.4.4項) をもっている。したがって,pn 接合型に比べて小さな後方散乱係数をもつと予想され,バリスティック MOSFET を実現する素子構造としても注目されている[78],[79]。

10.6　新原理・新概念トランジスタ

10.1 節で述べたように電源電圧のスケーリングが停滞しているために,LSI の消費電力が増大し続けている。LSI の低電圧化を阻む要因の一つが,従来型 MOSFET ではサブスレショルド特性がスケーリングできない点になる。現在の MOSFET は,ゲートに電圧を加え半導体表面にキャリアの反転層 (チャネル) を形成することで,ソースからドレインに流れる電流を制御している。このときソースからチャネルに注入されるキャリア数は熱放出過程で支配されるため,サブスレショルド領域での電流変化の急峻さを表すサブスレショルド係数 (S 値) には下限が存在し,室温では約 60 mV/dec となる (10.2 節 参照)。上記の動作原理を使うかぎりは,S 値はこの下限値を下回ることはできず (すなわちスケーリングできない),このことが MOSFET の低電圧化や低消費電力化を妨げる大きな要因となっている。そこで,上記とは異なる新しい原理を用

いることで，この限界値を破る研究が最近活発になってきた（**図10.32**）。その代表的なデバイスは，トンネル効果を利用したトンネルFETとインパクトイオン化を利用したI-MOSである。いずれのデバイスも，オン電流が小さい，しきい値電圧の調整が難しい，などの問題を抱えているが，低消費電力動作のための研究が進められている[22]。

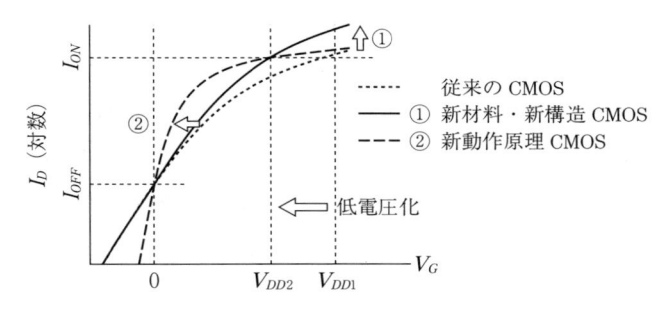

図10.32 低電圧駆動MOSFETのI_D-V_G特性

10.6.1 トンネルFET

トンネルFETの構造と動作原理を**図10.33**に示す。トンネルFETでは通常

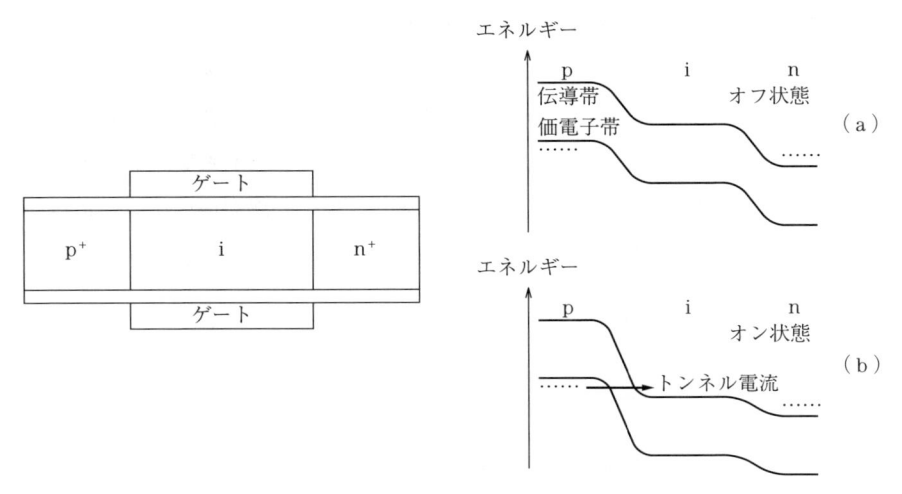

図10.33 トンネルFETの構造と動作原理（（a）オフ状態と（b）オン状態のポテンシャル分布）

のMOSFETと異なり，ソースがp形半導体でドレインがn形半導体で構成される．図(b)に示すように，ゲートに正の電圧を加えると，ソースの価電子帯からチャネルの伝導帯にバンド間トンネリングによって電子が注入されるため電流が流れる．トンネル電流のオン・オフの切換は熱放出過程よりも急峻に行うことができるため，室温においても 60 mV/dec を下回る S 値をもつ FET が実現できる．これまでに，カーボンナノチューブ[80]，シリコン[81]およびⅢ-V族ナノワイヤ/Si ヘテロ接合[82]を用いたデバイスで，サブ 60 mV/dec の FET 動作が実証されている．しかし，トンネル FET は従来の MOSFET に比べてオン電流が低くなることが大きな課題の一つとして残っている．オン電流を向上させるには，トンネル確率を大きくする必要があるため，バンドギャップの小さな材料を用いることが有力な解決策の一つと考えられている．

また，ゲートに加える電圧を負にしていくと，今度はチャネルの価電子帯からドレインの伝導帯にバンド間トンネル電流が流れ始めるため，I_D-V_G 特性に，いわゆるアンバイポーラ特性が現れる．これは通常の論理動作では好ましくない現象であるため，その抑制のための検討も必要である．

10.6.2 インパクトイオン化 MOS（I-MOS）

I-MOS はインパクトイオン化によるアバランシェ降伏を発生させ，60 mV/dec より急峻な S 値を得るトランジスタである．その構造を**図 10.34** に示す[83]〜[85]．I-MOS もトンネル FET と同様にソースが p 形半導体でドレインが n 形半導体で構成される．ただし，ソース側の i 層の一部領域にゲート電極が覆われていない部分がある点がトンネル FET と大きく異なる点である．この

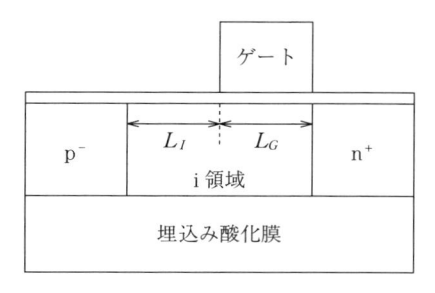

図 10.34 I-MOS のデバイス構造

領域に高電界を発生させインパクトイオン化を引き起こさせる。したがってサブスレショルド電流は拡散電流ではなくインパクトイオン化電流が支配的となり,これまでに50 mVで5.3桁の非常に急峻な電流変化が報告されている[84),85)]。ただし,シリコンはインパクトイオン化係数が小さいためドレイン電圧を高く設定する(〜 20 V)必要がある。そのためインパクトイオン化係数の大きいゲルマニウムを用いたI-MOSも研究されている。

10.6.3 ジャンクションレストランジスタ

新概念を導入したトランジスタを紹介する。10.4.1項で述べたように短チャネル効果を抑制するには空乏層幅x_dを小さくすることが効果的であるが,微細化とともに,ソース-チャネル間pn接合およびドレイン-チャネル間pn接合を形成するドナーとアクセプタ不純物の空間分布広がりが問題となってきた。ナノスケールチャネルのMOSトランジスタでは,これらの不純物分布の急峻性をnmオーダーで制御することが求められてくるが,微細化とともに,この精密制御が非常に難しくなってきている。そこで逆転の発想として,pn接合を用いないトランジスタが提案された[86),87)]。これを**ジャンクションレストランジスタ**(junctionless transistor, **JLT**)と呼んでいる。これは,ソース・チャネル・ドレインすべての領域を同一の極性をもつ半導体(n^+-Siだけ,あるいはp^+-Siだけ)で構成するというものである。いわゆる,n^+-n^+-n^+のSi抵抗体,あるいはp^+-p^+-p^+のSi抵抗体をゲートの静電力によってオン・オフ動作させるという発想である。したがってオフ状態を実現するには,ゲート静電制御力のきわめて高いデバイス構造が必須となるため,**図10.35**に示すようなFin構造やナノワイヤ構造と組み合わせた研究が主流となっている[88)]。**図10.36**にFin型ジャンクションレストランジスタのドレイン電流-ゲート電圧特性の実測例を示す[87)]。従来型MOSFETと同程度のオン電流特性が得られているのがわかる[89)]。

ジャンクションレストランジスタは製造が容易になるという利点だけでなく,オン状態は蓄積モードで電流が流れるため,キャリアは反転層移動度(付

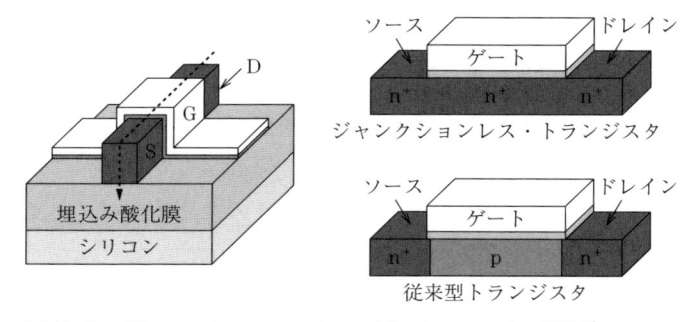

図10.35 ジャンクションレストランジスタのデバイス構造[88]

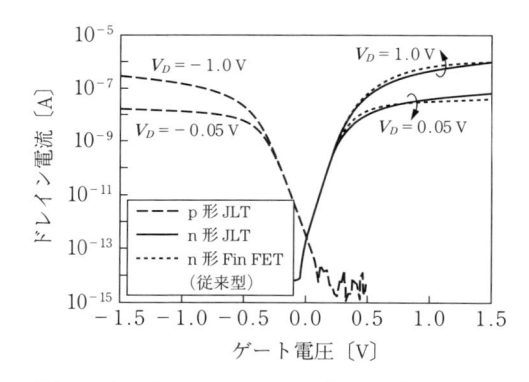

図10.36 ジャンクションレストランジスタのドレイン電流-ゲート電圧特性[87]

録A参照) よりも高いバルク移動度に近い値で流れるようになる[90]。このため，反転モードを利用する従来型MOSFETに比べると高い電流駆動力を期待することができる。その一方で，チャネル領域に多量の不純物が存在するため不純物散乱による移動度の低下や不純物ばらつきの問題が懸念されている。また，適切なしきい値電圧の設定に最適な仕事関数をもつゲート電極を選択する必要があり，精力的な検討が進められている。

付録A　移動度ユニバーサル曲線

10.3節で述べたように，長チャネルMOSFETのオン電流は式(10.1)で与えられ

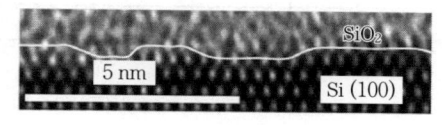

る。微細化による性能向上が難しくなってきたポストスケーリング世代では、チャネルのキャリア移動度 μ を増大させるため、ひずみ Si や Ge、さらにはⅢ-Ⅴ族半導体などの高移動度チャネル材料の導入に大きな期待が寄せられている。移動度の定義はキャリア速度 v と電界 E を用いて $v=\mu E$ で与えられ、半導体のキャリア輸送に関する物理的性質が押し込められている。MOS 反転層の移動度は、Si/SiO$_2$ 界面やゲート電極などの影響を受けてバルクの移動度とは異なる性質を示す。例えば、オン状態では反転層キャリアは量子化され状態密度や散乱確率の変化が起こる。また図 A.1 に示すように SiO$_2$ 界面は完全に平坦ではなく原子レベルの凹凸が存在し、キャリアはこの凹凸により散乱されて移動度の低下が生じる[91]。これを**表面ラフネス散乱**（surface roughness scattering）と呼んでいる。さらに基板内に分布する不純物や界面および SiO$_2$ 中の捕獲電荷などによる**クーロン散乱**（Coulomb scattering）も存在する。そしてこれらの影響は、ゲート電圧の大きさ、つまりトランジスタのオンとオフの状態間で大きく異なってくる。このため MOS 反転層の移動度はゲート電圧に依存することになり、その振舞いを示す特性は**移動度ユニバーサル曲線**（mobility universal curve）と呼ばれている。

・原子層オーダーでの界面の凹凸が存在する
・キャリアの波長オーダーの界面の凹凸により散乱が発生

図 A.1 MOS 界面のラフネス[91]

図 A.2 に Si (100) 面の電子と正孔のユニバーサル曲線を示す[92]。横軸はゲート-基板方向の実効電界であり次式で定義される。

$$E_{eff} = \frac{q}{\varepsilon_{Si}\varepsilon_0}\left(N_{dpl} + \eta N_s\right) \tag{A.1}$$

ε_{Si} は Si の誘電率、N_{dpl} は空乏電荷密度、N_s は反転電荷密度を表す（**図 A.3** 参照[93]）。ここで η は実験結果へのフィッティングパラメータであり、ユニバーサル曲線を議論する際のキーパラメータとなる。η の値については S. Takagi らにより系統的に検討され、他の面方位も含めて**表 A.1** にその値を示している[94]。このことから移動度ユニバーサル曲線は経験的な特性であると考えられている。基板不純物密度 N_A によらず移動度が高電界領域で一つの曲線に乗ることが明瞭に示されている。この移動度-実効電界特性は、ゲート酸化膜の厚さによらず、また作製プロセスなどにも依存しないことから"ユニバーサル（普遍的）"という言葉が使われている。

図 A.2 の横軸の実効電界 E_{eff} は界面の閉込め方向の電界であるので、MOSFET の

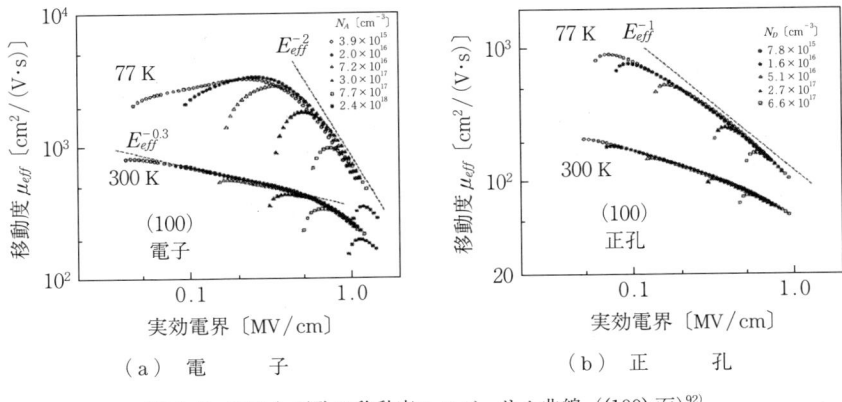

図 A.2 電子と正孔の移動度ユニバーサル曲線（(100)面）[92]

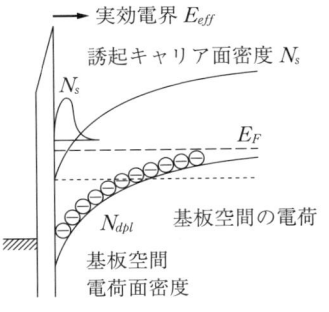

図 A.3 実効電界の意味[93]

表 A.1 パラメータ η の値[94]

η	(100)面	(110)面	(111)面
電子	1/2	1/3	1/3
正孔	1/3	—	—

ゲート電圧に対応している。すなわち低 E_{eff} 領域がオフ状態で，高 E_{eff} 領域がオン状態に対応する。基板不純物密度の増加やゲート酸化膜厚の薄層化といったスケーリングによって，オン状態での界面の実効電界は大きくなる傾向にあるので（このため量子化の影響も重要になる（付録 B 参照）），オン電界は徐々に図 A.2 の右側の領域に移りつつある（**図 A.4** 参照）。したがって，スケーリングにより移動度は減少してしまい，MOSFET の電流駆動力が低下すると懸念されている。

それではつぎに，ユニバーサル曲線を支配するキャリアの散乱現象について述べる。図 A.4 に描かれているように，ユニバーサル曲線はつぎの三つの領域に分けて考えることができる。低 E_{eff} 領域では，基板不純物や界面電荷および SiO_2 中の捕獲電荷などによるクーロン散乱が支配的となっており，このため N_s の増大によって遮蔽効果が働くため E_{eff} とともに移動度は増大する。中 E_{eff} 領域ではフォノン散乱が支配的となり，E_{eff} の増大とともに反転層の量子閉込めが強くなることでフォノン散乱

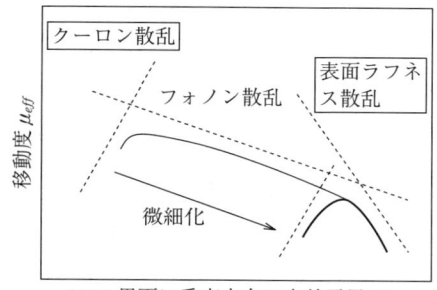

図A.4 反転層移動度を決める散乱機構[93]

確率が増大するため移動度は減少する。またフォノン散乱が関係しているため，温度による差が顕著に出るのもこの領域の特徴である。最後に高 E_{eff} 領域ではキャリアが SiO_2 界面に強く引き寄せられるため，表面ラフネス散乱が影響して移動度が急激に減少する。図A.2(b)の正孔では電子と異なり高 E_{eff} 領域の傾きに大きな変化は見られないが，これは電子と正孔で表面ラフネス散乱の影響の仕方が異なり，正孔では E_{eff} の広い範囲で表面ラフネス散乱が影響するためと説明されている[92]。

10.5.1項で述べたとおり，ひずみSi技術はチャネル層のSiに引張りひずみ，あるいは圧縮ひずみを加えることで，n-MOS，p-MOSともに移動度を向上させることができる技術であり，最先端のLSIでは実用化が始まっている。

付録B　反転層キャリアの量子化

図B.1 に示すように，MOS界面の反転層はキャリアにとって（擬似三角形の）量子井戸構造になっており，スケーリングにより界面電界が大きくなるにつれて，量子化の影響が顕在化してくる。量子化の影響を正確に評価するには，シュレディンガー方程式とポアソン方程式を自己無撞着に解析する必要があるが[1]，ここでは簡単な近似を用いて量子化された反転層電子の性質を考えることにする。

図B.1を説明する。この図はnチャネルMOSFETに正のゲート電圧を印加した場合のゲート電極からp-Si基板に向かってのポテンシャルエネルギー分布を示している。印加した電界によってゲート電極のエネルギーは下がり，絶縁膜との界面近傍の半導体表面は図のように曲げられ，その結果電子が伝導帯に誘起される。p-Si基板に対して電子が誘起されるので，この電子の層を反転層と呼ぶ。価電子帯も同様に曲げられるから，界面近傍の正孔はp-Si基板側へ押し出され，負に帯電したアク

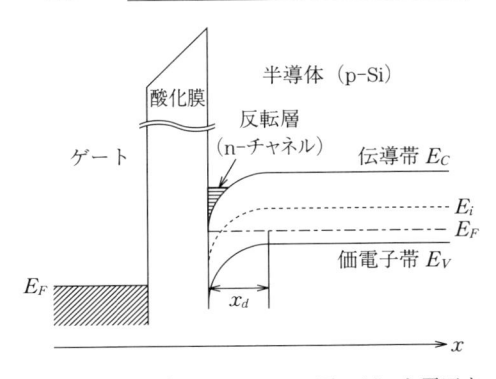

図 B.1 nチャネル MOSFET に正のゲート電圧を印加した場合のポテンシャルエネルギー分布

図 B.2 界面付近のポテンシャル分布と電子の波動関数

セプタが取り残される. この領域を空乏層と呼び, その長さを x_d として表している. p-Si 基板の奥深く ($x \to \infty$) では, 正孔とアクセプタが同じ密度で存在し中性を保っている. そのフェルミエネルギーを E_F とする.

図 B.1 の反転層が形成される界面近傍の拡大図を**図 B.2** に示す. このように反転層の電子は近似的に, 三角形のポテンシャル井戸に閉じ込められていると考えてよい. この三角ポテンシャル井戸の幅が電子のド・ブロイ波長よりも短くなると, エネルギーの量子化の影響が顕著に現われてくる (7.1節 参照). 一方, y, z 方向 (界面に平行な面内) には電子は自由に動くことができる. このような電子を 2 次元電子ガスと呼び, MOSFET の反転層電子は 2 次元電子状態を形成することがわかる (9.1.1項 参照).

三角ポテンシャル井戸に閉じ込められた電子の量子化エネルギーを, 簡単な近似を用いて求めてみよう[95]. 図 B.2 の破線で示すように, 界面近傍のポテンシャルを $V(x) = eFx$ の直線で近似する. F は界面における印加電界を表し, いまは簡単のため, ゲート電圧に比例すると考えることにする. さらに, 三角ポテンシャルの外側への波動関数のしみ出しを無視する. このとき電子の波長を λ とすると, 三角ポテンシャル井戸にできる定在波の右端の位置は

$$x_n = n \frac{\lambda}{2} \qquad (n = 1, 2, \cdots) \tag{B.1}$$

となる. この位置でのポテンシャルエネルギーは eFx_n であり, これが x 方向の電子の運動エネルギーと等しいと仮定する. すなわち, 電子の有効質量を m^*, 運動量を p_x として

$$E_x^n = \frac{p_x^2}{2m^*} = eFx_n \tag{B.2}$$

と近似する。上式に運動量と波長の間のド・ブロイの関係

$$p_x = \frac{h}{\lambda} = \frac{2\pi\hbar}{\lambda} \tag{B.3}$$

と，さらに式(B.1)を適用すると

$$\frac{1}{2m^*}\left(\frac{2\pi\hbar}{\lambda}\right)^2 = eFx_n = eF\frac{n\lambda}{2}$$

となり，電子の波長は

$$\lambda = \left(\frac{4\pi^2\hbar^2}{nm^*eF}\right)^{1/3} \tag{B.4}$$

と与えられる。したがって電子のエネルギー E_x^n は

$$\begin{aligned}
E_x^n &= eFx_n = eF\frac{n\lambda}{2} = \frac{neF}{2}\left(\frac{4\pi^2\hbar^2}{nm^*eF}\right)^{1/3} \\
&= \left(\frac{n^3e^3F^3}{8}\frac{4\pi^2\hbar^2}{nm^*eF}\right)^{1/3} = \left(\frac{n^2e^2F^2}{2}\frac{\pi^2\hbar^2}{m^*}\right)^{1/3} \\
&= \frac{1}{(2m^*)^{1/3}}(\pi\hbar eF)^{2/3}n^{2/3} \qquad (n=1, 2, \cdots)
\end{aligned} \tag{B.5}$$

と表すことができる。式(B.5)の結果は，三角ポテンシャル井戸に閉じ込められた電子波は表面電界 F の2/3乗に比例し，有効質量 m^* の1/3乗に反比例することを表している。

つぎに，変分法を用いて，より正確なエネルギー固有値と波動関数の形状を求めてみよう[96]。三角ポテンシャル近似した反転層電子のシュレディンガー方程式は次式で与えられる。

$$-\frac{\hbar^2}{2m^*}\frac{d^2\varphi_n}{dx^2} + eFx\varphi_n(x) = E_x^n\varphi_n(x) \tag{B.6}$$

上式に変分法を適用する。まず，基底準位（$n=1$）の試行波動関数を

$$\psi_1(x) = K_1 x \exp\left(-\frac{c_1 x}{2}\right) \tag{B.7}$$

とおき，以下のエネルギー期待値の最小条件と波動関数の規格化条件を用いて解（K_1, c_1）を決定する。

$$E_x^1 = \int_0^\infty \psi_1^* H \psi_1 dx \quad \rightarrow \quad \min \tag{B.8}$$

$$1 = \int_0^\infty \psi_1^* \psi_1 dx \tag{B.9}$$

式(B.9)より $K_1 = \sqrt{c_1^3/2}$ が得られ,これを用いてエネルギー期待値を計算すると

$$E_x^1 = \frac{\hbar^2}{2m^*}\left(\frac{c_1}{2}\right)^2 + \frac{3eF}{c_1} \tag{B.10}$$

と求まる。エネルギー期待値を最小にする条件,すなわち $dE_x^1/dc_1 = 0$ より $c_1 = \sqrt[3]{12m^*eF/\hbar^2}$ となるので,これを式(B.10)に代入すると

$$E_x^1 = \frac{1}{(2m^*)^{1/3}}(\pi\hbar eF)^{2/3} \times \underbrace{3 \times \left(\frac{3}{4\pi}\right)^{2/3}}_{1.15} = 1.15 \times \frac{1}{(2m^*)^{1/3}}(\pi\hbar eF)^{2/3} \tag{B.11}$$

が得られる。この結果は,先に求めた式(B.5)の基底準位エネルギーとかなり近い値となっている。粗い近似を使って定性的に出した式(B.5)の結果が,変分法による精度の高い計算結果とよく一致するということは注目に値する。

一方,波動関数は

$$\psi_1(x) = \sqrt{\frac{6m^*eF}{\hbar^2}}\, x \exp\left(-\sqrt[3]{\frac{3m^*eF}{2\hbar^2}}\, x\right) \tag{B.12}$$

と求められ,これを描くと**図 B.3** のようになる。すなわち界面で波動関数はゼロとなり,界面から離れた位置で最大値をとることがわかる。また式(B.12)を見ると,電界 F を大きくする,すなわちゲート電圧を大きくすると波動関数の振幅が大きくなり,逆に,界面から離れた位置での減衰が早くなる結果が導かれる。すなわちゲート電圧を大きくすると,反転層への閉込めが強くなり,電子はより界面に近い所に分布するようになる。有効質量 m^* についても同様であり,有効質量が重いほど電子は界面に近い所に分布することがわかる(10.5.1項)。

つぎに,第1励起準位($n=2$)であるが,その波動関数は**図 B.4** のようになるこ

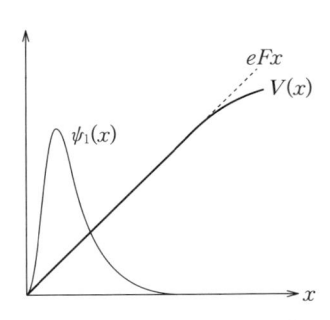

図 B.3 基底準位の波動関数の概形図

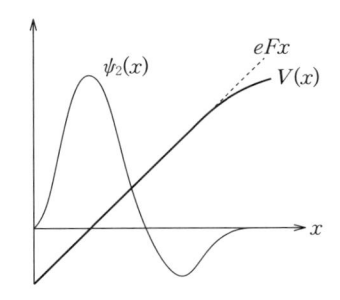

図 B.4 第1励起準位の波動関数の概形図

とが予想されるので，試行波動関数を次式のように仮定する．

$$\psi_2(x) = K_2(x + a_2 x^2) \exp\left(-\frac{c_2 x}{2}\right) \quad (\text{B.13})$$

励起準位の波動関数には，以下の式(B.15)の規格化直交条件が課せられる．

$$E_x^2 = \int_0^\infty \psi_2^* H \psi_2 dx \quad \rightarrow \quad \min \quad (\text{B.14})$$

$$\delta_{mn} = \int_0^\infty \psi_m^* \psi_n dx \quad (\text{B.15})$$

ここで δ_{mn} はクロネッカーのデルタである．励起準位の場合は，基底準位のように解析的な解を求めることができないため，一般的に計算機による数値計算が必要となってくる[96]．

例題 B.1 式(B.5)を用いて，Si 伝導帯の 2 重縮退バレーと 4 重縮退バレーの基底サブバンドエネルギーの差を計算してみよ．有効質量の値は $m_l = 0.98 m_0$ と $m_t = 0.19 m_0$ とし，電界は $F = 0.1 \sim 1.0$ MV/cm で適当な値を選択せよ（付録の図 A.2 (a)参照）．

【解答例】
(i) $\underline{F = 0.1 \text{ MV/cm の場合}}$
2 重縮退バレーの基底サブバンドエネルギーは $E_x^1 = 34.0$ meV で，4 重縮退バレーのそれは $E_x^1 = 58.7$ meV と計算される．これよりエネルギー差は $\Delta E_x^1 = 24.7$ meV となり，ほぼ室温の熱エネルギー（$k_B T = 26$ meV）と同程度になる．
(ii) $\underline{F = 1 \text{ MV/cm の場合}}$
2 重縮退バレーの基底サブバンドエネルギーは $E_x^1 = 156.4$ meV で，4 重縮退バレーのそれは $E_x^1 = 270.3$ meV と計算される．これよりエネルギー差は $\Delta E_x^1 = 113.9$ meV $> 4 k_B T$（室温）となる．

付録 C　反 転 層 容 量

　MOS キャパシタのゲート容量 C_G は，MOSFET の電流駆動力（ドレイン飽和電流）を支配する重要なデバイスパラメータである（式(10.1)，(10.13)，(10.14)参照）．ここでは，ナノスケール MOSFET のゲート容量の決定に重要な役割を果たす**反転層容量**（inversion layer capacitance）C_{inv} について説明する[97]．C_{inv} は**図 C.1** の MOS キャパシタンス等価回路に示すように，酸化膜容量 C_{ox} に直列に入ることになり，ゲート容量の低下，ひいては MOSFET の電流駆動力の低下につながる要因となるため，特に，ナノスケールの MOS デバイス設計において重要となる．ここでは簡単化のため，ゲート空乏化によるゲート電極の容量 C_{poly} は無視している．C_{inv} は，Si の有限の状

222   10. ナノ MOS トランジスタ

図 C.1 反転条件下での MOS キャパシタンスの等価回路

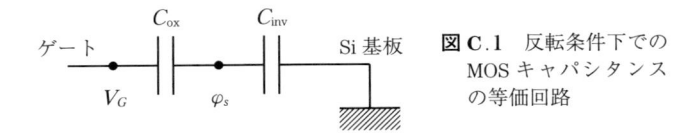

態密度に起因する状態密度容量 $C_{\text{inv}}^{\text{DOS}}$ と，量子閉込め効果に起因する反転層厚容量 $C_{\text{inv}}^{\text{thickness}}$ からなる。まず，状態密度容量から説明を行う。

図 C.2 に示すようにゲート電極にしきい値電圧よりも大きな電圧を加えると，酸化膜界面に電子が誘起される（n-MOSFET の場合）。反転層の状態密度（density-of-states，DOS）が無限に大きい場合には，電圧を V_0 から V_1 に増やしても Si 基板側のポテンシャル変化は無視することができる。すなわち図 C.2(a) に示すように，$V_0 \to V_1$ の電圧増加は酸化膜にかかる E_{ox} 電界の増加に使われることになり，このためゲート容量 C_G は単純に酸化膜容量 C_{ox} で与えることができる。

(a) 反転層の状態密度が無限に大きい場合

反転層のポテンシャル変動は無視できる $\Rightarrow C_{\text{DOS}} \approx \infty$

反転電荷量
$$Q = qN = q\int_{E_C}^{\infty} D(E-E_C)f(E)dE$$

(b) 反転層の状態密度が有限の場合

電荷を誘起するために反転層のポテンシャルが低下する必要がある $\Rightarrow C_{\text{DOS}} \neq \infty$

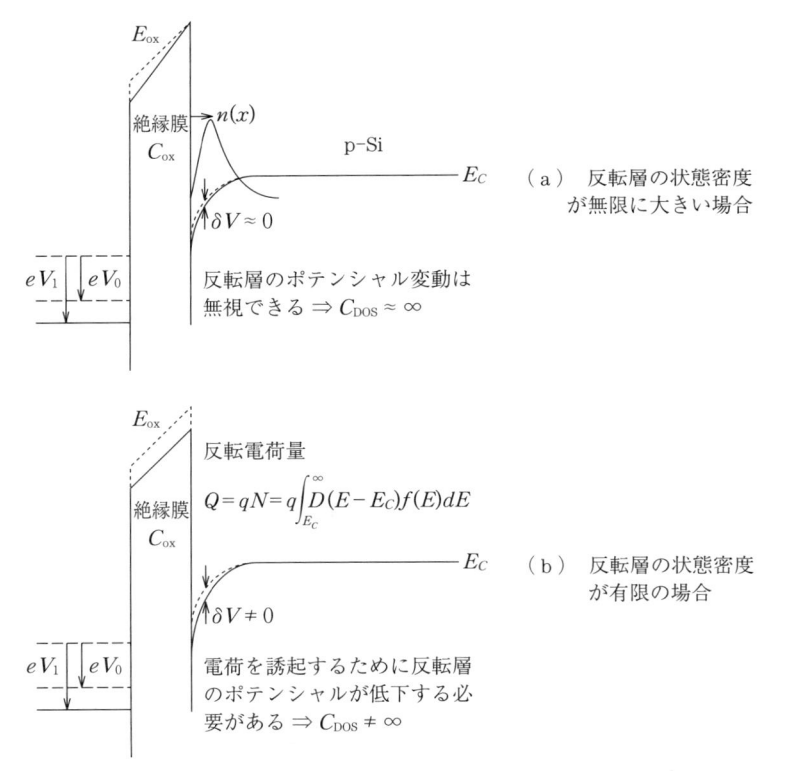

図 C.2 MOS 反転層容量（反転層の状態密度が無限に大きい場合と有限の場合）

しかし実際の半導体では状態密度が有限であるため，界面に電子を誘起するには，図 C.2(b) に示すように，反転層のポテンシャルが低下する必要がある．その分だけ，酸化膜にかかる電界が減少するため，誘起される電荷量は $Q=C_{ox}V$ よりも小さくなる．すなわち，付加的容量 C_{inv}^{DOS} が C_{ox} に直列に接続され

$$\frac{1}{C_G} = \frac{1}{C_{ox}} + \frac{1}{C_{inv}^{DOS}} \tag{C.1}$$

$$Q = C_G V < C_{ox} V \tag{C.2}$$

となるため，ゲート容量が低下する．この付加的容量 C_{inv}^{DOS} を状態密度容量（あるいは量子キャパシタンス[98]）と呼ぶ．

C_{inv}^{DOS} は状態密度が関係する容量であることから，キャリアの運動の自由度に大きく依存することになる．9章で求めたように，3次元電子（バルク），2次元電子（量子井戸），1次元電子（量子細線）の状態密度は図 C.3 のような関係になる．したがって，有効質量の軽い材料（III-V族半導体，グラフェンなど）や，極薄 SOI-MOSFET（2次元電子）およびナノワイヤ MOSFET（1次元電子）では，C_{inv}^{DOS} の影響が顕著になると予想される．C_{inv}^{DOS} を考慮するには，反転層電荷を量子力学的に計算するとともに，ゲート静電ポテンシャルとの自己無撞着計算を実行する必要がある．

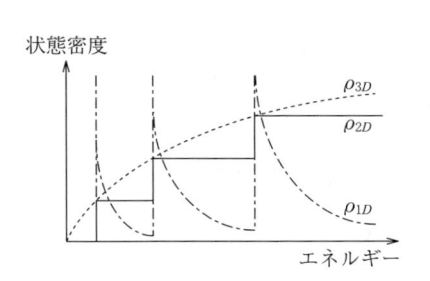

図 C.3 エネルギー状態密度の比較

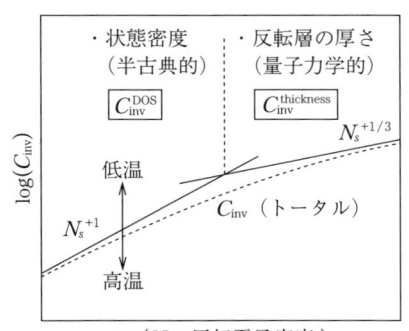

図 C.4 C_{inv}-N_s 特性[97]

上記の議論では，反転層に誘起されるキャリアの空間分布までは考慮されていない．付録 B で述べたように，MOS の反転層に閉じ込められたキャリアの波動関数は，量子閉込め効果により酸化膜界面から離れた位置で最大となる．このことは等価的（電気的）な酸化膜厚を増加させることになる．この効果を付加的な容量 $C_{inv}^{thickness}$ が直列に接続された等価回路で表し，これを反転層厚容量と呼ぶ．結局，反転層容量 C_{inv} は C_{inv}^{DOS} と $C_{inv}^{thickness}$ の直列接続で

$$\frac{1}{C_{\text{inv}}} = \frac{1}{C_{\text{inv}}^{\text{DOS}}} + \frac{1}{C_{\text{inv}}^{\text{thickness}}} \tag{C.3}$$

と表され，このときゲート容量 C_G は

$$\frac{1}{C_G} = \frac{1}{C_{\text{ox}}} + \frac{1}{C_{\text{inv}}} = \frac{1}{C_{\text{ox}}} + \frac{1}{C_{\text{inv}}^{\text{DOS}}} + \frac{1}{C_{\text{inv}}^{\text{thickness}}} \tag{C.4}$$

となる。

バルク構造 Si-MOSFET に対する反転条件下での $C_{\text{inv}}^{\text{DOS}}$ と $C_{\text{inv}}^{\text{thickness}}$ の役割については文献 97) で詳しく検討されており，その結果を図 C.4 に示す。反転電子密度 N_s が小さい（低ゲート電圧）時には $C_{\text{inv}}^{\text{DOS}}$ が支配的であり，逆に N_s が大きい（高ゲート電圧）時には $C_{\text{inv}}^{\text{thickness}}$ が支配的であることがわかる。$C_{\text{inv}}^{\text{thickness}}$ を考慮するには，閉込め方向のシュレディンガー方程式とポアソン方程式を自己無撞着に解き，キャリアの空間分布を正確に求める必要がある。

付録 D　kT レイヤ理論

MOSFET のチャネル内では，キャリアはさまざまな散乱を受け，その一部はソースにまで戻され電流を減少させる。kT レイヤ理論は，等方性の弾性散乱（例，音響フォノン散乱）を考慮した場合に，以下のような定性的解釈により導き出すことができる[99]。

図 D.1 に示すように MOSFET のオン状態ではボトルネックと呼ばれるポテンシャ

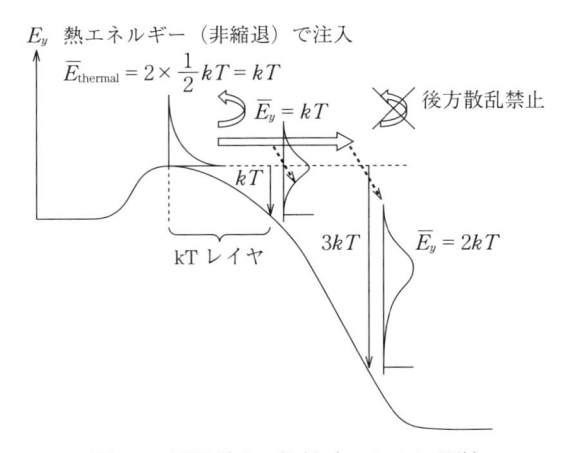

図 D.1　弾性散乱の役割（kT レイヤ理論）

ル頂上からキャリアが注入される（9.2.3 項および 10.4.4 項 参照）。いま，そこからポテンシャルエネルギーが熱エネルギー kT だけ下がった位置を考える。この領域を kT レイヤと呼ぶ。kT レイヤの右端では，注入時にもっていた熱エネルギー $2\times(kT/2)=kT$ と電界による加速分 kT が加わり，合計で $2kT$ の平均運動エネルギーを電子はもつことになる。ここでは 2 次元電子ガスを考えて電子の自由度は 2 にしている。この位置で等方性の弾性散乱（すなわちすべての方向に等確率で散乱され，散乱前後のエネルギーが保存される散乱）が起こった場合，全エネルギー $2kT$ が自由運動する 2 方向に等分配されるため，チャネル方向にはその半分の $\overline{E}_y=kT$ が残ることになる。ここでいうエネルギーは平均エネルギーであり，実際には熱広がりによって kT よりも大きなエネルギーをもつ電子が存在するため，後方散乱された電子の一部はソースへ戻ることが可能となる。

つぎにポテンシャルエネルギーが $3kT$ 下がった位置を考える。同様に考えると，今度は $kT+3kT=4kT$ の運動エネルギーをもち，それが弾性散乱で半分の $\overline{E}_y=2kT$ となりチャネル方向に残ることになる。このときは熱広がりがあったとしても，後方に存在する $3kT$ のバリアを越えることはできないため，この位置からソースへ戻ることは不可能となる。したがって，「チャネルからソースへの後方散乱が可能となる領域は，およそソース端の kT レイヤ近傍に限られることになる」というのが kT レイヤ理論の考え方である。

問 D.1 上記の考察を 1 次元電子に適用し，1 次元電子（ナノワイヤなど）の場合に kT レイヤが存在するか考えてみよ。

付録 E　フラックス法による後方散乱係数の導出

付録 D で述べたように，kT レイヤ理論は後方散乱係数に寄与する散乱の範囲を定性的に与えている。この付録 E では McKelvey のフラックス法を用いて，後方散乱係数と kT レイヤの関係について理論的に導出する[100)~102)]。

McKelvey のフラックス法では，つぎの三つのルールをキャリアの運動に適用する。
1. 1 次元上を右向きまたは左向きに走る。
2. 速度の大きさは一定（熱速度 v_t）である。
3. ランダムに後方散乱を受ける（平均自由工程 λ）。

このときのキャリアフラックスの動きのイメージを図 E.1 に示す。フラックス法を図 E.2 に示す有限長の 1 次元導体に適用し，後方散乱係数 R を与える理論式を以下で導出する。

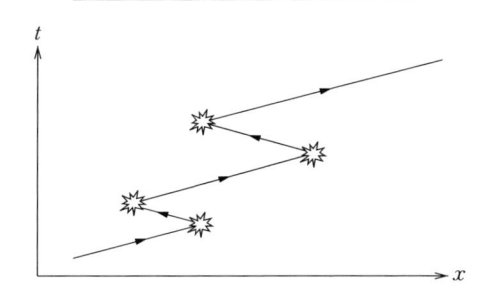

図 E.1 フラックスの動き

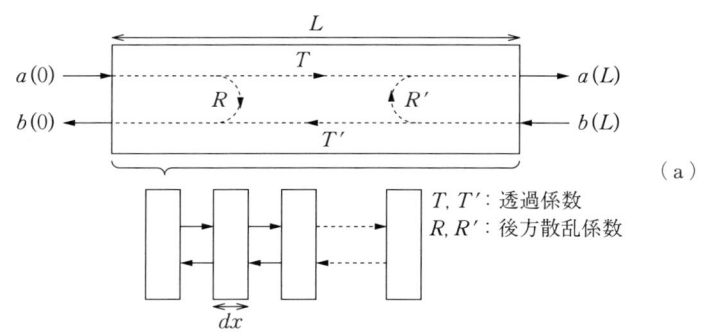

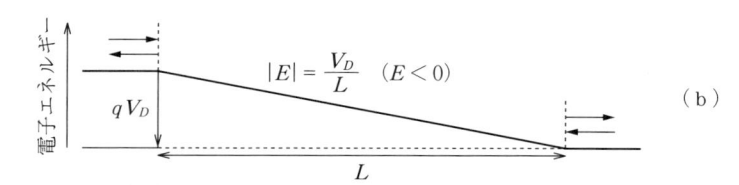

図 E.2 有限長の1次元導体中のフラックス伝導

いま1次元導体には図 E.2(b) に示すように，一定電界 $E(<0)$ がかかっているとする．後方散乱係数 R と透過係数 T には

$$R = 1 - T \tag{E.1}$$

の関係があるので，ここではまず透過係数 T を求め，それから式(E.1)の関係を使って後方散乱係数 R を導出する方法をとる．したがって以下では，透過係数 T を求めるために，右端と左端のフラックス $a(L)$ と $a(0)$ の関係を

$$a(L) = T \cdot a(0) + R' \cdot b(L) \tag{E.2}$$

という形で表現することを行っていく．ちなみにここでいうフラックスは電子密度の流れを意味し，電流密度と $J = -q(a-b)$ の関係がある．

まず，各位置でのフラックスの透過と反射を記述するために，図 E.2(a)に示した

付録E　フラックス法による後方散乱係数の導出　　227

ように1次元導体を微小な要素の連結で構成する。その中の位置 x での散乱行列を図 E.3 のように定義する。すなわち図に示すように，位置 x への入射フラックスを $a(x)$，出射フラックスを $b(x)$ とし，そこから dx 進んだ位置 $x+dx$ での出射フラックスを $a(x+dx)$，入射フラックスを $b(x+dx)$ とすると，それら四つのフラックス間には，つぎの二つの関係が成り立つことがわかる。

$$a(x+dx) = \left(1 - \frac{dx}{\lambda}\right) a(x) + \frac{dx}{\lambda'} b(x+dx) \tag{E.3}$$

$$b(x) = \frac{dx}{\lambda} a(x) + \left(1 - \frac{dx}{\lambda'}\right) b(x+dx) \tag{E.4}$$

ここで λ と λ' は，それぞれ左と右から入射したフラックスが dx 進む間に後方散乱される平均自由行程を表す。電界がかかっている場合は，一般に $\lambda \neq \lambda'$ となる。λ と λ' の関係については後述する。これら2式より図 E.3 中に示す散乱行列が導かれる。

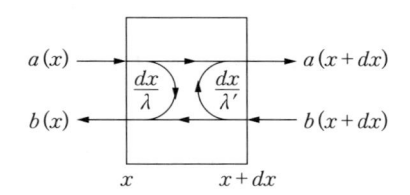

散乱行列
$$\begin{bmatrix} a(x+dx) \\ b(x) \end{bmatrix} = \begin{bmatrix} 1 - dx/\lambda & dx/\lambda' \\ dx/\lambda & 1 - dx/\lambda' \end{bmatrix} \begin{bmatrix} a(x) \\ b(x+dx) \end{bmatrix}$$

図 E.3　散乱行列

つぎに式 (E.3) を使ってフラックス a に対する微分方程式を求める。式 (E.3) より

$$a(x+dx) - a(x) = -\frac{dx}{\lambda} a(x) + \frac{dx}{\lambda'} b(x+dx) \tag{E.5}$$

となるので，この両辺を dx で割り，さらに $dx \to 0$（連続体近似）とするとつぎの微分方程式が得られる。

$$\frac{da}{dx} = -\frac{a}{\lambda} + \frac{b}{\lambda'} \tag{E.6}$$

同様にして式 (E.4) よりフラックス b に対する微分方程式がつぎのように導かれる。

$$\frac{db}{dx} = -\frac{a}{\lambda} + \frac{b}{\lambda'} \tag{E.7}$$

式 (E.7) は後述するドリフト・拡散電流式との関係を議論する際に用いられる。ここで全フラックスを $F = a - b$ と表すと，定常状態では電流連続の条件より $F = a - b =$ 位置に依らず一定　となる。これを式 (E.6) に用いると

$$\frac{da}{dx} + \left(\frac{1}{\lambda} - \frac{1}{\lambda'}\right)a = -\frac{F}{\lambda'} \tag{E.8}$$

となる.これが解くべき微分方程式である.その解を求めるために,まず式(E.8)の右辺をゼロとした式

$$\frac{da}{dx} + \left(\frac{1}{\lambda} - \frac{1}{\lambda'}\right)a = 0 \tag{E.9}$$

の特殊解を求めておく.いま,つぎのような解を仮定し

$$a(x) = Ae^{\beta x} \tag{E.10}$$

これを式(E.9)に代入すると

$$\beta = -\left(\frac{1}{\lambda} - \frac{1}{\lambda'}\right) \tag{E.11}$$

となる.したがって,式(E.8)の一般解を

$$a(x) = Ae^{-\left(\frac{1}{\lambda} - \frac{1}{\lambda'}\right)x} + B \tag{E.12}$$

と表して,その係数 A と B を以下で求めることにする.まず式(E.12)を式(E.8)に代入すると

$$-\left(\frac{1}{\lambda} - \frac{1}{\lambda'}\right)Ae^{-\left(\frac{1}{\lambda} - \frac{1}{\lambda'}\right)x} + \left(\frac{1}{\lambda} - \frac{1}{\lambda'}\right)\left[Ae^{-\left(\frac{1}{\lambda} - \frac{1}{\lambda'}\right)x} + B\right] = -\frac{F}{\lambda'}$$

より

$$B = -\frac{F}{\lambda'}\frac{\lambda\lambda'}{\lambda' - \lambda} = -\frac{\lambda}{\lambda' - \lambda}F \tag{E.13}$$

が求められる.次に左端のフラックス $a(0)$ を,式(E.12)と式(E.13)を使って表すと

$$a(0) = A - \frac{\lambda}{\lambda' - \lambda}F \quad \Rightarrow \quad A = a(0) + \frac{\lambda}{\lambda' - \lambda}F \tag{E.14}$$

となる.そこで式(E.13)と式(E.14)を式(E.12)に代入すると,フラックス $a(x)$ は全フラックス F を用いた形で,次式のように表すことができる.

$$a(x) = \left(a(0) + \frac{\lambda}{\lambda' - \lambda}F\right)e^{-\left(\frac{1}{\lambda} - \frac{1}{\lambda'}\right)x} - \frac{\lambda}{\lambda' - \lambda}F \tag{E.15}$$

式(E.15)で $x = L$ として右端のフラックス $a(L)$ を表すと

$$a(L) = \left[a(0) + \frac{\lambda}{\lambda' - \lambda}(a(L) - b(L))\right]e^{-\left(\frac{1}{\lambda} - \frac{1}{\lambda'}\right)L} - \frac{\lambda}{\lambda' - \lambda}(a(L) - b(L)) \tag{E.16}$$

となる.ここで $F(L) = a(L) - b(L)$ とした.上式を $a(L)$ でまとめて整理すると

$$a(L) = \frac{1}{1 + \frac{\lambda}{\lambda' - \lambda}\left[1 - e^{-\left(\frac{1}{\lambda} - \frac{1}{\lambda'}\right)L}\right]}\left\{a(0)e^{-\left(\frac{1}{\lambda} - \frac{1}{\lambda'}\right)L} + \frac{\lambda}{\lambda' - \lambda}\left[1 - e^{-\left(\frac{1}{\lambda} - \frac{1}{\lambda'}\right)L}\right]b(L)\right\}$$

$$= \frac{(\lambda'-\lambda)e^{-\left(\frac{1}{\lambda}-\frac{1}{\lambda'}\right)L}}{\lambda'-\lambda e^{-\left(\frac{1}{\lambda}-\frac{1}{\lambda'}\right)L}}a(0) + \frac{\lambda\left[1-e^{-\left(\frac{1}{\lambda}-\frac{1}{\lambda'}\right)L}\right]}{\lambda'-\lambda e^{-\left(\frac{1}{\lambda}-\frac{1}{\lambda'}\right)L}}b(L) \tag{E.17}$$

となり，目的であった式(E.2)の表現が得られたことになる．したがって，透過係数は

$$T = \frac{(\lambda'-\lambda)e^{-\left(\frac{1}{\lambda}-\frac{1}{\lambda'}\right)L}}{\lambda'-\lambda e^{-\left(\frac{1}{\lambda}-\frac{1}{\lambda'}\right)L}} = \frac{(\lambda'-\lambda)}{\lambda'e^{\left(\frac{1}{\lambda}-\frac{1}{\lambda'}\right)L}-\lambda} \tag{E.18}$$

となることから，後方散乱係数は式(E.1)を用いてつぎのように求めることができる．

$$R = 1-T = 1-\frac{\lambda'-\lambda}{\lambda'e^{\left(\frac{1}{\lambda}-\frac{1}{\lambda'}\right)L}-\lambda} = \frac{\lambda'e^{\left(\frac{1}{\lambda}-\frac{1}{\lambda'}\right)L}-\lambda-\lambda'+\lambda}{\lambda'e^{\left(\frac{1}{\lambda}-\frac{1}{\lambda'}\right)L}-\lambda} = \frac{\lambda'\left[e^{\left(\frac{1}{\lambda}-\frac{1}{\lambda'}\right)L}-1\right]}{\lambda'e^{\left(\frac{1}{\lambda}-\frac{1}{\lambda'}\right)L}-\lambda} \tag{E.19}$$

ここで平均自由行程 λ と λ' の間につぎの関係を仮定する．

$$\frac{1}{\lambda}-\frac{1}{\lambda'} = -\frac{q|E|}{k_B T} \tag{E.20}$$

ここで $|E|$ は電界の大きさを表す．このように仮定すると，後述するように kT レイヤ理論からドリフト・拡散電流式が導かれることがわかっている．このとき後方散乱係数はつぎのようになり

$$R = \frac{\frac{1}{\lambda}\left(e^{-\frac{q|E|}{k_B T}L}-1\right)}{\frac{1}{\lambda}e^{-\frac{q|E|}{k_B T}L}-\frac{1}{\lambda'}} = \frac{\frac{1}{\lambda}\left(e^{-\frac{q|E|}{k_B T}L}-1\right)}{\frac{1}{\lambda}e^{-\frac{q|E|}{k_B T}L}-\left(\frac{1}{\lambda}+\frac{q|E|}{k_B T}\right)} = \frac{e^{-\frac{q|E|}{k_B T}L}-1}{e^{-\frac{q|E|}{k_B T}L}-1-\lambda\frac{q|E|}{k_B T}} \tag{E.21}$$

さらに kT レイヤ長を次式で定義すると

$$L_{kT} \equiv \frac{k_B T}{q|E|} = \frac{k_B T}{qV_D/L} = \frac{k_B T}{qV_D}L \tag{E.22}$$

後方散乱係数は次式のように，導体の長さ L，kT レイヤ長 L_{kT} および λ を用いて書き表すことができる．

$$R = \frac{e^{-L/L_{kT}}-1}{e^{-L/L_{kT}}-1-\frac{\lambda}{L_{kT}}} = \frac{L_{kT}\left(e^{-L/L_{kT}}-1\right)}{L_{kT}\left(e^{-L/L_{kT}}-1\right)-\lambda} = \frac{L_{kT}\left(1-e^{-L/L_{kT}}\right)}{L_{kT}\left(1-e^{-L/L_{kT}}\right)+\lambda} \tag{E.23}$$

それではつぎに，式(E.23)の物理的意味を理解するために，$qV_D \ll k_B T$ と $qV_D \gg k_B T$ の二つの極限を考えてみる．

230   10. ナノMOSトランジスタ

(i) $qV_D \ll k_B T$ のとき

式(E.22)より $\dfrac{qV_D}{k_B T} = \dfrac{L}{L_{kT}} \ll 1$ を式(E.23)に代入すると

$$R \approx \frac{L_{kT}(1-1+L/L_{kT})}{L_{kT}(1-1+L/L_{kT})+\lambda} = \frac{L}{L+\lambda} \tag{E.24}$$

となる。これは

$L \to 0$ のとき $R = 0$

$L \to \infty$ のとき $R = 1$

となることからもわかるように，後方散乱係数は導体の長さ L で決まってくる。したがって，電圧が熱エネルギーよりも十分に小さい場合には，**図 E.4** に示すように，後方散乱係数に寄与する散乱の範囲は導体全域に及ぶと考えることができる。

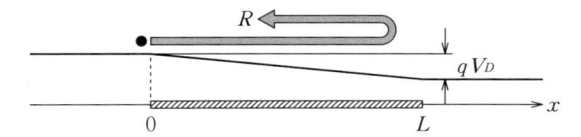

図 E.4 後方散乱係数に寄与する範囲 ($qV_D \ll k_B T$)

(ii) $qV_D \gg k_B T$ のとき

つぎに，$\dfrac{qV_D}{k_B T} = \dfrac{L}{L_{kT}} \gg 1$ を式(E.23)に代入すると

$$R \approx \frac{L_{kT}(1-0)}{L_{kT}(1-0)+\lambda} = \frac{L_{kT}}{L_{kT}+\lambda} \tag{E.25}$$

となる。すなわちこの場合は，後方散乱係数は導体の長さ L ではなく，kTレイヤの長さ L_{kT} で決まってくる。したがって電圧が熱エネルギーよりも十分に大きい場合には，**図 E.5** に示すように，後方散乱係数に寄与する散乱の範囲は，導体全域ではなくkTレイヤに限定されることがわかる。

ドリフト・拡散電流式との関係　　以下に示すkTレイヤ理論の三つの式から，ドリフト・拡散電流式が導かれることを示す。

○電流密度　　$J(x) = -q\bigl(a(x) - b(x)\bigr)$ 　　(E.26)

○電子密度　　$n(x) = \dfrac{a(x) + b(x)}{v_t}$ 　　(E.27)

付録 E　フラックス法による後方散乱係数の導出　　231

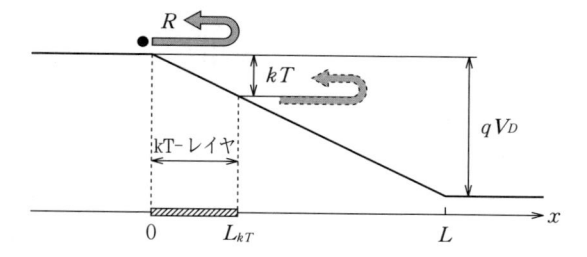

図 E.5　後方散乱係数に寄与する範囲（$qV_D \gg k_B T$）

$$\therefore\ a(x) = n^+ v_t,\ b(x) = n^- v_t\ \Rightarrow\ a(x) + b(x) = (n^+ + n^-)v_t = nv_t$$

○電子密度勾配　$\dfrac{dn}{dx} = \dfrac{1}{v_t}\left(\dfrac{da}{dx} + \dfrac{db}{dx}\right) = \dfrac{2}{v_t}\left(-\dfrac{a}{\lambda} + \dfrac{b}{\lambda'}\right)$　　　　(E.28)

ここで v_t は熱速度を表す．式 (E.26) の電流密度からドリフト・拡散電流密度が導かれることを示すために，式 (E.27) と式 (E.28) を使ってフラックス a と b を電子密度とその勾配で表現する．すなわち，つぎの二つの演算を行う．

$$\dfrac{a}{\lambda} + \dfrac{b}{\lambda} = \dfrac{nv_t}{\lambda}$$
$$+\ \left) -\dfrac{a}{\lambda} + \dfrac{b}{\lambda'} = \dfrac{v_t}{2}\dfrac{dn}{dx}\right.$$
$$\overline{\left(\dfrac{1}{\lambda} + \dfrac{1}{\lambda'}\right)b = \dfrac{nv_t}{\lambda} + \dfrac{v_t}{2}\dfrac{dn}{dx}}$$

$$-\dfrac{a}{\lambda'} - \dfrac{b}{\lambda'} = -\dfrac{nv_t}{\lambda'}$$
$$+\ \left) -\dfrac{a}{\lambda} + \dfrac{b}{\lambda'} = \dfrac{v_t}{2}\dfrac{dn}{dx}\right.$$
$$\overline{-\left(\dfrac{1}{\lambda} + \dfrac{1}{\lambda'}\right)a = -\dfrac{nv_t}{\lambda'} + \dfrac{v_t}{2}\dfrac{dn}{dx}}$$

これらよりフラックス a と b をつぎのように表すことができる．

$$a = \dfrac{\lambda}{\lambda + \lambda'} nv_t - \dfrac{\lambda\lambda' v_t}{2(\lambda + \lambda')}\dfrac{dn}{dx} \tag{E.29}$$

$$b = \dfrac{\lambda'}{\lambda + \lambda'} nv_t + \dfrac{\lambda\lambda' v_t}{2(\lambda + \lambda')}\dfrac{dn}{dx} \tag{E.30}$$

これら 2 式を電流密度の式 (E.26) に代入すると

$$J = -q(a-b) = -q\dfrac{\lambda - \lambda'}{\lambda + \lambda'} nv_t + q\dfrac{\lambda\lambda' v_t}{\lambda + \lambda'}\dfrac{dn}{dx} \tag{E.31}$$

となる．これを次式のドリフト・拡散電流密度の式と比較すると

$$J = qn\mu E + qD\dfrac{dn}{dx} \tag{E.32}$$

拡散係数 D と移動度 μ は，kT レイヤ理論で用いられるパラメータとつぎの関係があることがわかる．

10. ナノ MOS トランジスタ

$$D = \frac{\lambda \lambda' v_t}{\lambda + \lambda'} \tag{E.33}$$

$$\mu = \frac{\lambda' - \lambda}{\lambda + \lambda'} \frac{v_t}{E} \tag{E.34}$$

これらがアインシュタインの関係

$$\frac{D}{\mu} = \frac{k_B T}{q} \tag{E.35}$$

を満たすためには

$$\frac{D}{\mu} = \frac{\lambda \lambda' E}{\lambda' - \lambda} = \frac{k_B T}{q} \quad \text{より} \quad \frac{qE}{k_B T} = \frac{\lambda' - \lambda}{\lambda \lambda'} = \frac{1}{\lambda} - \frac{1}{\lambda'} \tag{E.36}$$

であればよい。ここで電界 E は, $E = -|E| (<0)$ であるので, 結局

$$\frac{1}{\lambda} - \frac{1}{\lambda'} = -\frac{q|E|}{k_B T} \tag{E.37}$$

となり式(E.20)の関係が導かれる。さらに式(E.37)の関係を仮定することによって,移動度と拡散係数はつぎのように平均自由行程と熱速度で表されることがわかる。

$$\mu = \frac{\lambda' - \lambda}{\lambda + \lambda'} \frac{v_t}{-|E|} = \frac{\frac{1}{\lambda} - \frac{1}{\lambda'}}{\frac{1}{\lambda} + \frac{1}{\lambda'}} \frac{v_t}{-|E|} = \frac{-\frac{q|E|}{k_B T}}{\frac{1}{\lambda} + \frac{1}{\lambda} + \frac{q|E|}{k_B T}} \frac{v_t}{-|E|}$$

$$= \frac{\frac{q}{k_B T} v_t}{\frac{2}{\lambda} + \frac{q|E|}{k_B T}} = \frac{\lambda v_t}{2} \frac{q}{k_B T} \frac{1}{1 + \frac{\lambda}{2} \frac{q|E|}{k_B T}}$$

$$\approx \frac{\lambda v_t}{2} \frac{q}{k_B T} \qquad \left(\frac{\lambda}{2} \frac{q|E|}{k_B T} \ll 1\right) \tag{E.38}$$

$$D = \frac{\lambda \lambda' v_t}{\lambda + \lambda'} = \frac{v_t}{\frac{1}{\lambda} + \frac{1}{\lambda'}} = \frac{v_t}{\frac{1}{\lambda} + \frac{1}{\lambda} + \frac{q|E|}{k_B T}} = \frac{v_t}{\frac{2}{\lambda} + \frac{q|E|}{k_B T}} = \frac{\lambda v_t}{2} \frac{1}{1 + \frac{\lambda}{2} \frac{q|E|}{k_B T}}$$

$$\approx \frac{\lambda v_t}{2} \qquad \left(\frac{\lambda}{2} \frac{q|E|}{k_B T} \ll 1\right) \tag{E.39}$$

以上のように kT レイヤ理論は, 式(E.37)の関係を仮定すると古典的なドリフト・拡散モデルと等価な理論であるということができる。

演 習 問 題

- 【1】 図 10.3 の電流-電圧特性で，ショットキー接触の電流が通常の Si-pn 接合に比べて低い電圧で立ち上がる理由を説明せよ．ヒント：Al-Si 接触の場合，$\phi_m = 4.42$ eV，$\chi_s = 4.05$ eV である．
- 【2】 式 (10.1) を導出せよ．
- 【3】 式 (10.11) を導出せよ．
- 【4】 $N_A = 10^{18}$ cm^{-3} のときのアクセプタ間の平均距離を計算せよ．その値から，チャネル長 $L = 30$ nm，チャネル幅 $W = 30$ nm のトランジスタで，空乏層幅が $x_d = 10$ nm の場合に，ソース-ドレイン間の空乏層中に平均何個の不純物が存在するか計算してみよ．
- 【5】 代表的な high-k 絶縁膜に HfO$_2$ がある．SiO$_2$ の誘電率を $\varepsilon_{\mathrm{SiO_2}} = 3.9\varepsilon_0$ とし，HfO$_2$ の誘電率を $\varepsilon_{\mathrm{HfO_2}} = 23.4\varepsilon_0$ としたときに，1 nm の SiO$_2$ と同じゲート容量をもつ HfO$_2$ の膜厚を計算せよ．
- 【6】 式 (10.17) を導出せよ．
- 【7】 7 章の式 (7.31) を用いて，有効質量が軽いほどトンネル確率が高くなることを確認せよ．

引用・参考文献

1) 三好旦六，小川真人，土屋英昭："ナノエレクトロニクスの基礎"，培風館 (2007)
2) 岸野正剛："今日から使える量子力学"，講談社サイエンティフィク (2006)
3) 芦田正巳："統計力学を学ぶ人のために"，オーム社 (2006)
4) 竹内 淳："高校数学でわかるボルツマンの原理"，講談社ブルーバックス (2008)
5) 武者利光・末松安晴・高橋 清 編："量子効果ハンドブック"，森北出版 (1983)
6) Y. Ando and A. Itoh："Calculation of transmission tunneling current across arbitrary potential barriers," *J. Appl. Phys.*, **61**, 1497-1502 (1987) [†]
7) L. Esaki and R. Tsu, "Superlattice and negative differential conductivity in semiconductors," *IBM J. Res. Develop.*, **14**, 61 (1970)
8) P. Y. ユー，M. カルドナ："半導体の基礎"，シュプリンガー・フェアラーク東京 (1996)
9) 浜口智尋："半導体物理"，朝倉書店 (2001)
10) X. Aymerich-Humet, F. Serra-Mestres and J. Millán："A generalized approximation of the Fermi-Dirac integrals," *J. Appl. Phys.*, **54**, 5, 2850 (1983)
11) K. Natori, T. Shimizu and T. Ikenobe："Multi-subband effects on performance limit of nanoscale MOSFETs," *Jpn. J. Appl. Phys.*, **42**, 4B, 2063-2066 (2003)
12) R. Tsu and L. Esaki："Tunneling in a finite superlattice," *Appl. Phys. Lett.*, **22**, 11, 562 (1973)
13) R. Laudauer："Spatial variation of currents and fields due to localized scatterers in metallic conduction," *IBM J. Res. Develop.*, **1**, 223 (1957)
14) M. Büttiker："Symmetry of electrical conduction," *IBM J. Res. Develop.*, **32**, 3, 317 (1988)
15) B.J. van Wees, L.P. Kouwenhoven, H. van Houten, C.W.J. Beenakker, J.E. Mooij, C.T. Foxon and J.J. Harris："Quantized conductance of magnetoelectric subbands in ballistic point contacts," *Phys. Rev.*, **B38**, 5, 3625 (1988)

[†] 太字数字は，論文誌の巻番号を表す。

16) D.A. Wharam, T.J. Thornton, R. Newbury, M. Pepper, H. Ahmed, J.E.F. Frost, D.G. Hasko, D.C. Peacock, D.A. Ritchie and G.A.C. Jones："One-dimensional transport and the quantisation of the ballistic resistance," *J. Phys. C : Solid State Phys.*, **21**, L209 (1988)

17) K. Natori："Ballistic metal-oxide-semiconductor field effect transistor," *J. Appl. Phys.*, **76**, 8, 4879-4890 (1994)

18) K. Natori："Scaling limit of the MOS transistor-A ballistic MOSFET-," *IEICE Trans. Electron.*, **E84-C**, 8, 1029-1036 (2001)

19) H. Tsuchiya, K. Fujii, T. Mori and T. Miyoshi："A quantum-corrected Monte Carlo study on quasi-ballistic transport in nanoscale MOSFETs," *IEEE Trans. on Electron Devices*, **53**, 12, 2965-2971 (2006)

20) 高木信一："Si系高移動度MOSトランジスタ技術", 応用物理学会誌, **9** (2005)

21) 谷口研二, 宇野重康："絵から学ぶ半導体デバイス工学", 昭晃堂 (2003)

22) 平本俊郎 編著, 内田 建・杉井信之・竹内 潔 著："集積ナノデバイス", 丸善 (2009)

23) 平本俊郎："基礎講座 微細MOSトランジスタの動作原理", 応用物理学会誌, **5** (1998)

24) Y. Taur, C.H. Hsu, B. Wu, R. Kiehl, B. Davari and G. Shahidi, "Saturation transconductance of deep-submicrion-channel MOSFETs," Solid-State Electron., **36**, 8, 1085-1087 (1993)

25) 名取研二："バリスティックMOSから準バリスティックMOSへ", ゲートスタック研究会—材料・プロセス・評価の物理—第14回研究会ショートコース (2009)

26) 鈴木龍太, 更屋拓哉, 平本俊郎："α乗則に基づく65nm世代MOSFETの輸送特性解析", 第69回応用物理学会学術講演会, 4p-E-11 (2008)

27) 平本俊郎, 竹内 潔, 西田彰男："MOSトランジスタのスケーリングに伴う特性ばらつき", 電子情報通信学会誌, **6**, (2009)

28) A. Asenov："Simulations of intrinsic parameter fluctuations in small transistors," SINANO Device Modelling Summer School, Glasgow (Aug. 2005)

29) 高木信一："Si MOSFETの微細化限界", 電子情報通信学会誌, **11** (2002)

30) H. Kawaura, T. Sakamoto and T. Baba："Observation of source-to-drain direct tunneling current in 8 nm gate electrically variable shallow junction metal-oxide-semiconductor field-effect transistors," *Appl. Phys. Lett.*, **76**, 25, 3810-3812 (Jun. 2000)

31) Y. Yamada, H. Tsuchiya and M. Ogawa : "Quantum transport simulation of silicon-nanowire transistors based on direct solution approach of the Wigner transport equation", *IEEE Trans. on Electron Devices*, **56**, 7, 1396-1401 (2009)
32) M. Lundstrom : "Elementary scattering theory of the Si MOSFET," *IEEE Electron Device Letters*, **18**, 7, 361-363 (1997)
33) 森藤正人・森 伸也・鎌倉良成 訳："量子輸送 基礎編/応用編" 丸善 (2008)
34) H. Tsuchiya and S. Takagi : "Influence of elastic and inelastic phonon scattering on the drive current of quasi-ballistic MOSFETs," *IEEE Trans. on Electron Devices*, **55**, 9, 2397-2402 (2008)
35) K. Uchida, T. Krishnamohan, K.C. Saraswat and Y. Nishi : "Physical mechanisms of electron mobility enhancement in uniaxial stressed MOSFETs and impact of uniaxial stress engineering in ballistic regime," in *IEDM Tech. Dig.*, 135-138 (2005)
36) T. Maegawa, T. Yamauchi, T. Hara, H. Tsuchiya and M. Ogawa : "Strain effects on electronic bandstructures in nanoscaled silicon : From bulk to nanowire," *IEEE Trans. on Electron Devices*, **56**, 4, 553-559 (2009)
37) S. Takagi, J. Koga and A. Toriumi : "Mobility enhancement of SOI MOSFETs due to subband modulation in ultrathin SOI films," *Jpn. J. Appl. Phys.*, **37**, 3B, 1289-1294 (1998)
38) K. Uchida, H. Watanabe, A. Kinoshita, J. Koga, T. Numata and S. Takagi : "Experimental study on carrier transport mechanism in ultrathin-body SOI n- and p-MOSFETs with SOI thickness less than 5 nm," in *IEDM Tech. Dig.*, 47-50 (2002)
39) K. Uchida, J. Koga and S. Takagi : "Experimental study on electron mobility in ultrathin-body silicon-on-insulator metal-oxide-semiconductor field-effect transistors," *J. Appl. Phys.*, **102**, 074510 (2007)
40) 高木信一："ポストスケーリング時代のCMOSデバイス技術"，電子情報通信学会誌, **1** (2009)
41) M.V. Fischetti, L. Wang, B. Yu, C. Sachs, P.M. Asbeck, Y. Taur and M. Rodwell : "Simulation of electron transport in high-mobility MOSFETs : Density of states bottleneck and source starvation," in *IEDM Tech. Dig.*, 109-112 (2007)
42) M.V. Fischetti, S. Jin, T.-W. Tang, P. Asbeck, Y. Taur, S.E. Laux, M. Rodwell and N. Sano : "Scaling MOSFETs to 10 nm : Coulomb effects, source starvation and virtual source model," *J. Comp. Electron.*, **8**, 2, 60-77 (Jun. 2009)

43) T. Mori, Y. Azuma, H. Tsuchiya and T. Miyoshi : "Comparative study on drive current of III-V semiconductor, Ge and Si channel n-MOSFETs based on quantum-corrected Monte Carlo simulation", *IEEE Trans. on Nanotechnology*, **7**, 2, 237-241 (2008)

44) M.V. Fischetti and S.E. Laux : "Monte Carlo simulation of transport in technologically significant semiconductors of the diamond and zinc-blende structure-Part II : Submicrometer MOSFET's," *IEEE Trans. Electron Devices*, **38**, 3, 650-660 (Mar. 1991)

45) H. Tsuchiya, A. Maenaka, T. Mori and Y. Azuma : "Role of carrier transport in source and drain electrodes of high-mobility MOSFETs," *IEEE Electron Device Letters*, **31**, 4, 365-367 (Apr. 2010)

46) Y. Maegawa, S. Koba, H. Tsuchiya and M. Ogawa : "Influence of source/drain parasitic resistance on device performance of ultrathin body III-V channel metal-oxide-semiconductor field-effect transistors," *Appl. Phys. Exp.*, **4**, 084301 (Aug. 2011)

47) R. Terao, T. Kanazawa, S. Ikeda, Y. Yonai, A. Kato and Y. Miyamoto : "InP/InGaAs composite metal-oxide-semiconductor field-effect transistors with regrown source and Al_2O_3 gate dielectric exhibiting maximum drain current exceeding 1.3 mA/μm," *Appl. Phys. Exp.*, **4**, 054201 (Apr. 2011)

48) X. Zhou, Q. Li, C.W. Tang and K.M. Lau : "Inverted-type InGaAs metal-oxide-semiconductor high-electron-mobility transistor on Si substrate with maximum drain current exceeding 2 A/mm," *Appl. Phys. Exp.*, **5**, 104201 (Oct. 2012)

49) S. Kim, M. Yokoyama, N. Taoka, R. Iida, S. Lee, R. Nakane, Y. Urabe, N. Miyata, T. Yasuda, H. Yamada, N. Fukuhara, M. Hata, M. Takenaka and S. Takagi : "Self-aligned metal source/drain $In_xGa_{1-x}As$ n-metal-oxide-semiconductor field-effect transistors using Ni-InGaAs alloy," *Appl. Phys. Exp.*, **4**, 024201 (Jan. 2011)

50) S.S. Sylvia, H.-H. Park, M.A. Khayer, K. Alam, G. Klimeck and R.K. Lake : "Material selection for minimizing direct tunneling in nanowire transistors," *IEEE Trans. Electron Devices*, **59**, 8, 2064-2069 (Aug. 2012)

51) Y. Maegawa, S. Koba, H. Tsuchiya and M. Ogawa : "Quantum transport simulation of III-V MOSFETs based on Wigner Monte Carlo approach," Abstracts of 2012 Silicon Nanoelectronics Workshop, Honolulu, pp.109-110, 10-11 (June, 2012)

52) S. Koba, Y. Maegawa, M. Ohmori, H. Tsuchiya, Y. Kamakura, N. Mori and M.

Ogawa : "Increased subthreshold current due to source-drain direct tunneling in ultrashort-channel Ⅲ-V metal-oxide-semiconductor field-effect transistors," *Appl. Phys. Exp.*, **6**, 064301 (May 2013)

53) K.S. Novoselov, A.K. Geim, S.V. Morozov, D. Jiang, Y. Zhang, S.V. Dubonos, I.V. Grigorieva and A.A. Firsov : "Electric field effect in atomically thin carbon films," *Science*, **306**, 666-669 (Oct. 2004)

54) P. Neugebauer, M. Orlita, C. Faugeras, A.-L. Barra and M. Potemski : "How perfect can graphene be?," *Phys. Rev. Lett.*, **103**, 136403 (Sep. 2009)

55) T. Ohta, A. Bostwick, T. Seyller, K. Horn and E. Rotenberg : "Controlling the electronic structure of bilayer graphene," *Science*, **313**, 951-954 (2006)

56) S. Zhou, G.-H. Gweon, A. Fedorov, P. First, W. de Heer, D.-H. Lee, F. Guinea, A. Castro Neto and A. Lanzara : "Substrate-induced bandgap opening in epitaxial graphene," *Nat. Mater.*, **6**, 770-775 (2007)

57) G. Giovannetti, P. Khomyakov, G. Brockes, P. Kelly and J. van den Brink : "Substrate-induced band gap in graphene on hexagonal boron nitride : *Ab initio* density functional calculations," *Phys. Rev.*, **B76**, 7, 073103 (2007)

58) M. Han, B. Özyilmaz, Y. Zhang and P. Kim : "Energy band-gap engineering of graphene nanoribbons," *Phys. Rev. Lett.*, **98**, 20, 206805 (2007)

59) X. Li, X. Wang, L. Zhang, S. Lee and H. Dai : "Chemically derived, ultrasmooth graphene nanoribbon semiconductors," *Science*, **319**, 1229-1232 (2008)

60) J. Bai, X. Zhong, S. Jiang, Y. Huang and X. Duan : "Graphene nanomesh," *Nature Nanotech.*, **5**, 190-194 (Mar. 2010)

61) R. Sako, N. Hasegawa, H. Tsuchiya and M. Ogawa : "Computational study on band structure engineering using graphene nanomeshes," *J. Appl. Phys.*, **113**, 143702 (2013)

62) Y.W. Son, M.L. Cohen and S.G. Louie : "Energy gaps in graphene nanoribbons," *Phys. Rev. Lett.*, **97**, 21, 216803 (Nov. 2006)

63) H. Hosokawa, R. Sako, H. Ando and H. Tsuchiya : "Performance comparisons of bilayer graphene and graphene nanoribbon field-effect transistors under ballistic transport," *Jpn. J. Appl. Phys.*, **49**, 110207 (2010)

64) H. Min, B. Sahu, S.K. Banerjee and A.H. MacDonald : "*Ab initio* theory of gate induced gaps in graphene bilayers," *Phys. Rev.*, **B75**, 15, 155115 (Apr. 2007)

65) N. Harada, M. Ohfuti and Y. Awano : "Performance estimation of graphene field-effect transistors using semiclassical Monte Carlo simulation," *Appl. Phys.*

Express, **1**, 024002 (2008)

66) R. Sako, H. Tsuchiya and M. Ogawa : "Influence of band-gap opening on ballistic electron transport in bilayer graphene and graphene nanoribbon FETs," *IEEE Trans. on Electron Devices*, **58**, 10, 3300-3306 (Oct. 2011)

67) 平本俊郎："新構造 MOS トランジスタ技術"，電子情報通信学会誌，**2** (2006)

68) N. Takiguchi, S. Koba, H. Tsuchiya and M. Ogawa : "Comparisons of performance potentials of Si and InAs nanowire MOSFETs under ballistic transport," *IEEE Trans. on Electron Devices*, **59**, 1, 206-211 (Jan. 2012)

69) K. Shimoida, Y. Yamada, H. Tsuchiya and M. Ogawa : "Orientational dependence in device performances of InAs and Si nanowire MOSFETs under ballistic transport," *IEEE Trans. on Electron Devices*, **60**, 1, 117-122 (Jan. 2013)

70) K. Shimoida, H. Tsuchiya, Y. Kamakura, N. Mori and M. Ogawa : "Performance comparison of InAs, InSb and GaSb n-channel nanowire metal-oxide-semiconductor field-effect transistors in the ballistic transport limit," *Appl. Phys. Exp.*, **6**, 034301 (Feb. 2013)

71) H. Tsuchiya, H. Ando, S. Sawamoto, T. Maegawa, T. Hara, H. Yao and M. Ogawa : "Comparisons of performance potentials of silicon nanowire and graphene nanoribbon MOSFETs considering first-principles bandstructure effects," *IEEE Trans. on Electron Devices*, **57**, 2, 406-414 (Feb. 2010)

72) N. Neophytou, A. Paul, M. Lundstrom and G. Klimeck : "Bandstructure effects in silicon nanowire electron transport," *IEEE Trans. Electron Devices*, **55**, 6, 1286-1297 (June 2008)

73) K. Alam and R. N. Sajjad : "Electronic properties and orientation-dependent performance of InAs nanowire transistors," *IEEE Trans. Electron Devices*, **57**, 11, 2880-2885 (Nov. 2010)

74) N. Neophytou and H. Kosina : "Atomistic simulations of low-field mobility in Si nanowire : Influence of confinement and orientation," *Phys. Rev.*, **B84**, 8, 085313 (2011)

75) Y. Yamada, H. Tsuchiya and M. Ogawa : "Atomistic modeling of electron-phonon interaction and electron mobility in Si nanowires," *J. Appl. Phys.*, **111**, 063720 (2012)

76) A. Kinoshita, Y. Tsuchiya, A. Yagishita, K. Uchida and J. Koga : "Solution for high-performance Schottky-source/drain MOSFETs : Schottky barrier height engineering with dopant segregation technique," *Technical Digest of 2004*

Symposium on VLSI Technology, pp.168-169(2004)

77) 木下敦寛, 内田 建, 古賀淳二:"不純物偏析ショットキー接合を用いた高駆動電流トランジスタの開発", 東芝レビュー, **61**, 5, 33-36(2006)

78) 半導体 MIRAI プロジェクト:http://www.miraipj.jp/mirai_j/

79) W. Wang, H. Tsuchiya and M. Ogawa:"Enhancement of ballistic efficiency due to source to channel heterojunction barrier in Si metal oxide semiconductor field effect transistors," *J. Appl. Phys.*, **106**, 024515(2009)

80) J. Appenzeller, Y.-M. Lin, J. Knoch and Ph. Avouris:"Band-to-band tunneling in carbon nanotube field-effect transistors," *Phys. Rev. Lett.*, **93**, 19, 196805(Nov. 2004)

81) W. Y. Choi, B.-G. Park, J. D. Lee and T.-J. K. Liu:"Tunneling field-effect transistors(TFETs) with subthreshold swing(SS)less than 60 mV/dec," *IEEE Electron Device Letters*, **28**, 8, 743-745(Aug. 2007)

82) K. Tomioka, M. Yoshimura and T. Fukui:"Steep-slope tunnel field-effect transistors using III-V nanowire/Si heterojunction," *Technical Digest of 2012 Symposium on VLSI Technology*, pp. 47-48(2012)

83) K. Gopalakrishnan, P. B. Griffin and J.D. Plummer:"Impact ionization MOS (I-MOS)-Part I:Device and circuit simulations," *IEEE Trans. on Electron Devices*, **52**, 1, 69-76, Jan. 2005.

84) K. Gopalakrishnan, R. Woo, C. Jungemann, P.B. Griffin and J.D. Plummer: "Impact ionization MOS(I-MOS)-Part II:Experimantal results," *IEEE Trans. on Electron Devices*, **52**, 1, 77-84(Jan. 2005)

85) K. Gopalakrishnan, P.B. Griffin and J.D. Plummer:"I-MOS:A novel semiconductor device with a subthreshold slope lower than kT/q," in *IEDM Tech. Dig.*, 289-292(2002)

86) C.-W. Lee, A. Afzalian, N.D. Akhavan, R. Yan, I. Ferain and J.-P. Colinge: "Junctionless multigate field-effect transistor," *Appl. Phys. Lett.*, **94**, 053511 (Feb. 2009)

87) J.-P. Colinge, C.-W. Lee, A. Afzalian, N.D. Akhavan, R. Yan, I. Ferain, P. Razavi, B. O'Neill, A. Blake, M. White, A.-M. Kelleher, B. McCarthy and R. Murphy: "Nanowire transistors without junctions," *Nature Nanotech.*, **5**, 225-229(Mar. 2010)

88) P. Razavi, N. D.-Akhavan, R. Yu, G. Fagas, I. Ferain and J.-P. Colinge: "Investigation of short-channel effects in junctionless nanowire transistors,"

Extended Abstracts of Int'l Conf. on Solid State Devices and Materials (*SSDM'* 11), Nagoya, pp. 106-107 (28-30 Sep. 2011)

89) K. Nagai, H. Tsuchiya and M. Ogawa : "Channel length scaling effects on device performance of junctionless field-effect transistor," *Jpn. J. Appl. Phys.*, **52**, 044302 (Mar. 2013)

90) T. Ohashi, T. Takahashi, T. Kodera, S. Oda and K. Uchida : "Experimental observation of record-high electron mobility of greater than 1100 $cm^2V^{-1}s^{-1}$ in unstressed Si MOSFETs and its physical mechanisms," *Extended Abstracts of Int'l Conf. on Solid State Devices and Materials* (*SSDM'* 12), Kyoto, 807-808 (25-27 Sep. 2012)

91) Y. Zhao. H. Matsumoto, T. Sato, S. Koyama, M. Takenaka and S. Takagi : "A novel characterization scheme of Si/SiO_2 interface roughness for surface roughness scattering-limited mobilities of electrons and holes in unstrained and strained-Si MOSFETs," *IEEE Trans. on Electron Devices*, **57**, 9, 2057-2066 (2010)

92) S. Takagi, A. Toriumi, M. Iwase and H. Tango : "On the universality of inversion layer mobility in Si MOSFET's : Part I-Effects of substrate impurity concentration," *IEEE Trans. on Electron Devices*, **41**, 12, 2357-2362 (1994)

93) 高木信一 : "MOSデバイスの量子効果", 文部科学省第二回ナノテクノロジーサマースクール「量子効果素子の物理」(2006)

94) S. Takagi, A. Toriumi, M. Iwase and H. Tango : "On the universality of inversion layer mobility in Si MOSFET's : Part Ⅱ-Effects of surface orientation," *IEEE Trans. on Electron Devices*, **41**, 12, 2363-2368 (1994)

95) 御子柴宣夫 : "半導体の物理," 培風館 (1991)

96) 冨澤一隆 : "半導体デバイスシミュレーション", コロナ社 (1996)

97) S. Takagi and A. Toriumi : "Quantitative understanding of inversion-layer capacitance in Si MOSFET's," *IEEE Trans. on Electron Devices*, **42**, 12, 2125-2130 (1995)

98) S. Luryi : "Quantum capacitance devices," *Appl. Phys. Lett.*, **52**, 6, 501-503 (1988)

99) M. Lundstrom and Z. Ren : "Essential physics of carrier transport in nanoscale MOSFETs," *IEEE Trans. on Electron Devices*, **49**, 1, 133-141 (2002)

100) J.P. McKelvey : "Alternative approach to the solution of added carrier transport problems in semiconductors," *Phys. Rev.*, **123**, 1, 51-57 (1961)

101) M. Lundstrom : "Fundamentals of carrier transport," 2nd edition, *Cambridge University Press* (2000)

102) 鎌倉良成 : "微細MOSFETにおけるバリスティック伝導", SSDMショートコース (2006)

演習問題解答

1章

【1】 式(1.3)より，GaAs と Si の絶対温度 300 K での熱的ド・ブロイ波長を計算すると以下の値となる。

GaAs：$\lambda = 24.1 \times 10^{-9}$ m $= 24.1$ nm

Si： $\lambda = 12.2$ nm

【2】 (1) $\displaystyle\int_{-\infty}^{\infty} \varphi^* p_x \psi dx = \frac{\hbar}{i}\int \varphi^* \frac{\partial \psi}{\partial x} dx = \frac{\hbar}{i}\left\{\underbrace{[\varphi^*\psi]_{x=-\infty}^{\infty}}_{=0} - \int \frac{\partial \varphi^*}{\partial x}\psi dx\right\}$

$\displaystyle\qquad\qquad = -\frac{\hbar}{i}\int \frac{\partial \varphi^*}{\partial x}\psi dx = \int (p_x\varphi)^* \psi dx$

上式では波動関数が無限遠でゼロになることを用いている（1.5節 参照）。

(2) $\displaystyle\int_{-\infty}^{\infty} \varphi^* H\psi dx = \int_{-\infty}^{\infty} \varphi^*\left(-\frac{\hbar^2}{2m}\frac{\partial^2}{\partial x^2} + V(x)\right)\psi dx$

$\displaystyle\qquad = -\frac{\hbar^2}{2m}\left\{\underbrace{\left[\varphi^*\frac{\partial \psi}{\partial x}\right]_{x=-\infty}^{\infty}}_{=0} - \int_{-\infty}^{\infty}\frac{\partial \varphi^*}{\partial x}\frac{\partial \psi}{\partial x}dx\right\} + \int_{-\infty}^{\infty}\varphi^* V(x)\psi dx$

$\qquad = \cdots$

$\displaystyle\qquad = \int_{-\infty}^{\infty}\left(-\frac{\hbar^2}{2m}\frac{\partial^2 \varphi^*}{\partial x^2}\right)\psi dx + \int_{-\infty}^{\infty}\varphi^* V(x)\psi dx = \int_{-\infty}^{\infty}(H\varphi)^* \psi dx$

【3】 $[x, p_x]f = (xp_x - p_x x)f = \left(\dfrac{\hbar}{i}x\dfrac{\partial}{\partial x} - \dfrac{\hbar}{i}\dfrac{\partial}{\partial x}x\right)f$

$\qquad = \dfrac{\hbar}{i}x\dfrac{\partial f}{\partial x} - \dfrac{\hbar}{i}\dfrac{\partial}{\partial x}(xf) = \dfrac{\hbar}{i}x\dfrac{\partial f}{\partial x} - \dfrac{\hbar}{i}f - \dfrac{\hbar}{i}x\dfrac{\partial f}{\partial x} = i\hbar f$

$\therefore \quad [x, p_x] = i\hbar$

$[x, p_y]f = \left(\dfrac{\hbar}{i}x\dfrac{\partial}{\partial y} - \dfrac{\hbar}{i}\dfrac{\partial}{\partial y}x\right)f = \dfrac{\hbar}{i}x\dfrac{\partial f}{\partial y} - \dfrac{\hbar}{i}x\dfrac{\partial f}{\partial y} = 0 \qquad \therefore \quad [x, p_y] = 0$

他も同様に計算できる。

$$[t, E]f = i\hbar t \frac{\partial f}{\partial t} - i\hbar \frac{\partial}{\partial t}(tf) = i\hbar t \frac{\partial f}{\partial t} - i\hbar f - i\hbar t \frac{\partial f}{\partial t} = -i\hbar f$$

$$\therefore \quad [t, E] = -i\hbar$$

【4】 式(1.31)の左辺第1項の[ ]内を展開し p_x がエルミート演算子であることを使うと

$$\int \left[(x-\langle x \rangle)\varphi\right]^* (p_x - \langle p_x \rangle)\varphi d\boldsymbol{r} - \int \left[(p_x - \langle p_x \rangle)\varphi\right]^* (x - \langle x \rangle)\varphi d\boldsymbol{r}$$

$$= \int \left[(x\varphi)^* p_x \varphi - \underbrace{(p_x \varphi)^* x\varphi}_{=\varphi^* p_x x\varphi}\right] d\boldsymbol{r} - \langle x \rangle \underbrace{\left[\int \varphi^* p_x \varphi d\boldsymbol{v} - \int (p_x \varphi)^* \varphi d\boldsymbol{r}\right]}_{=0}$$

$$= \int \varphi^* (x p_x - p_x x) \varphi d\boldsymbol{r} = \int \varphi^* [x, p_x] \varphi d\boldsymbol{r} = i\hbar$$

となる。上式を式(1.31)に戻すと不確定性の関係式(1.32)が導かれる。

【5】 $\nabla \cdot \boldsymbol{S} = -\frac{i\hbar}{2m} \left[\nabla \cdot (\varphi^* \nabla \varphi) - \nabla \cdot (\varphi \nabla \varphi^*)\right]$

$$= -\frac{i\hbar}{2m} (\varphi^* \nabla \cdot \nabla \varphi + \nabla \varphi \cdot \nabla \varphi^* - \varphi \nabla \cdot \nabla \varphi^* - \nabla \varphi^* \cdot \nabla \varphi)$$

$$= -\frac{i\hbar}{2m} (\varphi^* \nabla^2 \varphi - \varphi \nabla^2 \varphi^*)$$

となることから,これに式(1.41)を用いると連続の式(1.42)を満足することがわかる。

【6】 $S_x = -\frac{i\hbar}{2m} \left[A^* e^{-ikx} ikA e^{ikx} - A e^{ikx} (-ik) A^* e^{-ikx}\right] = -\frac{i\hbar}{2m} (ik|A|^2 + ik|A|^2)$

$$= |A|^2 \frac{\hbar k}{m}$$

すなわち平面波の確率流密度は,確率密度 $|A|^2$ に速度 $\hbar k/m$ を掛けた形で表される。

【7】 フェルミ粒子を対象として $\psi(\boldsymbol{r}_1, \boldsymbol{r}_2) = A\left[\varphi_a(\boldsymbol{r}_1)\varphi_b(\boldsymbol{r}_2) - \varphi_a(\boldsymbol{r}_2)\varphi_b(\boldsymbol{r}_1)\right]$ とおく。ただし A は実数とする。これを規格化条件 $\iint |\psi(\boldsymbol{r}_1, \boldsymbol{r}_2)|^2 d\boldsymbol{r}_1 d\boldsymbol{r}_2 = 1$ に代入し A の値を求める。

$$\iint |\psi(\boldsymbol{r}_1, \boldsymbol{r}_2)|^2 d\boldsymbol{r}_1 d\boldsymbol{r}_2$$

$$= A^2 \iint \left[\varphi_a^*(\boldsymbol{r}_1)\varphi_b^*(\boldsymbol{r}_2) - \varphi_a^*(\boldsymbol{r}_2)\varphi_b^*(\boldsymbol{r}_1)\right]\left[\varphi_a(\boldsymbol{r}_1)\varphi_b(\boldsymbol{r}_2) - \varphi_a(\boldsymbol{r}_2)\varphi_b(\boldsymbol{r}_1)\right] d\boldsymbol{r}_1 d\boldsymbol{r}_2$$

$$= A^2 \underbrace{\int \varphi_a^*(\boldsymbol{r}_1)\varphi_a(\boldsymbol{r}_1) d\boldsymbol{r}_1}_{1} \underbrace{\int \varphi_b^*(\boldsymbol{r}_2)\varphi_b(\boldsymbol{r}_2) d\boldsymbol{r}_2}_{1}$$

$$- A^2 \underbrace{\int \varphi_a^*(\boldsymbol{r}_1)\varphi_b(\boldsymbol{r}_1) d\boldsymbol{r}_1}_{0} \underbrace{\int \varphi_b^*(\boldsymbol{r}_2)\varphi_a(\boldsymbol{r}_2) d\boldsymbol{r}_2}_{0}$$

$$-A^2\underbrace{\int\varphi_a^*(\boldsymbol{r}_2)\varphi_b(\boldsymbol{r}_2)d\boldsymbol{r}_2}_{0}\underbrace{\int\varphi_b^*(\boldsymbol{r}_1)\varphi_a(\boldsymbol{r}_1)d\boldsymbol{r}_1}_{0}$$

$$+A^2\underbrace{\int\varphi_a^*(\boldsymbol{r}_2)\varphi_a(\boldsymbol{r}_2)d\boldsymbol{r}_2}_{1}\underbrace{\int\varphi_b^*(\boldsymbol{r}_1)\varphi_b(\boldsymbol{r}_1)d\boldsymbol{r}_1}_{1}$$

$$=2A^2=1$$

ここで1粒子波動関数の直交規格化条件(1章付録B)を用いた.波動関数の値自体は物理的意味をもたないので,係数としては正の値を採用し $A=1/\sqrt{2}$ が得られる.

2章

【1】 式(2.31)のマクスウェル・ボルツマン分布の形状は,温度が高くなると,速度が小さい領域では値が小さくなるのに対して,速度の大きな領域では逆に値が大きくなる.つまり速度の小さい粒子が減少し,逆に速度の大きな粒子が増加するために,平均速度は温度の上昇とともに増大する.

【2】
$$\langle E\rangle=\frac{1}{N}\int_{-\infty}^{\infty}\frac{1}{2}m|\boldsymbol{v}|^2 f(\boldsymbol{v})d\boldsymbol{v}$$

$$=\frac{1}{N}N\left(\frac{m}{2\pi k_B T}\right)^{3/2}\int_0^{\infty}\frac{1}{2}mv^2\exp\left(-\frac{mv^2}{2k_B T}\right)4\pi v^2 dv$$

$$=\left(\frac{m}{2\pi k_B T}\right)^{3/2}2\pi m\int_0^{\infty}v^3\exp\left(-\frac{mv^2}{2k_B T}\right)vdv$$

$$=\left(\frac{m}{2\pi k_B T}\right)^{3/2}2\pi m\int_0^{\infty}\left(\frac{2k_B T}{m}x\right)^{3/2}e^{-x}\frac{k_B T}{m}dx$$

$$=\frac{2k_B T}{\pi^{3/2}}\underbrace{\int_0^{\infty}x^{3/2}e^{-x}dx}_{\Gamma(5/2)}=\frac{2k_B T}{\pi^{3/2}}\frac{3\sqrt{\pi}}{4}=\frac{3}{2}k_B T$$

【3】 酸素の分子量が32であることを用いて酸素分子1個の質量を求め,それを式(2.34)と式(2.36)に代入すると $\langle|\boldsymbol{v}|\rangle=445.5\,\mathrm{m/s}$ および $v_{th}=483.5\,\mathrm{m/s}$ が得られる.これはマッハ約1.3である(室温の音速は約350 m/s).すなわち,室温では酸素分子は人間の皮膚に音速を越える速度で衝突しており,これが気圧となる.

【4】 $\langle|\boldsymbol{v}|\rangle=1.076\times10^5\,\mathrm{m/s}$ および $v_{th}=1.168\times10^5\,\mathrm{m/s}$.図2.1よりこれらの速度で運動する電子の取扱いは非相対論で十分であることがわかる.

演習問題解答　245

3章

【1】 $G=3$ と $N=2$ を式(3.1)に代入すると ${}_3C_2 = \dfrac{3!}{1!\,2!} = \dfrac{3\times 2}{1\times 2} = 3$ となり図3.1の値に一致する。

【2】 $G=3$ と $N=2$ を式(3.10)に代入すると $\dfrac{4!}{2!\,2!} = \dfrac{4\times 3\times 2}{2\times 2} = 6$ となり図3.1の値に一致する。

【3】 $f(E_i = \mu \pm k_B T)$ を計算すると，$f(E_i = \mu - k_B T) = 1/(e^{-k_B T/k_B T}+1) = 1/(e^{-1}+1) = 0.731$ および $f(E_i = \mu + k_B T) = 1/(e^{k_B T/k_B T}+1) = 1/(e+1) = 0.269$ となる。$f(E_i = \mu \pm 2k_B T)$ と $f(E_i = \mu \pm 3k_B T)$ も同様に計算して値をつなぐと図3.3の実線が得られる。

【4】, 【5】 各自で試してみよ。

【6】 $E_G/2 = 0.55$ 〔eV〕$= 21.3 k_B T > 3 k_B T$ より式(3.34)が成り立つ。

付録Aの問の答

問1　(1)　4.14×10^{-21} J　　(2)　$0.025\,8$ eV $= 25.8$ meV

問2　(1)　$2.318\,9\times 10^{-21}$ J　　(2)　$0.014\,48$ eV $= 14.48$ meV

4章

【1】
$$n = \dfrac{2}{(2\pi)^3}\int_0^\infty \dfrac{4\pi}{e^{(E_k - E_F)/k_B T}+1} k\cdot k\,dk$$
$$= \dfrac{2}{(2\pi)^3}\int_0^\infty \dfrac{4\pi}{e^{(E_k - E_F)/k_B T}+1}\dfrac{\sqrt{2mE_k}}{\hbar}\dfrac{m}{\hbar^2}dE_k$$

より導かれる。

【2】　(1)　-0.321 eV　　(2)　-0.202 eV　　(3)　-0.083 eV

【3】　(1)　1.694 eV　　(2)　7.72×10^5 m/s

【4】
$$n = \dfrac{2}{(2\pi)^3}\int_{|\boldsymbol{k}|\le k_F}d\boldsymbol{k} = \dfrac{2}{(2\pi)^3}\int_0^{k_F} 4\pi k^2 dk = \dfrac{8\pi}{8\pi^3}\left[\dfrac{1}{3}k^3\right]_0^{k_F} = \dfrac{k_F^3}{3\pi^2}.$$

これより式(4.21)と式(4.20)が得られる。

5章

【1】　$(2k - M_1\omega^2)(2k - M_2\omega^2) - 4k^2\cos^2(qa/2) = 0$ を ω について解く。

$$M_1 M_2 \omega^4 - 2k(M_1 + M_2)\omega^2 + 4k^2\underbrace{\left[1 - \cos^2(qa/2)\right]}_{\sin^2(qa/2)} = 0$$

を解の公式を用いて解くと式(5.10)が得られる。

【2】 $\omega_+^2 \approx \dfrac{k}{M_1 M_2}\left[M_1+M_2+M_1+M_2-\dfrac{M_1 M_2 q^2 a^2}{2(M_1+M_2)}+\cdots\right] \approx \dfrac{2k(M_1+M_2)}{M_1 M_2}$ および

$\omega_-^2 \approx \dfrac{k}{M_1 M_2}\left[M_1+M_2-(M_1+M_2)+\dfrac{M_1 M_2 q^2 a^2}{2(M_1+M_2)}-\cdots\right] \approx \dfrac{kq^2 a^2}{2(M_1+M_2)}$ から導かれる。

【3】 式(5.18)から $\left[2k-\dfrac{2k(M_1+M_2)}{M_2}\right]A_1-2kA_2=0$ と $-2kA_1+\left[2k-\dfrac{2k(M_1+M_2)}{M_1}\right]$

$\times A_2=0$ が得られる。両式ともに $-M_1 A_1-M_2 A_2=0$ となることから式(5.19)が導かれる。

【4】 解図5.1に示す n 番目の格子内にある三つの原子に対する1次元運動方程式は

$$M_1 \frac{\partial^2 u_n^{(1)}}{\partial t^2}=k\left(u_n^{(2)}+u_{n-1}^{(3)}-2u_n^{(1)}\right), \quad M_2 \frac{\partial^2 u_n^{(2)}}{\partial t^2}=k\left(u_n^{(3)}+u_n^{(1)}-2u_n^{(2)}\right),$$

$$M_3 \frac{\partial^2 u_n^{(3)}}{\partial t^2}=k\left(u_{n+1}^{(1)}+u_n^{(2)}-2u_n^{(3)}\right)$$

となる。これらに各格子点の変位の式

$$u_n^{(1)}(x,t)=A_1 e^{i(qna-\omega t)}, \quad u_n^{(2)}(x,t)=A_2 e^{i[q(n+1/3)a-\omega t]},$$
$$u_n^{(3)}(x,t)=A_3 e^{i[q(n+2/3)a-\omega t]}$$

を代入して整理するとつぎの行列方程式が得られる。

$$\begin{bmatrix} 2k-M_1\omega^2 & -ke^{iqa/3} & -ke^{-iqa/3} \\ -ke^{-iqa/3} & 2k-M_2\omega^2 & -ke^{iqa/3} \\ -ke^{iqa/3} & -ke^{-iqa/3} & 2k-M_3\omega^2 \end{bmatrix}\begin{bmatrix} A_1 \\ A_2 \\ A_3 \end{bmatrix}=\mathbf{0}$$

簡単のため $M_1=M_2=M_3=M$ と仮定して,さらに $q=0$ での上式の解を求めると

[Ⅰ] $\omega_1=0$, $A_1=A_2=A_3$

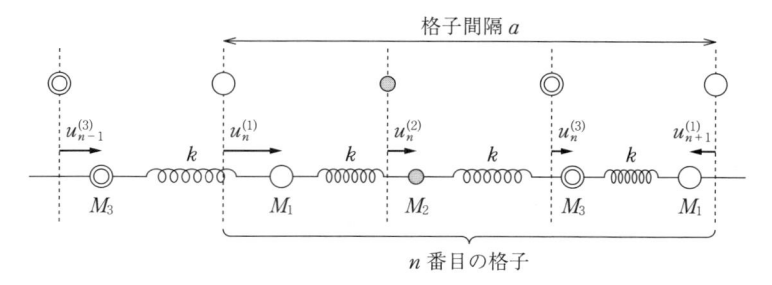

解図5.1 単位格子内に3個の原子が存在する場合

[II] $\omega_2 = \omega_3 = \sqrt{\dfrac{3k}{M}}$ （縮退）, $A_1 + A_2 + A_3 = 0$

が得られる。上記[I]の解は三つの原子が同一方向に変位していることから音響モードである。一方，上記[II]の解は $A_1 + A_2 + A_3 = 0$ を満たすには，少なくとも一つの原子は反対方向に変位する必要があることから光学モードに対応する。すなわち一つの方向で1個の音響モードと2個の光学モードが存在することから，3次元結晶では3個の音響モードと6個（$= 3 \times (3-1)$）の光学モードに分かれることがわかる。

【5】第1ブリルアンゾーンの幅は $2\pi/a = 1.257 \times 10^{10}$ m^{-1} である。Si の熱的ド・ブロイ波長は 12.2 nm より電子の波数は $k_e = 2\pi/\lambda_e = 5.15 \times 10^8$ m^{-1} となる。したがって $q \approx k_e = 0.041(2\pi/a)$ より 4.1% 程度と見積もられる。GaAs も同様に計算すると 2.1% 程度と見積もられる。

【6】64 meV

6 章

【1】熱平衡状態 ($f = f_0$, $\partial f/\partial t = 0$) であるので $(F_x/\hbar)\partial f_0/\partial k_x + v_x \partial f_0/\partial x = 0$ が示せればよい。

$$\dfrac{\partial f_0}{\partial k_x} = \dfrac{\partial f_0}{\partial E_{k_x}} \dfrac{\partial E_{k_x}}{\partial k_x} = -\dfrac{1}{k_B T} f_0 \dfrac{\hbar^2 k_x}{m} = -\dfrac{\hbar^2 k_x}{m k_B T} f_0$$

$$\dfrac{\partial f_0}{\partial x} = \dfrac{\partial f_0}{\partial U(x)} \dfrac{\partial U(x)}{\partial x} = -\dfrac{1}{k_B T} f_0 \cdot (-F_x) = \dfrac{F_x}{k_B T} f_0$$

を上式に代入し $v_x = \hbar k_x/m$ の関係を用いると示すことができる。

【2】解図 6.1 の状態を考える。$E_x = -dV/dx = -(0-V)/L = V/L$ を式(6.24)に代入すると全電流は $I = S \times j_x^{\mathrm{drift}} = Sne\mu V/L = (Sne\mu/L)V = V/R$ となり，式(6.44) と式(6.45)が導かれる。

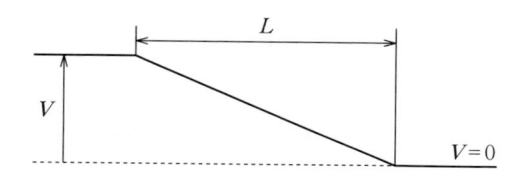

解図 6.1 電位分布

【3】(1) $\tau = \mu m/e = 2.14 \times 10^{-13}$ s $= 0.214$ ps

(2) $v_x = v_{th}/\sqrt{3} = 1.322 \times 10^5$ m/s より $\lambda = 28.3$ nm

補足：平均自由行程は電子のエネルギーに依存し，Si の場合は室温で数

nm ～数 10 nm といわれている。

(3) 各自で試してみよ。

【4】 $v_{\mathrm{sat}} = 1.424 \times 10^5$ m/s

【5】 各自で調べてみよ。

7 章

【1】 解図 7.1 参照。

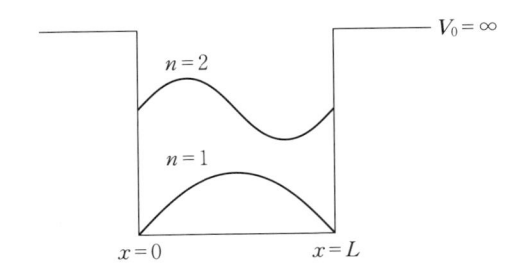

解図 7.1 波動関数の形

【2】 波動関数が両側のポテンシャル障壁へしみ出すと実効的な量子井戸幅が大きくなるため，量子化エネルギーは式(7.6)の値よりも小さくなる。

【3】 室温での熱的ド・ブロイ波長は $\lambda_{\mathrm{GaAs}} \approx 2\lambda_{\mathrm{Si}}$ であるため，GaAs のほうが幅の広い量子井戸でも量子化の影響が現れやすい。

【4】 式(7.28)の第 1 行目の式より

$$1 = \frac{1}{4k_1k_2}\left[(k_1+k_2)^2 e^{i(k_1-k_2)L} - (k_1-k_2)^2 e^{i(k_1+k_2)L}\right]t$$

$$= \frac{e^{i(k_1-k_2)L}}{4k_1k_2}\left[(k_1+k_2)^2 - (k_1-k_2)^2 e^{2ik_2L}\right]t$$

$$= \frac{e^{i(k_1-k_2)L}}{4k_1k_2}\left[(k_1+k_2)^2 - (k_1-k_2)^2 \cos 2k_2L - i(k_1-k_2)^2 \sin 2k_2L\right]t$$

となる。上式の両辺を 2 乗するとトンネル確率 $T(E_x)$ が以下のように求められる。

$$1 = \frac{1}{(4k_1k_2)^2}\left\{\left[(k_1+k_2)^2 - (k_1-k_2)^2 \cos 2k_2L\right]^2 + (k_1-k_2)^4 \sin^2 2k_2L\right\}|t|^2$$

$$= \frac{1}{(4k_1k_2)^2}\left[(k_1+k_2)^4 - 2(k_1+k_2)^2(k_1-k_2)^2 \cos 2k_2L + (k_1-k_2)^4\right]|t|^2$$

演 習 問 題 解 答　249

$$= \frac{1}{(4k_1k_2)^2}\left[(4k_1k_2)^2 + 4(k_1^2 - k_2^2)^2 \sin^2 k_2 L\right]^2 |t|^2$$

$$= \left[1 + \frac{V_0^2}{4E_x(E_x - V_0)} \sin^2 \sqrt{2m(E_x - V_0)} L/\hbar\right]^2 |T(E_x)|^2$$

【5】 式(7.32)と式(7.33)の境界条件を波動関数(7.12)～(7.14)に適用すると，式(7.28)の行列要素の k_1 に有効質量の比 ($\gamma = m_2^*/m_1^*$) がかかり γk_1 となる（ただし指数関数内の k_1 はそのまま）。したがって上記【4】の導出で $k_1 \to \gamma k_1$ とすると式(7.34)のトンネル確率式を導くことができる。

【6】 各自で試してみよ。

8 章

【1】 $\varphi_k(r+R) = e^{ik\cdot(r+R)}\underbrace{u_k(r+R)}_{u_k(r)} = e^{ik\cdot R}\cdot e^{ik\cdot r} u_k(r) = e^{ik\cdot R}\varphi_k(r)$

【2】 ブラッグ反射の条件は，解図8.1の反射波①と反射波②が強め合う条件であり $2a\sin\theta = n\lambda$ で与えられる。これより1次元格子の場合，$\theta = \pi/2$ より $2a = n\lambda$ となる。このときの波長を用いて電子の波数を表すと $k = 2\pi/\lambda = n\pi/a$ となり，これは第1ブリルアンゾーンの端の波数に一致する。

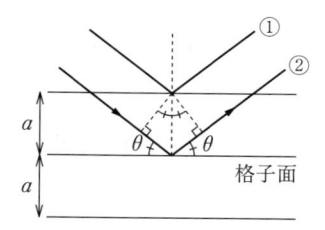

解図8.1 ブラッグ反射

【3】 ブロッホ関数（式(8.2)）をシュレディンガー方程式(8.1)に代入すると，2階微分の項はつぎのようになることから，式(8.22)が得られることがわかる。

$$-\frac{\hbar^2}{2m}\nabla^2 e^{ik\cdot r}u_k(r) = -\frac{\hbar^2}{2m}\nabla\cdot\left[ike^{ik\cdot r}u_k(r) + e^{ik\cdot r}\nabla u_k(r)\right]$$

$$= -\frac{\hbar^2}{2m}\left[-|k|^2 e^{ik\cdot r}u_k(r) + 2ie^{ik\cdot r}k\cdot\nabla u_k(r) + e^{ik\cdot r}\nabla^2 u_k(r)\right]$$

$$= e^{ik\cdot r}\left[\frac{\hbar^2|k|^2}{2m}u_k(r) - \frac{i\hbar^2}{m}k\cdot\nabla u_k(r) - \frac{\hbar^2}{2m}\nabla^2 u_k(r)\right]$$

【4】 $K_m \cdot R_n = (m_1 b_1 + m_2 b_2 + m_3 b_3)\cdot(n_1 a_1 + n_2 a_2 + n_3 a_3)$

$$= m_1 n_1 \boldsymbol{b}_1 \cdot \boldsymbol{a}_1 + m_1 n_2 \boldsymbol{b}_1 \cdot \boldsymbol{a}_2 + m_1 n_3 \boldsymbol{b}_1 \cdot \boldsymbol{a}_3 + m_2 n_1 \boldsymbol{b}_2 \cdot \boldsymbol{a}_1 + m_2 n_2 \boldsymbol{b}_2 \cdot \boldsymbol{a}_2$$
$$+ m_2 n_3 \boldsymbol{b}_2 \cdot \boldsymbol{a}_3 + m_3 n_1 \boldsymbol{b}_3 \cdot \boldsymbol{a}_1 + m_3 n_2 \boldsymbol{b}_3 \cdot \boldsymbol{a}_2 + m_3 n_3 \boldsymbol{b}_3 \cdot \boldsymbol{a}_3$$
$$= 2\pi (m_1 n_1 + m_2 n_2 + m_3 n_3) = 2\pi \times 整数$$

【5】 面心立方格子の場合:式(8.31)の基本格子ベクトルより

$$\boldsymbol{a}_2 \times \boldsymbol{a}_3 = \left(\frac{a}{2}\right)^2 \times (0 \cdot 0 - 1 \cdot 1,\ 1 \cdot 1 - 1 \cdot 0,\ 1 \cdot 1 - 0 \cdot 1) = \left(\frac{a}{2}\right)^2 \times (-1, 1, 1)$$

および

$$\boldsymbol{a}_1 \cdot (\boldsymbol{a}_2 \times \boldsymbol{a}_3) = \left(\frac{a}{2}\right)^3 \times (0, 1, 1) \cdot (-1, 1, 1) = \frac{a^3}{4}$$

となる。これらより $\boldsymbol{b}_1 = \dfrac{2\pi}{a}(-1, 1, 1)$ が求まる。同様にして

$$\boldsymbol{b}_2 = \frac{2\pi}{a}(1, -1, 1), \qquad \boldsymbol{b}_3 = \frac{2\pi}{a}(1, 1, -1)$$

が求められる。

単純立方格子の場合:基本格子ベクトルは $\boldsymbol{a}_1 = a(1, 0, 0)$, $\boldsymbol{a}_2 = a(0, 1, 0)$, $\boldsymbol{a}_3 = a(0, 0, 1)$ となり

$$\boldsymbol{b}_1 = \frac{2\pi}{a}(1, 0, 0), \qquad \boldsymbol{b}_2 = \frac{2\pi}{a}(0, 1, 0), \qquad \boldsymbol{b}_3 = \frac{2\pi}{a}(0, 0, 1)$$

体心立方格子の場合:基本格子ベクトルは

$$\boldsymbol{a}_1 = \frac{a}{2}(-1, 1, 1), \qquad \boldsymbol{a}_2 = \frac{a}{2}(1, -1, 1), \qquad \boldsymbol{a}_3 = \frac{a}{2}(1, 1, -1)$$

となり

$$\boldsymbol{b}_1 = \frac{2\pi}{a}(0, 1, 1), \qquad \boldsymbol{b}_2 = \frac{2\pi}{a}(1, 0, 1), \qquad \boldsymbol{b}_3 = \frac{2\pi}{a}(1, 1, 0)$$

【6】 式(8.27)を式(8.22)に代入すると

$$\boldsymbol{k} \cdot \nabla \left(\sum_n A_{K_n} e^{i \boldsymbol{K}_n \cdot \boldsymbol{r}} \right) = i \sum_n (\boldsymbol{k} \cdot \boldsymbol{K}_n) A_{K_n} e^{i \boldsymbol{K}_n \cdot \boldsymbol{r}},$$

$$\nabla^2 \left(\sum_n A_{K_n} e^{i \boldsymbol{K}_n \cdot \boldsymbol{r}} \right) = -|\boldsymbol{K}_n|^2 \sum_n A_{K_n} e^{i \boldsymbol{K}_n \cdot \boldsymbol{r}}$$

より

$$\sum_n \int_{V_c} e^{-i \boldsymbol{K}_m \cdot \boldsymbol{r}} \left(\frac{\hbar^2}{2m} |\boldsymbol{k} + \boldsymbol{K}_n|^2 + V(\boldsymbol{r}) \right) A_{K_n} e^{i \boldsymbol{K}_n \cdot \boldsymbol{r}} d\boldsymbol{r} = E_k \sum_n A_{K_n} \underbrace{\int_{V_c} e^{-i \boldsymbol{K}_m \cdot \boldsymbol{r}} e^{i \boldsymbol{K}_n \cdot \boldsymbol{r}} d\boldsymbol{r}}_{V_c \delta(\boldsymbol{K}_m - \boldsymbol{K}_n)}$$

となる。これに δ 関数の性質を適用し,さらに式(8.42)を用いると式(8.41)が得られる。

【7】 図8.8の各曲線が対応する式については省略。X 点のエネルギー値は下から E_0,

$2E_0, 5E_0, \cdots$, L 点のそれは $(3/4)E_0, (11/4)E_0, \cdots$ となる。

【8】L 点は $\boldsymbol{k}=(2\pi/a)(1/2, 1/2, 1/2)$ である。最も低いエネルギーで交わる 2 本の分散は，$\boldsymbol{K}_0=(2\pi/a)(0,0,0)$ と $\boldsymbol{K}_3=(2\pi/a)(-1,-1,-1)$ であるので，つぎの二つの式を考える。

$$\boldsymbol{K}_m=\boldsymbol{K}_0 : \frac{\hbar^2}{2m}\left|\frac{2\pi}{a}\left(\frac{1}{2},\frac{1}{2},\frac{1}{2}\right)+0\right|^2 A_{\boldsymbol{K}_0}+V(\boldsymbol{K}_0-\boldsymbol{K}_3)A_{\boldsymbol{K}_3}=E_{\boldsymbol{k}}A_{\boldsymbol{K}_0}$$

$$\boldsymbol{K}_m=\boldsymbol{K}_3 : \frac{\hbar^2}{2m}\left|\frac{2\pi}{a}\left(\frac{1}{2},\frac{1}{2},\frac{1}{2}\right)+\frac{2\pi}{a}(-1,-1,-1)\right|^2 A_{\boldsymbol{K}_3}+V(\boldsymbol{K}_3-\boldsymbol{K}_0)A_{\boldsymbol{K}_0}=E_{\boldsymbol{k}}A_{\boldsymbol{K}_3}$$

これらより $E_{\boldsymbol{k}}=\dfrac{3}{4}E_0\pm|V_{30}|$ が得られる。

【9】例えば

$$F^s(\boldsymbol{K}_3^1-\boldsymbol{K}_0)=V_1(\boldsymbol{K}_3^1-\boldsymbol{K}_0)+V_2(\boldsymbol{K}_3^1-\boldsymbol{K}_0)$$

$$=\frac{1}{\Omega}\int_\Omega d\boldsymbol{r}'e^{-i\frac{2\pi}{a}(1,1,1)\cdot(x',y',z')}(v_1(\boldsymbol{r}')+v_2(\boldsymbol{r}'))$$

$$=\frac{1}{\Omega}\iiint dx'dy'dz'e^{-i\frac{2\pi}{a}(x'+y'+z')}(v_1(x',y',z')+v_2(x',y',z'))$$

と

$$F^s(\boldsymbol{K}_3^2-\boldsymbol{K}_0)=V_1(\boldsymbol{K}_3^2-\boldsymbol{K}_0)+V_2(\boldsymbol{K}_3^2-\boldsymbol{K}_0)$$

$$=\frac{1}{\Omega}\int_\Omega d\boldsymbol{r}'e^{-i\frac{2\pi}{a}(1,1,-1)\cdot(x',y',z')}(v_1(\boldsymbol{r}')+v_2(\boldsymbol{r}'))$$

$$=\frac{1}{\Omega}\iiint dx'dy'dz'e^{-i\frac{2\pi}{a}(x'+y'-z')}(v_1(x',y',z')+v_2(x',y',z'))$$

$$=\frac{1}{\Omega}\iiint dx'dy'dz''e^{-i\frac{2\pi}{a}(x'+y'+z'')}(v_1(x',y',-z'')+v_2(x',y',-z''))$$

$$(z''=-z' とおいた)$$

を考えると，原子のポテンシャル $v(\boldsymbol{r})$ は球対称であるため $v_{1,2}(x',y',-z'')=v_{1,2}(x',y',z'')$ となることから，上記の二つの擬ポテンシャルは等しい値をもつことがわかる。式(8.73)～(8.76)の他の擬ポテンシャルについても同様に確かめることができる。

9 章

【1】$dE=\dfrac{\hbar^2 k_t}{m}dk_t$ より $2\pi k_t dk_t=\dfrac{2\pi m}{\hbar^2}dE$ が得られる。さらに積分範囲を $0\leq k_t\leq\infty$ ⇒ $E^j\leq E\leq\infty$ と変更すると式(9.5)が得られる。

【2】 $dE = \dfrac{\hbar^2 k_x}{m} dk_x$ より $dk_x = \dfrac{m}{\hbar^2 k_x} dE = \dfrac{m}{\hbar^2} \dfrac{\hbar}{\sqrt{2m(E-E^i-E^j)}} dE$ が得られる。さらに積分範囲を $0 \leq k_x \leq \infty$ $\Rightarrow$ $E^i + E^j \leq E \leq \infty$ と変更すると式(9.12)が得られる。

【3】 式(4.15)で $x = E/k_B T$ とおくと

$$n_{3D} = \dfrac{m\sqrt{2m}}{\pi^2 \hbar^3} \int_0^\infty \dfrac{1}{\exp(x-x_f)+1} \sqrt{k_B T x}\, k_B T dx$$

$$= \dfrac{m k_B T \sqrt{2m k_B T}}{\pi^2 \hbar^3} \int_0^\infty \dfrac{x^{1/2}}{\exp(x-x_f)+1} dx = \dfrac{(2m k_B T)^{3/2}}{2\pi^2 \hbar^3} F_{1/2}(x_f)$$

$$n_{1D}(y,z) = \sum_i \sum_j |\xi_i(y)|^2 |\zeta_j(z)|^2 \int_0^\infty dE' \dfrac{\sqrt{2m}}{\pi \hbar} \dfrac{1}{\sqrt{E'}} \dfrac{1}{\exp[(E'+E^i+E^j-E_F)/k_B T]+1}$$

$$= \sum_i \sum_j |\xi_i(y)|^2 |\zeta_j(z)|^2 \dfrac{\sqrt{2m}}{\pi \hbar} \int_0^\infty k_B T dx \dfrac{(k_B T)^{-1/2} x^{-1/2}}{\exp(x+x_i+x_j-x_f)+1}$$

$$= \sum_i \sum_j |\xi_i(y)|^2 |\zeta_j(z)|^2 \dfrac{\sqrt{2m k_B T}}{\pi \hbar} F_{-1/2}(x_f - x_i - x_j)$$

【4】 $J_{12} = \dfrac{e\hbar}{m\Omega} \sum_{k_t} \sum_{k_x > 0} f(E_{\boldsymbol{k}}) \operatorname{Im}\left[\left(e^{-ik_x x} + r^*(k_x) e^{ik_x x}\right) e^{-i\boldsymbol{k}_t \cdot \boldsymbol{r}_t} \times ik_x \left(e^{ik_x x} - r(k_x) e^{-ik_x x}\right) e^{i\boldsymbol{k}_t \cdot \boldsymbol{r}_t}\right]$

$$= \dfrac{e\hbar}{m\Omega} \sum_{k_t} \sum_{k_x>0} f(E_{\boldsymbol{k}}) \operatorname{Im}\left[ik_x\left\{1-|r(k_x)|^2\right\} + 2k_x \operatorname{Im}\left(r(k_x) e^{-2ik_x x}\right)\right]$$

$$= \dfrac{e}{\Omega} \sum_{k_t} \sum_{k_x>0} \dfrac{\hbar k_x}{m} |t(k_x)|^2 f(E_{\boldsymbol{k}})$$

【5】 $f^l(E) = \dfrac{1}{e^{(E_x+E_t-E_F)/k_B T}+1}$ と $f^r(E) = \dfrac{1}{e^{(E_x+E_t+eV-E_F)/k_B T}+1}$ を用いると横方向のエネルギー積分はつぎのように実行することができる。

$$\int_0^\infty dE_t \left[f^l(E) - f^r(E+eV)\right]$$

$$= \int_0^\infty dE_t \left[\dfrac{1}{e^{(E_x+E_t-E_F)/k_B T}+1} - \dfrac{1}{e^{(E_x+E_t+eV-E_F)/k_B T}+1}\right]$$

$$= \int_0^\infty dE_t \left[\dfrac{e^{-(E_x+E_t-E_F)/k_B T}}{1+e^{-(E_x+E_t-E_F)/k_B T}} - \dfrac{e^{-(E_x+E_t+eV-E_F)/k_B T}}{1+e^{-(E_x+E_t+eV-E_F)/k_B T}}\right]$$

$$= -k_B T \left[\ln\left(1+e^{-(E_x+E_t-E_F)/k_B T}\right)\right]_{E_t=0}^\infty + k_B T \left[\ln\left(1+e^{-(E_x+E_t+eV-E_F)/k_B T}\right)\right]_{E_t=0}^\infty$$

$$= k_B T \ln\left[\dfrac{1+e^{(E_F-E_x)/k_B T}}{1+e^{(E_F-E_x-eV)/k_B T}}\right]$$

これを式(9.30)に代入すると式(9.31)が導かれる。

【6】 $G = 4 \times 2e^2/h$

【7】 各自で試してみよ。

10章

【1】 通常の pn 接合の電流の立上り電圧は，p 形および n 形半導体の擬フェルミ準位の差で決まるため，およそ Si のバンドギャップに相当する電圧になる。一方，ショットキー接触の場合は，金属の仕事関数と半導体の電子親和力の差 ($\phi_m - \chi_s$) 以上の電圧で電流が流れ始めるため，Al-Si 接触を例にとると $\phi_m - \chi_s$ = 4.42 eV − 4.05 eV = 0.37 eV となり，通常の pn 接合に比べると半分以下の立上り電圧になる。

【2】 反転条件下でのドレイン電流は $I_D = \dfrac{W\mu}{L_G} C_G \left[(V_G - V_{th}) V_D - \dfrac{V_D^2}{2} \right]$ と表される。オン電流（ドレイン飽和電流）をピンチオフ電圧で与えると $V_D = V_G - V_{th}$ より $I_{ON} = \dfrac{W\mu}{L_G} C_G \left[(V_G - V_{th})^2 - \dfrac{(V_G - V_{th})^2}{2} \right] = \dfrac{W\mu}{2L_G} C_G (V_G - V_{th})^2$ が得られる。

【3】 式(10.7) と 式(10.9) より $Q_B = Q_{B,Long} \dfrac{1}{2}\left(1 + \dfrac{L_1}{L_G}\right)$ が，式(10.10) より $L_1 = L_G - 2x_j \left(\sqrt{1 + \dfrac{2x_d}{x_j}} - 1\right)$ が得られる。これらより式(10.11)が導かれる。

【4】 アクセプタ間の平均距離 L_{av} は $\dfrac{1}{L_{av}} = \sqrt[3]{10^{24}} = 10^8 \text{ m}^{-1}$ より $L_{av} = 10^{-8}$ m = 10 nm である。したがって空乏層中の不純物の個数は $W/10\text{ nm} \times L/10\text{ nm} \times x_j/10\text{ nm}$ = 3×3×1 = 9 個となる。

【5】 $C = \dfrac{\varepsilon_{SiO_2}}{T_{SiO_2}} = \dfrac{\varepsilon_{HfO_2}}{T_{HfO_2}}$ より $T_{HfO_2} = \dfrac{\varepsilon_{HfO_2}}{\varepsilon_{SiO_2}} T_{SiO_2} = \dfrac{23.4}{3.9} \times 1$ nm = 6 nm が得られる。

【6】 式(10.16)の定義を用いると $Qv_s = Q_f v_{inj} - Q_b v_{back} = Q_f v_{inj}(1-R)$ および $Q = Q_f + Q_b = Q_f(1 + R v_{inj}/v_{back})$ と表される。これら 2 式より $v_s = \dfrac{Q_f}{Q} v_{inj}(1-R) = v_{inj} \times \dfrac{1-R}{1+R(v_{inj}/v_{back})}$ となり式(10.17)が導かれる。

【7】 式(7.31)において同一の電子エネルギーおよび同一のポテンシャル障壁高さの場合，有効質量 m が軽いほど $\sinh^2 \sqrt{2m(V_0 - E_x)} L/\hbar$ の項が小さくなるため，トンネル確率は高くなることがわかる。

索　　引

【あ】

アインシュタインの関係式　93
アボガドロの法則　22
アンバイポーラ特性　212

【い】

位相速度　66
一電子近似　114
移動度　68, 89, 197
移動度ユニバーサル曲線　215
イントリンシックチャネル　190
インパクトイオン化　211, 212

【う】

ウィグナー・ザイツ胞　124

【え】

エネルギー状態密度　57, 150
エネルギーの量子化　103, 218
エルミート演算子　6
エレクトロンボルト単位　49
エーレンフェストの定理　9

【お】

オイラーの公式　64
オフリーク電流　185
オーミック接触　172, 209

音響フォノン散乱　84, 97
音響モード　71, 73
オン電流　94

【か】

回転楕円体構造　139
拡散定数　93
拡散的伝導　151
拡散電流密度　93
確率密度　5
確率流密度　11, 106, 152
価電子　52
価電子帯　114
カーボンナノチューブ　98, 149, 204, 205, 212
完全空乏型 SOI　190
完全半形型のフェルミ・ディラック分布関数　164
緩和時間　86
緩和時間近似　86

【き】

規格化直交条件　18
期待値　6
基板バイアス効果　190
擬ポテンシャル　116, 134
逆格子ベクトル　125
鏡像効果　209
共鳴トンネルダイオード　149, 155
共有結合　52, 133

【く】

空格子バンド法　128

グラフェン　98, 149, 204, 205, 223
グラフェンナノメッシュ　205
グラフェンナノリボン　205
グリーンの定理　9
クローニッヒ・ペニーモデル　116
クーロン散乱　197, 215, 216
クーロン相互作用　12

【け】

経験的擬ポテンシャル　132
経験的擬ポテンシャル法　116, 123, 135
ゲイ・リュサックの法則　17
結晶運動量　141
ゲートオールアラウンド構造　207, 213

【こ】

高移動度チャネル　204, 209
光学フォノン散乱　84
光学フォノンの放出過程　98
光学モード　71, 74
交換関係　7
格子振動　68
構造因子　134
高電子移動度トランジスタ　149
後方散乱係数　194, 225
古典的極限　3

索引

コンダクタンスの量子化 157

【さ】

サブスレショルド係数 177, 210
サブスレショルド電流 93, 205
サブスレショルド特性 185
サブスレショルド領域 177
散乱現象 68
散乱項 83

【し】

しきい値電圧 182
シャルルの法則 17
ジャンクションレストランジスタ 178, 213
自由走行距離 90
自由電子モデル 54
縮退半導体 48
シュレディンガー方程式 3
準バリスティック伝導 151
準バリスティック輸送 194
状態密度容量 150, 223
消費電力 180
ショットキー接触 172, 209
ショットキーバリア 209
振動モード 69

【す】

スケーリング則 170
スターリングの公式 29
スレーターの行列式 15

【せ】

正孔 53
整流特性 93
線電子密度 147

【そ】

相補性原理 1
速度飽和 68, 96

ソース・ドレイン間直接トンネリング 193, 205
ゾンマーフェルト展開 62

【た】

ダイアモンド構造 74, 132
第一原理計算法 123
第1ブリルアンゾーン 71, 77, 79, 120, 127
対応原理 3
対称系 13
多谷構造 139
縦波 75
縦有効質量 139, 199
谷 138
ダブルゲート構造 206
単位胞 124, 133
弾性散乱 77, 225
短チャネル効果 182

【ち】

遅延時間 180
チャージシェア係数 184
チャージシェアモデル 183
注入速度 162, 165, 187, 196
超流動現象 16
調和振動子 79

【つ】

ツ・エサキの電流式 155

【て】

テクノロジーブースター 139, 197
電子比熱 61
転送行列法 109
伝導帯 114
伝導電子 51
電流駆動力 158
電力遅延積 181

【と】

等エネルギー面表示 138
統計力学 23
導電率質量 139
ドナーの固溶限界 204
ドーピング 52
ド・ブロイ波長 1, 104, 218
トランスファーマトリックス 111, 109
ドリフト・拡散電流 68, 93, 230
ドリフト項 82
ドリフト電流 87
ドリフト電流密度 90
トンネルFET 211
トンネル確率 108
トンネル効果 105
トンネル電流 112

【な】

名取モデル 159, 194
ナノMOSトランジスタ 103
ナノワイヤ 223
ナノワイヤトランジスタ 190, 206

【に】

二波近似 130
二波近似法 128
ニュートンの運動方程式 10, 82

【ね】

熱速度 36, 60, 232
熱的ド・ブロイ波長 2, 77
熱平衡状態 27, 55
——の電子密度 56

【は】

バイレイヤグラフェン 205
パウリの排他律 11, 16, 46, 85, 153

波数空間の状態密度　55, 65
ばらつかないトランジスタ
　　　　　　　　　191, 206
バリスティック伝導　　152
バリスティック伝導性　150
バリスティック輸送
　　　　　101, 158, 187
バレー　　　　　　　　138
反対称系　　　　　　　13
反転層　　　　　　175, 178
反転層厚容量　　　　　223
反転層移動度
　　　　　180, 197, 213
反転層キャリアの量子化
　　　　　　　　　　191
反転層容量　192, 199, 221
反転分布　　　　　　　34
半導体集積回路　　　　170
半導体大規模集積回路　90
半導体超格子　　　　　121
半導体ヘテロ接合　　　108
半導体レーザ　　　　　34
バンド間トンネリング
　　　　　193, 205, 212

【ひ】

非縮退半導体　　　　　58
ひずみ Si　　　　197, 217
非弾性散乱　　　　　　77
表面ラフネス散乱
　　　　　197, 215, 217
比例縮小則　　　　　　170

【ふ】

フェルミエネルギー　　47
フェルミ速度　　　57, 60
フェルミ・ディラック積分
　　　　　　　　　　147
フェルミ・ディラック分布
　　　　　　　　　　42
フェルミ波数　　　56, 60
フェルミ面　　　　　　56
フェルミ粒子　　　12, 38

フォトン　　　　　　　78
フォノン　　　　　　　78
フォノン吸収過程　　　78
フォノン散乱
　　　　　84, 95, 197, 216
フォノン放出過程　　　77
不確定性原理　　　　　7
不純物散乱　　　　84, 94
不純物偏析現象　　　　209
フックの法則　　　　　69
ブラッグ反射　　　120, 141
プランク分布　　　　44, 78
ブロッホ振動　　　121, 141
ブロッホの定理　　　　115
分散関係　　　　　　　63
分散のないバンド　　　122
分布関数　　　　　　　23

【へ】

平均自由行程　　　91, 151
平均速度　　　　　　　60
並進対称性　　　　　　123
平面波　　　　　　　　66
平面波展開法　　　　　122
変分法　　　　　　　　219

【ほ】

ポアソン分布　　　　　188
飽和速度　　　　99, 101, 186
ボーズ・アインシュタイン
　凝縮　　　　　　　　16
ボーズ・アインシュタイン
　分布　　　　　　　　43
ボーズ粒子　　　　12, 38
ポテンシャル形状因子
　　　　　　　　134, 159
ボトルネック　　　　　194
ボルツマン近似　　　　47
ボルツマンの輸送方程式
　　　　　　　　　　83
ボルツマン方程式　　　83
ボルン解釈　　　　　　5

【ま】

マクスウェルの速度分布　35
マクスウェル・ボルツマン
　分布　　　　　　　　24
マティーセンの規則　　95
マルチゲート　　　　　184
マルチゲート構造　　　206
マルチバレー構造　　　139

【む】

ムーアの法則　　　　　170

【め】

メタルソース・ドレイン
　技術　　　　　　　　204
面心立方格子　　　　　126
面電子密度　　　　　　145

【ゆ】

有効質量　　　　　63, 141
有効質量近似　　　　　139
有効状態密度　　　　　59

【よ】

横波　　　　　　　　　75
横有効質量　　　139, 199

【ら】

ラグランジュの未定係数法
　　　　　　　　　　31
ランダウアー公式　　　157
ランダウアー・ビュティ
　カーの式　　　　　　156

【り】

リーク電流　　　　　　181
離散不純物ゆらぎ　　　188
量子井戸　　　　104, 144
量子化コンダクタンス　149
量子キャパシタンス
　　　　　150, 207, 223
量子細線　　　104, 145, 155

| 量子抵抗 | 158 | 量子ドット | 104, 150 |

【B】

| BLG | 205 |

【C】

| CMOS 構造 | 176 |

【D】

Dennard スケーリング	171, 178, 197
DIBL	186
DSS-MOSFET	209

【F】

| FD-SOI | 190 |
| Fin FET | 190, 206 |

【G】

| Ge | 98, 193, 204 |
| GNR | 205 |

【H】

HEMT	149
Herring-Vogt 変換	167
high-k ゲート絶縁膜	191

【I】

| I-MOS | 211 |

【J】

| JLT | 213 |

【K】

kT レイヤ	196, 210, 225
kT レイヤ長	229
kT レイヤ理論	224

【L】

LA モード	75
LO モード	75
LSI	90
Lundstrom の式	195

【M】

| Mexican hat 構造 | 206 |

【P】

| pn 接合 | 93 |

【S】

SOI 構造	159, 197
sp^3 混成軌道	115
S 値	210

【T】

TA モード 1	75
TA モード 2	75
TO モード 1	75
TO モード 2	75

【V】

| VLSI | 170 |
| V_{th} ロールオフ特性 | 184 |

【数字・ギリシャ文字】

1 軸性ひずみ	200
1 次元電子ガス	146
1 次元の状態密度	147
2 軸性ひずみ	199
2 次元電子ガス	144, 198
2 次元の状態密度	145
2 重縮退バレー	199
2 層グラフェン	205
4 重縮退バレー	199
Ⅲ-Ⅴ族半導体	98, 204, 223
α 乗則	187

―― 著者略歴 ――

- 1987年　神戸大学工学部電子工学科卒業
- 1989年　神戸大学大学院修士課程修了（電子工学専攻）
- 1989年　日本電気株式会社勤務
- ～90年
- 1993年　神戸大学大学院博士課程修了（システム科学専攻）
- 　　　　博士（工学）
- 1993年　神戸大学助手
- 1999年　米国イリノイ州立大学アーバナ・シャンペイン校客員研究員
- ～2000年
- 2003年　神戸大学助教授
- 2007年　神戸大学准教授
- 　　　　現在に至る

ナノ構造エレクトロニクス入門
Introduction to Nanostructure Electronics

© Hideaki Tsuchiya 2013

2013年9月20日　初版第1刷発行　　　　　　　　　　★

|検印省略|

著　者　土屋　英昭（つちや ひであき）
発行者　株式会社　コロナ社
　　　　代表者　牛来真也
印刷所　新日本印刷株式会社

112-0011　東京都文京区千石 4-46-10
発行所　株式会社　コロナ社
CORONA PUBLISHING CO., LTD.
Tokyo Japan
振替 00140-8-14844・電話(03)3941-3131(代)
ホームページ http://www.coronasha.co.jp

ISBN 978-4-339-00851-7　　（金）　　（製本：愛千製本所）
Printed in Japan

本書のコピー，スキャン，デジタル化等の無断複製・転載は著作権法上での例外を除き禁じられております。購入者以外の第三者による本書の電子データ化及び電子書籍化は，いかなる場合も認めておりません。

落丁・乱丁本はお取替えいたします

大学講義シリーズ

（各巻A5判，欠番は品切です）

配本順	書名	著者	頁	定価
（2回）	通信網・交換工学	雁部 頴一 著	274	3150円
（3回）	伝 送 回 路	古賀 利郎 著	216	2625円
（4回）	基礎システム理論	古田・佐野共著	206	2625円
（6回）	電力系統工学	関根 泰次他著	230	2415円
（7回）	音響振動工学	西山 静男他著	270	2730円
（10回）	基礎電子物性工学	川辺 和夫他著	264	2625円
（11回）	電 磁 気 学	岡本 允夫 著	384	3990円
（12回）	高 電 圧 工 学	升谷・中田共著	192	2310円
（14回）	電波伝送工学	安達・米山共著	304	3360円
（15回）	数 値 解 析（1）	有本 卓 著	234	2940円
（16回）	電子工学概論	奥田 孝美 著	224	2835円
（17回）	基礎電気回路（1）	羽鳥 孝三 著	216	2625円
（18回）	電力伝送工学	木下 仁志他著	318	3570円
（19回）	基礎電気回路（2）	羽鳥 孝三 著	292	3150円
（20回）	基礎電子回路	原田 耕介他著	260	2835円
（21回）	計算機ソフトウェア	手塚・海尻共著	198	2520円
（22回）	原子工学概論	都甲・岡 共著	168	2310円
（23回）	基礎ディジタル制御	美多 勉他著	216	2520円
（24回）	新電磁気計測	大照 完他著	210	2625円
（25回）	基礎電子計算機	鈴木 久喜他著	260	2835円
（26回）	電子デバイス工学	藤井 忠邦 著	274	3360円
（27回）	マイクロ波・光工学	宮内 一洋他著	228	2625円
（28回）	半導体デバイス工学	石原 宏 著	264	2940円
（29回）	量子力学概論	権藤 靖夫 著	164	2100円
（30回）	光・量子エレクトロニクス	藤岡・小原 共著齊藤	180	2310円
（31回）	ディジタル回路	高橋 寛他著	178	2415円
（32回）	改訂回路理論（1）	石井 順也 著	200	2625円
（33回）	改訂回路理論（2）	石井 順也 著	210	2835円
（34回）	制 御 工 学	森 泰親 著	234	2940円
（35回）	新版 集積回路工学（1） ―プロセス・デバイス技術編―	永田・柳井共著	270	3360円
（36回）	新版 集積回路工学（2） ―回路技術編―	永田・柳井共著	300	3675円

以 下 続 刊

電気機器学	中西・正田・村上共著	電気・電子材料	水谷 照吉他著
半導体物性工学	長谷川英機他著	情報システム理論	長谷川・高橋・笠原共著
数 値 解 析（2）	有本 卓著	現代システム理論	神山 真一著

定価は本体価格＋税5％です。
定価は変更されることがありますのでご了承下さい。

図書目録進呈◆

電子情報通信学会 大学シリーズ

(各巻A5判，欠番は品切です)

■電子情報通信学会編

	配本順	書名	著者	頁	定価
A–1	(40回)	応用代数	伊藤 理夫／重 正／正 悟 共著	242	3150円
A–2	(38回)	応用解析	堀内 和夫 著	340	4305円
A–3	(10回)	応用ベクトル解析	宮崎 保光 著	234	3045円
A–4	(5回)	数値計算法	戸川 隼人 著	196	2520円
A–5	(33回)	情報数学	廣瀬 健 著	254	3045円
A–6	(7回)	応用確率論	砂原 善文 著	220	2625円
B–1	(57回)	改訂 電磁理論	熊谷 信昭 著	340	4305円
B–2	(46回)	改訂 電磁気計測	菅野 允 著	232	2940円
B–3	(56回)	電子計測(改訂版)	都築 泰雄 著	214	2730円
C–1	(34回)	回路基礎論	岸 源也 著	290	3465円
C–2	(6回)	回路の応答	武部 幹 著	220	2835円
C–3	(11回)	回路の合成	古賀 利郎 著	220	2835円
C–4	(41回)	基礎アナログ電子回路	平野 浩太郎 著	236	3045円
C–5	(51回)	アナログ集積電子回路	柳沢 健 著	224	2835円
C–6	(42回)	パルス回路	内山 明彦 著	186	2415円
D–2	(26回)	固体電子工学	佐々木 昭夫 著	238	3045円
D–3	(1回)	電子物性	大坂 之雄 著	180	2205円
D–4	(23回)	物質の構造	高橋 清 著	238	3045円
D–5	(58回)	光・電磁物性	多田 邦雄／松本 俊 共著	232	2940円
D–6	(13回)	電子材料・部品と計測	川端 昭 著	248	3150円
D–7	(21回)	電子デバイスプロセス	西永 頌 著	202	2625円
E–1	(18回)	半導体デバイス	古川 静二郎 著	248	3150円
E–2	(27回)	電子管・超高周波デバイス	柴田 幸男 著	234	3045円
E–3	(48回)	センサデバイス	浜川 圭弘 著	200	2520円
E–4	(36回)	新版 光デバイス	末松 安晴 著	240	3150円
E–5	(53回)	半導体集積回路	菅野 卓雄 著	164	2100円
F–1	(50回)	通信工学通論	畔柳 功芳／塩谷 光 共著	280	3570円
F–2	(20回)	伝送回路	辻井 重男 著	186	2415円

記号	(版)	書名	著者	頁	価格
F-4	(30回)	通信方式	平松啓二著	248	3150円
F-5	(12回)	通信伝送工学	丸林元著	232	2940円
F-7	(8回)	通信網工学	秋山稔著	252	3255円
F-8	(24回)	電磁波工学	安達三郎著	206	2625円
F-9	(37回)	マイクロ波・ミリ波工学	内藤喜之著	218	2835円
F-10	(17回)	光エレクトロニクス	大越孝敬著	238	3045円
F-11	(32回)	応用電波工学	池上文夫著	218	2835円
F-12	(19回)	音響工学	城戸健一著	196	2520円
G-1	(4回)	情報理論	磯道義典著	184	2415円
G-2	(35回)	スイッチング回路理論	当麻喜弘著	208	2625円
G-3	(16回)	ディジタル回路	斉藤忠夫著	218	2835円
G-4	(54回)	データ構造とアルゴリズム	斎藤信男・西原清一共著	232	2940円
H-1	(14回)	プログラミング	有田五次郎著	234	2205円
H-2	(39回)	情報処理と電子計算機（「情報処理通論」改題新版）	有澤誠著	178	2310円
H-4	(55回)	改訂 電子計算機II ──構成と制御──	飯塚肇著	258	3255円
H-5	(31回)	計算機方式	高橋義造著	234	3045円
H-7	(28回)	オペレーティングシステム論	池田克夫著	206	2625円
I-3	(49回)	シミュレーション	中西俊男著	216	2730円
I-4	(22回)	パターン情報処理	長尾真著	200	2520円
J-1	(52回)	電気エネルギー工学	鬼頭幸生著	312	3990円
J-4	(29回)	生体工学	斎藤正男著	244	3150円
J-5	(59回)	新版 画像工学	長谷川伸著	254	3255円

以下続刊

C-7	制御理論		D-1	量子力学
F-3	信号理論		F-6	交換工学
G-5	形式言語とオートマトン		G-6	計算とアルゴリズム
J-2	電気機器通論			

定価は本体価格+税5％です。
定価は変更されることがありますのでご了承下さい。

図書目録進呈◆

電気・電子系教科書シリーズ

(各巻A5判)

- ■編集委員長　高橋　寛
- ■幹　　　事　湯田幸八
- ■編集委員　　江間　敏・竹下鉄夫・多田泰芳
- 　　　　　　　中澤達夫・西山明彦

	配本順	書名	著者	頁	定価
1.	(16回)	電　気　基　礎	柴田尚志・皆藤新一・多田泰芳 共著	252	3150円
2.	(14回)	電　磁　気　学	多田泰芳・柴田尚志 共著	304	3780円
3.	(21回)	電　気　回　路　Ⅰ	柴田尚志 著	248	3150円
4.	(3回)	電　気　回　路　Ⅱ	遠藤　勲・鈴木靖・西村　純 共著	208	2730円
5.		電気・電子計測工学	吉田明二・下西　鎮・奥西　郎・木村正 共著		
6.	(8回)	制　御　工　学	平木正立・西堀俊幸 共著	216	2730円
7.	(18回)	ディジタル制御	青西俊幸 共著	202	2625円
8.	(25回)	ロボット工学	白水俊次 著	240	3150円
9.	(1回)	電子工学基礎	中澤達夫・藤原勝幸 共著	174	2310円
10.	(6回)	半　導　体　工　学	渡辺英夫 著	160	2100円
11.	(15回)	電気・電子材料	中澤・押田・森田・須田原・土井服部 共著	208	2625円
12.	(13回)	電　子　回　路	山田英二 共著	238	2940円
13.	(2回)	ディジタル回路	伊原充博・若海弘夫・吉沢昌純・室賀　進・山下　巌 共著	240	2940円
14.	(11回)	情報リテラシー入門		176	2310円
15.	(19回)	C＋＋プログラミング入門	湯田幸八 著	256	2940円
16.	(22回)	マイクロコンピュータ制御プログラミング入門	柚賀正光・千代谷慶 共著	244	3150円
17.	(17回)	計算機システム	春日健・舘泉雄治 共著	240	2940円
18.	(10回)	アルゴリズムとデータ構造	伊原充博・湯田幸八 共著	252	3150円
19.	(7回)	電気機器工学	前田　勉・新谷邦弘・江間　敏 共著	222	2835円
20.	(9回)	パワーエレクトロニクス	高橋敏・江間敏勲章彦 共著	202	2625円
21.	(12回)	電　力　工　学	江間敏・甲斐隆章 共著	260	3045円
22.	(5回)	情　報　理　論	三木成彦・吉川英機 共著	216	2730円
23.	(26回)	通　信　工　学	竹下鉄夫・吉川豊稔 共著	198	2625円
24.	(24回)	電　波　工　学	松田豊克・南部正史 共著	238	2940円
25.	(23回)	情報通信システム (改訂版)	岡田裕・桑原唯孝・植月史 共著	206	2625円
26.	(20回)	高　電　圧　工　学	植松夫 著	216	2940円

定価は本体価格＋税5％です。
定価は変更されることがありますのでご了承下さい。

◆図書目録進呈◆